青少年应该知道的数学知识

YING GAI ZHI DAO DE SHU XUE ZHI SHI

张斌 郝兆吉 编著

且在中世纪就已为国际通用。发展到后来，…… 手来表示，100，200……900 和 1，000，……9，000，这些数用右手来表示。用这种方法，10，000 以内的任何数都能用两只手表示。

手指数的样式，在文艺复兴时期的算术书上有记载。例如，用左手，部分屈折的小指表示 1，部分屈折的小指和无名指表示 2，部分屈折的小指、无名指和中指表示 3，屈折中指和无名指表示 4，屈折的中指表示 5，屈折的无名指表示 6，完全屈折的小指表示 7，完全屈折的小指和无名指表示 8，完全屈折的小指、无名指和中批表示 9。

记录工具的出现

数字的记录和长期保存离不开记录的工具。但是，记录工具的发明和改进是一个非常漫长的过程。我们现在常用的机器制造的纸张只有 100 多年的历史。以前的手工制作的纸是非常昂贵和难以得到的，即使是这种纸也是在 12 世纪才传到欧洲，虽然聪明的中国古人早在一千多年前，就已经掌握了这一门技术。

但是，古人为了满足自己记录的需要，也想办法创造了一些工具。一种早期类似纸的书写材料，称为纸草片（Papyrus），是古代埃及人发明的，而且，公元前 650 年左右，已经传入希腊。它是一种叫做纸草（papu）的芦苇做的。把芦苇的茎切成一条条细长的薄片，并排合成一张，一层层地往上放，完全用水浸湿，再将水挤压出来，然后放到太阳地里晒干。也许由于植物中天然胶质，几层粘到一起了。在纸草片干了以后，再用圆的硬东西用力把它们压平衡，这样就能书写了。用纸草片打草稿，就是一小片，也要花不少钱。

另一种早期的书写材料是羊皮纸，是用动物（通常是羊和羊羔）皮做的。自然，这是稀有和难得的。更昂贵的是一种用牛犊皮做的仿羊皮纸，称做犊皮纸。事实上，羊皮纸已经是非常昂贵的了。以致中世纪出现一种习惯：洗去老羊皮手稿上的墨迹，然后再用。这样的手稿，现在被称做重写羊皮纸。有这样的情况：在若干年后，重写羊皮文件上最初写的原稿又模糊地出现了。一些有趣的“修复”就是这样做成的。

印度和阿拉伯数系

我们现在常用的数字符号系统，是印度—阿拉伯数系。之所以用印度和阿拉伯命名，是因为它可能是印度人发明的，又由阿拉伯人传到西欧的。

目前，保存下来现在所用的数字符号的最早样品是印度的一些石柱上发现的，这些石柱是公元前 250 左右乌索库王建造的。至于其它在印度的早期样品，如果解释正确的话，则是从大约公元前 100 年在纳西克窑洞中刻下的一些碑文中发现。这些早期样本中既没有零，也没有采用位置记号。但是，考古学家推测，位置值（positional value）和零，必定是公元 800 年以前的某个时刻传到印度的，因为波斯数学家花拉子密在公元

云南大学出版社

图书在版编目（CIP）数据

青少年应该知道的数学知识 / 张斌编著 .——昆明：云南大学出版社，2010

ISBN 978-7-5482-0137-3

Ⅰ.①青… Ⅱ.①张… Ⅲ.①数学-青少年读物 Ⅳ.①01-49

中国版本图书馆 CIP 数据核字（2010）第 105331 号

青少年应该知道的数学知识

张 斌 编著

责任编辑：于 学
封面设计：五洲恒源设计
出版发行：云南大学出版社
印　　装：北京市业和印务有限公司

开　　本：710mm×1000mm 1/16
印　　张：15
字　　数：200 千
版　　次：2010 年 6 月第 1 版
印　　次：2010 年 6 月第 1 次印刷
书　　号：978-7-5482-0137-3
定　　价：28.00 元

地　　址：云南省昆明市翠湖北路 2 号云南大学英华园
邮　　编：650091
电　　话：0871-5033244 5031071
网　　址：http：//www.ynup.com
E-mail：market@ynup.com

序言

“寓教于乐”的概念对于时下的青少年读物来说，早已不再陌生，甚至有点儿陈词滥调。但如何从本质上了解数学的发展和数学的真谛，此书会给你呈现一个真正的数学世界。引领你走进课本，进入课堂，轻松有效的展开学习。

这本书，会让你领悟到数学的真正艺术，欣赏到“数学，另一种大自然的语言”的活力，聆听到一个个绘声绘色的数学故事，重温从古希腊到21世纪的许多数学轶事，了解数学发展史上有趣而深奥的难解之谜，浏览17世纪至21世纪一个个数学的革命性变化和大事。展望数学的发展和未来，让你走进数学的殿堂，探寻数学的奥秘。

走近她，你也会收获多多，快乐多多。打开这本书，我将带你到数学的王国里去漫步。也许你已经学了不少数学知识，但这些知识都在数学花园的大门口，或者在进门不远的地方徘徊。进入她，你可以用你学过的数学知识，作为建筑的基础，来修建美丽的花坛花棚，盖起数学的高楼大厦。

这一次，让我们细细品味，尽可能走得远一些，去观赏一下数学王国的新景色！

目　录

数学发展大解密

第一章　数学学科的发展

第一节　西方数学发展史

一、古埃及数学

埃及是世界上文化发达最早的几个地区之一，位于尼罗河两岸，公元前 3200 年左右，形成一个统一的国家。尼罗河定期泛滥，淹没全部谷地，水退后，要重新丈量居民的耕地面积。由于这种需要，多年积累起来的测地知识便逐渐发展成为几何学。

公元前 2900 年以后，埃及人建造了许多金字塔，作为法老的坟墓。从金字塔的结构，可知当时埃及人已懂得不少天文和几何的知识。例如建筑场基底直角的误差与底面正方形两边同正北的偏差都非常小。

现今对古埃及数学的认识，主要根据两卷用僧侣文写成的纸草书；一卷藏在伦敦，叫做莱因德纸草书，一卷藏在莫斯科。埃及最古老的文字是象形文字，后来演变成一种较简单的书写体，通常叫僧侣文。除了这两卷纸草书外，还有一些写在羊皮上或用象形文字刻在石碑上和木头上的史料，藏于世界各地。两卷纸草书的年代在公元前 1850 ~ 前 1650 年之间，相当于中国的夏代。埃及很早就用十进记数法，但却不知道位值制，每一个较高的单位是用特殊的符号来表示的。埃及算术主要是加法，而乘法是加法的重复。他们能解决一些一元一次方程的问题，并有等差、等比数列的初步知识。占特别重要地位的是分数算法，即把所有分数都化成单位分数（即分子是1的分数）的和。莱因德纸草书用很大的篇幅来记载$\frac{2}{n}$（n从5到101）型的分数分解成单位分数的结果。为什么要这样分解以及用什么方法去分解，到现在还是一个谜。这种繁杂的分数算法实际上阻碍了算术的进一步发展。纸草书还给出圆面积的计算方法：将直径减去它的$\frac{1}{9}$之后再平方。计算的结果相当于用3.1605作为圆周率，不过他们并没有圆周率这个概念。根据莫斯科纸草书，推测他们也许知道正四棱台体积的计算方法。

总之，古代埃及人积累了一定的实践经验，但还没有上升为系统的理论。

二、美索不达米亚数学

西亚美索不达米亚地区（即底格里斯河与幼发拉底河流域）是人类早期文明发祥地之一。一般称公元前19世纪至公元前6世纪间该地区的文化为巴比伦文化，相应的数学属巴比伦数学。这一地区的数学传统上溯至约公元前2000年的苏美尔文化，后续至公元1世纪基督教创始时期。对巴比伦数学的了解，依据于19世纪初考古发掘出的楔形文字泥板，有约300块是纯数学内容的，其中约200块是各种数表，包括乘法表、倒数表、平方和立方表等。大约在公元前1800～前1600年间，巴比伦人已使用较系统的以60为基数的数系（包括60进制小数）。由于没有表示零的记号，这种记数法是不完善的。

巴比伦人的代数知识相当丰富，主要用文字表达，偶尔使用记号表示未知量。

在公元前1600年前的一块泥板上，记录了许多组毕达哥拉斯三元数组（即勾股数组）。据考证，其求法与希腊人丢番图的方法相同。巴比伦人还讨论了某些三次方程和可化为二次方程的四次方程。

巴比伦的几何属于实用性质的几何，多采用代数方法求解。他们有三角形相似及对应边成比例的知识。用公式c为圆的周长求圆面积，相当于取$\pi=3$。

巴比伦人在公元前世纪已较频繁地用数学方法记载和研究天文现象，如记录和推算月球与行星的运动，他们将圆周分为360度的做法一直沿用至今。

三、玛雅数学

对于玛雅数学的了解，主要来自一些残剩的玛雅时代石刻。对这些石刻上象形文字的释读表明：玛雅人很早就创造了位值制的记数系统，具体记数方式又分两种：第一种叫横点记数法；第二种叫头形记数法。横点记数法以一点表示1，以一横表示5，以一介壳状表示0，但不是0符号。

迄今所知道的玛雅数学知识就是如此，其中只显示加法和进位两种。关于形的认识，只能从玛雅古建筑中体会到一些。这些古建筑从外形看都很整齐划一，可以判断当时玛雅人对几何图形已有一定的知识。

四、印度数学

印度数学的数学发展可以划分为三个重要时期，首先是雅利安人入侵以前的达罗毗荼人时期，史称河谷文化；随后是吠陀时期；其次是悉檀多时期。由于河谷文化的象形文字至今不能解读，所以对这一时期印度数学的实际情况了解得很少。

印度数学最早有文字记录的是吠陀时代，其数学材料混杂在婆罗门教和印度教的经典《吠陀》当中，年代很不确定，今人所考定的年代出入很大，其年代最早可上溯到公元前10世纪，最晚至公元前3世纪。

公元773年，印度数码传入阿拉伯国家，后来欧洲人通过阿拉伯人接受了，成为今天国际通用的所谓阿拉伯数码。这种印度数码与记数法成为近世欧洲科学赖以进步的基础。中国唐朝印度裔天文历学家瞿昙悉达于718年翻译的印度历法《九执历》当中也有这些数码，可是未被中国人所接受。

由于印度屡被其他民族征服，使印度古代天文数学受外来文化影响较深，除希腊天文数学外，也不排除中国文化的影响，然而印度数学始终保持东方数学以计算为中心的实用化特色。与其算术和代数相比，印度人在几何方面的工作显得十分薄弱，最具特色与影响的成就是其不定分析和对希腊三角术的推进。

第二节　中国数学发展史

中国古代是一个在世界上数学领先的国家，用近代科目来分类的话，可以看出无论在算术、代数、几何和三角各方面都十分发达。现在就让我们来简单回顾一下初等数学在中国发展的历史。

一、属于算术方面的材料

大约在3000年以前中国已经知道自然数的四则运算，这些运算只是一些结果，被保存在古代的文字和典籍中。乘除的运算规则在后来的“孙子算经”（公元3世纪）内有了详细的记载。中国古代是用筹来计数的，在我们古代人民的计数中，已利用了和我们现在相同的位率，用筹记数的方法是以纵的筹表示单位数、百位数、万位数等；用横的筹表示十位数、千位数等，在运算过程中也很明显的表现出来。“孙子算经”用十六字来表明它，“一从十横，百立千僵，千十相望，万百相当。”和其他古代国家一样，乘法表的产生在中国也很早。乘法表中国古代叫九九，估计在2500年以前中国已有这个表，在那个时候人们便以九九来代表数学。现在我们还能看到汉代遗留下来的木简（公元前1世纪）上面写有九九的乘法口诀。

现有的史料指出，中国古代数学书“九章算术”（约公元一世纪前后）的分数运算法则是世界上最早的文献，“九章算术”的分数四则运算和现在我们所用的几乎完全一样。

古代学习算术也从量的衡量开始认识分数，“孙子算经”（公元3世纪）和“夏侯阳算经”（公元6~7世纪）在论分数之前都开始讲度量衡，“夏侯阳算经”卷上在叙述度量衡后又记着：“十乘加一等，百乘加二等，千乘加三等，万乘加四等；十除退一等，百除退二等，千除退三等，万除退四等。”这种以十的方幂来表示位率无疑地也是中国最早发现的。

小数的记法，元朝（公元13世纪）是用低一格来表示，如13.56作1356在算术中还应该提出由公元三世纪“孙子算经”的物不知数题发展到宋朝秦九韶（公元1247年）的大衍求一术，这就是中国剩余定理，相同的方法欧洲在19世纪才进行研究。宋朝杨辉所著的书中（公元1274年）有一个1~300以内的因数表，例如297用“三因加一损一”来代表，就是说297=3119，（11=10+1叫加一，9=10-1叫损一）。杨辉还用“连身加”这名词来说明201~300以内的质数。

二、属于代数方面的材料

从“九章算术”卷八说明方程以后，在数值代数的领域内中国一直保持了光辉的成就。

“九章算术”方程章首先解释正负术是确切不移的，正象我们现在学习初等代数时从正负数的四则运算学起一样，负数的出现便丰富了数的内容。

我们古代的方程在公元前一世纪的时候已有多元方程组、一元二次方程及不定方程几种。

一元二次方程是借用几何图形而得到证明。

不定方程的出现在二千多年前的中国是一个值得重视的课题，这比我们现在所熟知的希腊丢番图方程要早三百多年。

11世纪的贾宪已发明了和霍纳（1786—1837）方法相同的数字方程解法，我们也不能忘记十三世纪中国数学家秦九韶在这方面的伟大贡献。

在世界数学史上对方程的原始记载有着不同的形式，但比较起来不得不推中国天元术的简洁明了。四元术是天元术发展的必然产物。

级数是古老的东西，2000多年前的“周髀算经”和“九章算术”都谈到算术级数和几何级数。14世纪初中国元代朱世杰的级数计算应给予很高的评价，他的有些工作欧洲在18～19世纪的著作内才有记录。11世纪时代，中国已有完备的二项式系数表，并且还有这表的编制方法。

历史文献揭示出在计算中有名的盈不足术是由中国传往欧洲的。

内插法的计算，中国可上溯到六世纪的刘焯，并且7世纪末的僧一行有不等间距的内插法计算。14世纪以前，属于代数方面许多问题的研究，中国是先进国家之一。就是到18～19世纪由李锐（1773—1817），汪莱（1768—1813）到李善兰（1811—1882），他们在这一方面的研究上也都发表了很多的名著。

三、属于几何方面的材料

自明朝后期（16世纪）欧几里德“几何原本”中文译本一部分出版之前，中国的几何早已在独立发展着。应该重视古代的许多工艺品以及建筑工程、水利工程上的成就，其中蕴藏了丰富的几何知识。

中国的几何有悠久的历史，可*的记录从公元前15世纪谈起，甲骨文内已有规和矩二个字，规是用来画圆的，矩是用来画方的。

汉代石刻中矩的形状类似现在的直角三角形，大约在公元前2世纪左右，中国已记载了有名的勾股定理（勾股二个字的起源比较迟）。

在圆周率的计算上有刘歆（？—3）、张衡（78—139）、刘徽（263）、王蕃（219—257）、祖冲之（429—500）、赵友钦（公元十三世纪）等人，其中刘徽、祖冲之、赵友钦的方法和所得的结果举世闻名。祖冲之所得的结果 $\pi = 355/133$ 要比欧洲早1000多年。

在刘徽的“九章算术”注中曾多次显露出他对极限概念的天赋。

四、属于三角方面的材料

三角学的发生由于测量，首先是天文学的发展而产生了球面三角，中国古代天文学很发达，因为要决定恒星的位置很早就有了球面测量的知识；平面测量术在“周髀算经”内已记载若用矩来测量高深远近。

刘徽的割圆术以半径为单位长求圆内正六边形，十二二边形等的每一边长，这答数是和2sinA的值相符（A是圆心角的一半），以后公元十二世纪赵友钦用圆内正四边形起算也同此理，我们可以从刘徽、赵友钦的计算中得出7.5°、15°、22.5°、30°、45°等的正弦函数值。

在古代历法中有计算二十四个节气的日晷影长，地面上直立一个八尺长的“表”，太阳光对这“表”在地面上的射影由于地球公转而每一个节气的影长都不同，这些影长和“八尺之表”的比，构成一个余切函数表（不过当时还没有这个名称）。

13世纪的中国天文学家郭守敬（1231—1316）曾发现了球面三角上的三个公式。

现在我们所用三角函数名词：正弦，余弦，正切，余切，正割，余割，这都是我国16世纪已有的名称，那时再加正矢和余矢二个函数叫做八线。

在17世纪后期中国数学家梅文鼎（1633—1721）已编了一本平面三角和一本球面三角的书，平面三角的书名叫“平三角举要”，包含下列内容：（1）三角函数的定义；（2）解直角三角形和斜三角形；（3）三角形求积，三角形内容圆和容方；（4）测量。这已经和现代平面三角的内容相差不远，梅文鼎还著书讲到三角上有名的积化和差公式。18世纪以后，中国还出版了不少三角学方面的书籍。

第二章 数系的发展

第一节 计数的出现

一般说来，最古老的数学应当从人类把大小、形状和数的概念系统化方面所作的最初的也是最基本的努力算起。因此，有数的概念和懂得计数方法的原始人的出现可以看作是数学的第一起点！

数的概念和计数方法还在有文字记载以前就发展起来了。但是，关于这些数学的发展方式则多半来源于揣测。人类的在最原始的时代就有了数的意识，至少在为数不多的一些东西中增加几个或从中取出几个时，能够辨认其多寡。随着逐步进化，简单的计算成为了生产和生活中必不可少的活动。一个部落首领必须知道自己的部落有多少成员、有多少敌人；一个人需要知道他羊群里的羊是否少了。或许最早的计数方法是使用简单算筹以一一对应的原则来进行的。例如，当数羊的只数时，每有一只羊就扳一个指头。显然，古人也能够使用一些简单的方法计数，例如集攒小石子或小木棍；在土块或石头上刻道或在木头上刻槽；或在绳上打结，作为对应于为数不多的东西的数目的语言符合。以后，随着书写方式的改变，逐渐形成了一族代表这些数目的书写符号。

计数方法的系统化

随着社会生产的发展，更为广泛的计数成为了生活和生产的必需。要完成这样复杂的计数就必须将计数的方法系统化。

1		一根垂直棒或一竖（笔画）
10		一根踵骨或足械，或轭
10^2		一卷轴，或一圈绳
10^3		一朵莲花
10^4		一个伸着的手指
10^5		一条鳕鱼，或蝌蚪
10^6		一个受惊的人，或一个支撑宇宙的神

古人采取的方法是这样的：把数目排列成便于考虑的基本群；群的大小多半以所用的匹配方式而定。也就是说：选取某一数 b 作为计数的基（base）也叫记数根（radix）或进位制（scale）并定出数目 1，2，3……b 的名称。这时，大于 b 的数目用已选定名称的数目的组合表示。

由于人的手指提供了一个方便的匹配工具，所以，人们大多选用 10 个数作为数基 b，这是不奇怪的。例如，考虑我们现在用的数词，它们就是以 10 为基而形成的。1，2，……10 这十个数，英语中均有基特殊的名称：one，two，……ten。当我们数到十一时，我们说“leven” 11；语言学家告诉我们，它是从 ein ifon 导出的意思是剩下或比 10 多 1。类似地，twelve（12）是从 twe lif 比 10 多 2 导出的；还有，thirteen13，即 3 和 10；fourteen14，即 4 和 10；一直到 nineteen19，即 9 和 10。然后有 twenty20，即 twe-tig，或两个 10。Twenty-one（两个 10 和 1）等等。

有证据表明：2，3 和 4 也曾被当作原始的数基。例如，澳洲东部昆士兰的土人就是这么计数的：“1，2，2 和 1，两个 2，多”一些非洲矮人以 1，2，3，4，5 和 6 就是这么计教的：“a，oa，ua，oa-oa，oa-oa-a，和 oa-oa-oa。”阿根廷火地岛的某部落，头几个数的名称，就是以 3 为基的；与此相似，南美的一些部落用 4 为基。

可以设想：五进制即以 5 为基的数系，是最初用得很广泛的计数法。到现在，一些南美的部落还是用手计数“1，2，3，4，手，手和 1”等等。西伯利亚的尤卡吉尔人用的是混合基计数法：“1，2，3，3 和 1，5，两个 3，多 1 个，两个 4，10 去 1，10。”德国农民日历，一直到 1800 年还以 5 为数基。

也有证据表明，在有史以前12曾被用作数基，即采用十二进制，这主要与量度有关，使用这样的一个数基，可能是由于一年大约有12年朔望月；也可能是上于12能被许多整数整除。例如，1英尺是12英寸，古代的一英磅是12盎斯，1先令是12便士，1英寸是12英分，钟有12个小时，一年有12个月。Dozen（打），gross（簩）这些词在英语中还用作更高级的单位。（一打是12个，一簩是12打）。

二十进制即以20为基的数系，曾被广泛应用，它使用人想起人类的赤脚时代。这种计数法，曾经由美洲印第安人使用，并以其用于高度发达的玛雅（Maya）数系中而著称。法语中用quartevingt四个20代替huitante80，用quatre-vingt-dix四个20加10代替nonante90，从这里可以看出克尔特人以20为基数的痕迹。在盖尔人、丹麦人和威尔士人的语言中也能发现这种痕迹。格陵兰使用“一个人”代表20，“两个人”代表40等等。英国人也常用score20这个字。

古代巴比伦人用六十进位制，即以60为基的数系，直到现在，当以分、秒为单位计量时间和角度时，六十进位制仍被广泛使用。

手指记数

在遥远的古代，除了口头上说的数以外，手指数（finger rmber）在也曾被广泛应用。事实上，用手指和手的不同位置表示数，应该比使用数的符号或数的名称还早。例如，最早的表示1，2，3和4的书写符号是适当数目的竖的或横的笔划，它们坚起平伸的手指数目；digit（即手指）这个词也可以用来表示数字（从1到9），这也能追溯到同一来源。

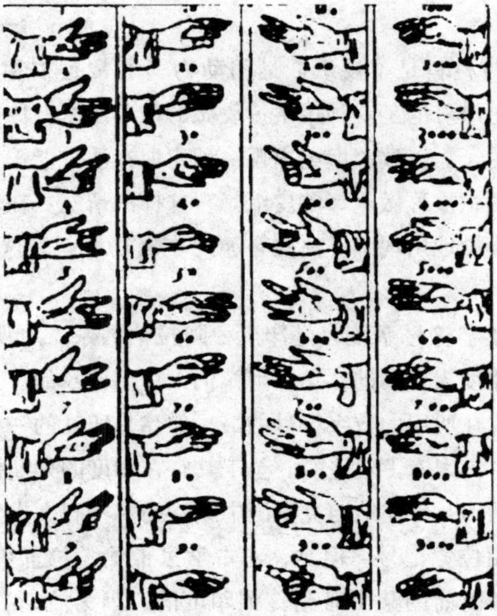

有一段时间，手指数曾被扩展到包括出现在商业交易中的最大的数，并且在中世纪就已为国际通用。发展到后来，1，2，……和10，20……90这些数用左手来表示，100，200……900和1，000，……9，000，这些数用右手来表示。用这种方法，10，000以内的任何数都能用两只手表示。

手指数的样式，在文艺复兴时期的算术书上有记载。例如，用左手，部分屈折的小指表示1，部分屈折的小指和无名指表示2，部分屈折的小指、无名指和中指表示3，屈折中指和无名指表示4，屈折的中指表示5，屈折的无名指表示6，完全屈折的小指表示7，完全屈折的小指和无名指表示8，完全屈折的小指、无名指和中批表示9。

记录工具的出现

数字的记录和长期保存离不开记录的工具。但是，记录工具的发明和改进是一个非常漫长的过程。我们现在常用的机器制造的纸张只有100多年的历史。以前的手工制作的纸是非常昂贵和难以得到的，即使是这种纸也是在12世纪才传到欧洲，虽然聪明的中国古人早在一千多年前，就已经掌握了这一门技术。

但是，古人为了满足自己记录的需要，也想办法创造了一些工具。一种早期类似纸的书写材料，称为纸草片（Papyrus），是古代埃及人发明的，而且，公元前650年左右，已经传入希腊。它是一种叫做纸草（papu）的芦苇做的。把芦苇的茎切成一条条细长的薄片，并排合成一张，一层层地往上放，完全用水浸湿，再将水挤压出来，然后放到太阳地里晒干。也许由于植物中天然胶质，几层粘到一起了。在纸草片干了以后，再用圆的硬东西用力把它们压平衡，这样就能书写了。用纸草片打草稿，就是一小片，也要花不少钱。

另一种早期的书写材料是羊皮纸，是用动物（通常是羊和羊羔）皮做的。自然，这是稀有和难得的。更昂贵的是一种用牛犊皮做的仿羊皮纸，称做犊皮纸。事实上，羊皮纸已经是非常昂贵的了。以致中世纪出现一种习惯：洗去老羊皮手稿上的墨迹，然后再用。这样的手稿，现在被称做重写羊皮纸。有这样的情况：在若干年后，重写羊皮文件上最初写的原稿又模糊地出现了。一些有趣的“修复”就是这样做成的。

印度和阿拉伯数系

我们现在常用的数字符号系统，是印度—阿拉伯数系。之所以用印度和阿拉伯命名，是因为它可能是印度人发明的，又由阿拉伯人传到西欧的。

目前，保存下来现在所用的数字符号的最早样品是印度的一些石柱上发现的，这些石柱是公元前250左右乌索库王建造的。至于其它在印度的早期样品，如果解释正确的话，则是从大约公元前100年在纳西克窑洞中刻下的一些碑文中发现。这些早期样本中既没有零，也没有采用位置记号。但是，考古学家推测，位置值（positional value）和零，必定是公元800年以前的某个时刻传到印度的，因为波斯数学家花拉子密在公元

825 年写的一本书中描述过这样一种完整的印度数系。

这些新的数字符号，最初是在“何时”和“如何”引进欧洲的，即使到了现在也还没有弄清：但是考古学家认为，这些符号十之八九是由地中海沿岸的商人和旅行家们带过来的。在 10 世纪西班牙书稿中就发现有这些符号，它们可能是由阿拉伯人传到西班牙的。阿拉伯人在公元 711 年侵入了这个半岛，直到 1492 年还在那里。通过花拉子密的专著的 12 世纪拉丁文译本以及后来欧洲人的有关著作，这一完整的数系得到广泛的传播。

在 10 世纪以后的四百年中，提倡这数系的珠算家与算法家展开了竞争，到公元 1500 年左右，我们现有的计算规则获得优势。在这以后的一百年中，珠算家几乎被人遗忘，到了 18 世纪在西欧就见不到算盘的踪迹了。算盘作为一个奇妙的东西再次出现于欧洲，是法国几何学家 J · V · 蓬斯莱（Poncelet）在拿破仑计伐俄国的战争中当了俘掳，被释放后，把一个算盘的样品带回了法国。

印度—阿拉伯数系中的数字符号曾多次变异，只是由于印刷业的发展，才开始稳定下来的。英语中的 zero（零）这个词可能是从阿拉伯文 sifr 的拉丁化形式 zephirum 演变过来的；而阿拉伯文 sifr 又是从印度文中表示“无”和“空”的词 sunya 翻译过来。阿拉伯文 sifr 在 13 世纪由奈莫拉里乌斯（Nemorarius）引进到德国，写作 cifra，由此我们得到现在的字 cipher（零）。

第二节　负数及其运算的引入

在实际生活中，人们往往会遇到了增加与减小，盈余与亏损等互为相反意义的量，这样，人们自然地引进了负数。

负数的引进，是中国古代数学家对数学的一个巨大贡献。在我国古代秦、汉时期的算经《九章算术》的第八章“方程”中，就自由地引入了负数，如负数出现在方程的系数和常数项中，把“卖（收入钱）”作为正，则“买（付出钱）”作为负，把“余钱”作为正，则“不足钱”作为负。在关于粮谷计算的问题中，是以益实（增加粮谷）为正，损实（减少粮谷）为负等，并且该书还指出：“两算得失相反，要以正负以名之”。当时是用算筹来进行计算的，所以在算筹中，相应地规定以红筹为正，黑筹为负；或将算筹直列作正，斜置作负。这样，遇到具有相反意义的量，就能用正负数明确地区别了。

在《九章算术》中，除了引进正负数的概念外，还完整地记载了正负数的运算法则，实际上是正负数加减法的运算法则，也就是书中解方程时用到的“正负术”即

"同名相除，异名相益，正无入正之，负无入负之；其异名相除，同名相益，正无入正之，负无入负之。"这段话的前四句说的是正负数减法法则，后四句说的是正负数加法法则。它的意思是：同号两数相减，等于其绝对值相减；异号两数相减，等于其绝对值相加；零减正数得负数，零减负数得正数。异号两数相加，等于其绝对值相减；同号两数相加，等于其绝对值相加；零加正数得正数，零加负数得负数，当然，从现代数学观点看，古书中的文字叙述还不够严谨，但直到公元 17 世纪以前，这还是正负数加减运算最完整的叙述。

在国外，负数出现得很晚，直至公元 1150 年（比《九章算术》成书晚 1000 多年），印度人巴士卡洛首先提到了负数，而且在公元 17 世纪以前，许多数学家一直采取不承认的态度。如法国大数学家韦达，尽管在代数方面作出了巨大贡献，但他在解方程时却极力回避负数，并把负根统统舍去。有许多数学家由于把零看作"没有"，他们不能理解比"没有"还要"少"的现象，因而认为负数是"荒谬的"。直到 17 世纪，笛卡儿创立了坐标系，负数获得了几何解释和实际意义，才逐渐得到了公认。

从上面可以看出，负数的引进，是我国古代数学家贡献给世界数学的一份宝贵财富。

负数概念引进后，整数集和有理数集就完整地形成了。

第三节　生活能离开有理数吗？

甲：为什么要学习有理数呢？

乙：因为有理数太重要了。

甲：怎么个重要法？

乙：不必说它在数学学习、研究和发展中的重要性，就说它在日常生活中的作用吧。要是没有有理数，人们就无法正常生活。

甲：我才不信，离开有理数照样生活得好好的。

乙：不信？那我问你：你家有几口人？

甲：3 人，我、还有爸爸和妈妈，怎么，这与有理数有关系吗？

乙：你刚才说多少？

甲：3——

乙：3 不就是有理数中的正整数吗？

甲：这也算用到有理数呀？

乙：那当然了，3本来就是有理数中的正整数嘛！

甲：那你再问，我肯定不再用有理数回答了。

乙：你帮过妈妈菜吗？

甲：买，在家里我可勤快了。

乙：那我问你，白菜的价格怎么样？

甲：物美价廉，公平合理。怎么样，没用到有理数了吧？

乙：那你一般情况下买多少？

甲：不多不少，有客人来时多买点。怎么样，这样回答可以吧？

乙：一千克白菜1元钱，那500克白菜多少元呢？

甲：当然是0.5元了，怎么，你连这个都不会算？

乙：0.5不就是有理数中的正分数吗？

甲：哎，怎么又中你的圈套呢？

乙：这并不是圈套，而是生活中的确需要有理数。

甲：看来生活中不用有理数还真的很难。可我还是不明白，有了有理数中的正整数和正分数，生活中的问题不就解决了嘛，为什么还要花费那么多的时间去学习有理数中的什么负整数和负分数呢？

乙：负整数和负分数的学习也是生活的需要呀。你知道当水结冰时，气温恰好是多少吗？

甲：这是小常识，人人都知道刚好是0℃。

乙：对，这里的0是有理数中唯一既不是正数也不是负数的中性数——零。那你知道冬天里我国北方与南方哪一方的气温高吗？

甲：人人都说江南四季如春，当然是南方的气温高。

乙：不错，当南方的水结冰时，你说北方的气温与0℃比较，怎么样？

甲：那还有用问，当然是北方的气温比0℃低。

乙：如何表示这个气温呢？

甲：这我就不知道了。

乙：这时要用到一个比0小的数，它就是有理数中的负有理数。

甲：看来负有理数还真的很重要，我该好好地学学。那如何表示负数呢？

乙：这个很简单，只须在一个正数的前面添上一个负号“－”就可以了。

甲：“－”不就是减号吗？

乙：是的。但把它放在一个正数的前面时，就不能说它是减号。比如：－3，应读做负3，它是有理数中的负整数，不能读做减去3；再比如：－3.5应读做负3.5，它是有理数中的负分数，不能读做减去3.5。

甲：为什么不能读做“减去3.5”呢？

乙：因为“减去”是指两个数的运算，而这里-3.5仅是一个数，不存在着运算。

甲：哦，原来是这样。那负数除了在表示气温时是要用到，它还有没有什么意义？

乙：当然有了，负数与正数一样，当正数表示一个量时，负数就是表示与这个量意义相反的量。如：当用+3元表示收入3元时，那么付出2元就可以简单记作-2元。

甲：那-5元表示什么意思呢？

乙：表示付出5元。

甲：谢谢你让我明白了有理数的重要性。谢谢！

甲：不客气，祝你在有理数中玩得愉快！

第四节　惨痛的代价——无理数的发现

说到无理数，还得从公元前6世纪古希腊的毕达哥拉斯学派的一个成员名叫希伯斯的说起。

伟大的数学家——毕达哥拉斯认为：世界上只存在整数和分数，除此以外，没有别的什么数了。可是不久就出现了一个问题：当一个正方形的边长是1的时候，对角线的长m等于多少？是整数呢，还是分数？毕达哥拉斯和他的门徒费了九牛二虎之力，也不知道这个m究竟是什么数。世界上除了整数和分数以外还有没有别的数？这个问题引起了学派成员希伯斯的兴趣，他花费了很多的时间去钻研，最终希伯斯断言：m既不是整数也不是分数，是当时人们还没有认识的新数。

就是一个新数。给新发现的数起个什么名字呢？当时人们觉得，整数和分数是容易理解的，就把整数和分数合称“有理数”，而希伯斯发现的这种新数不好理解，就取名为“无理数”。

希伯斯的发现，推翻了毕达哥拉斯学派的理论，动摇了这个学派的基础，为此引起了他们的恐慌。为了维护学派的威信，他们严密封锁希伯斯的发现，如果有人胆敢泄露出去，就处以极刑——活埋。然而真理是封锁不住的，尽管毕达哥拉斯学派规矩森严，希伯斯的发现还是被许多人知道了。他们追查泄密的人，追查的结果，发现泄密的不是别人，正是希伯斯本人！这还了得！希伯斯竟背叛老师，背叛自己的学派。毕达哥拉斯学派按着规矩，要活埋希伯斯。希伯斯听到风声逃跑了。

希伯斯在国外流浪了好几年，由于思念家乡，他偷偷地返回希腊。在地中海的一条海船上，毕达哥拉斯的忠实门徒发现了希伯斯，他们残忍地将希伯斯扔进地中海。这样，无理数的发现人被谋杀了！

我们已经知道，开方开不尽时所得到的数都是无限不循环小数即无理数。但是，也确有一些无限不循环小数不是由于开方开不尽而产生的，在中学数学里遇到的有两个数；π 和 e 就是如此。

π 的实际意义是圆的周长与该圆的直径之比，称为圆周率。我国伟大的数学家祖冲之对 π 值的推算结果为：$3.1415926 < \pi < 3.1415927$

对于 e 的实际意义由于超出目前的知识范围，暂不作叙述，只介绍它的值为

$$e = 2.71828\cdots\cdots$$

综上所说，无理数可分为两类：一类是由于开方开不尽而产生的，称根数；另一类是像 π 和 e 这样的数，它们不是由于开方开不尽而产生的，称超越数。

同学们读完后有怎样的感触呢？希伯斯勇于追求真理的精神令人敬佩，而人类对数学的研究也在不断的深入和拓展……希望同学们能以此为鉴，努力学习，将来拥有足够的能力去探索和开拓数学领域的新世界。

现在，我们都知道，这类新的数叫做无理数，它和有理数相对，实际上，有理数和无理数的英文名称是“rational number”和“irrational number”，译成“比数”和“非比数”更为合适。

下面介绍一种在数轴上确定某些无理数的位置的方法。如图 1 所示：

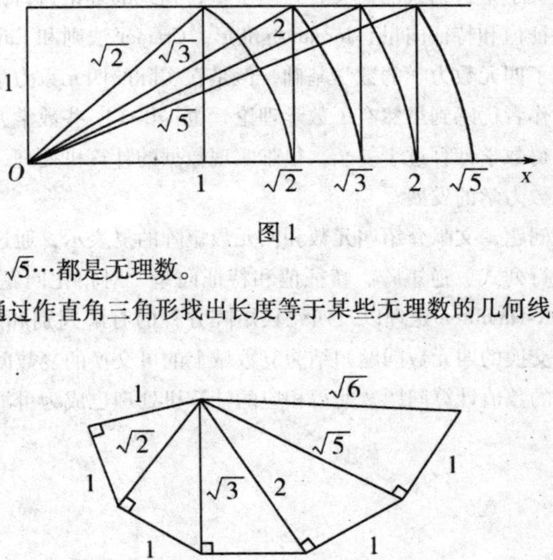

图 1

其中$\sqrt{2}$，$\sqrt{3}$，$\sqrt{5}$…都是无理数。

再介绍一种通过作直角三角形找出长度等于某些无理数的几何线段的方法，如图 2 所示：

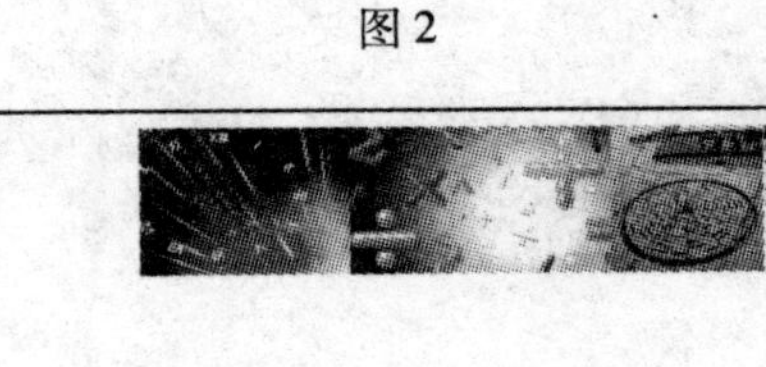

图 2

第五节　迄今为止范围最大的数系——四元数

四元数是1843年由英国数学家哈密顿（W. R. Hamilton）发现或者说发明的，至今已一个半世纪了。但在相当长的一段时间里它没有为人们所重视，更没有得到实际的应用。随着刚体动力学理论的发展，人们发现利用四元数和四元数矩阵可以较好地处理刚体运动学特别是刚体运动分析的理论问题和运动控制的实际问题，尤其是发现其中的旋转矩阵运算和单位四元数运算非常相似，从而使四元数方法在理论力学中开始获得应用，四元数也日益引起人们浓厚的兴趣。

近年来，四元数矩阵在刚体力学、量子力学、控制理论和陀螺技术中的应用日趋重要和广泛，随着上述四元数力学的不断发展，对四元数矩阵的进一步认识和研究就显得越来越重要。由于四元数乘法的不可交换性，使四元数领域的研究工作受到很大限制。在文献中，作者定义了重行列式的概念，并基于重行列式的理论，讨论和研究了四元数矩阵的逆矩阵、特征值和特征向量、Jordan 标准形、Cramer 法则和 Cayley-Hamilton 定理等内容，从而奠定了四元数力学的数学基础，但是在实际的四元数力学的研究和数值计算应用中，力学工作者仍感到虽然有了数学理论，也提供了一些数学方法，但是四元数乘法的非交换性使得数学计算过于复杂，很难实现数据的计算机处理，这在一定程度上也制约了现代四元数力学的发展。

为了解决上述问题，文献介绍四元数和四元数矩阵的复表示，通过复表示方法，研究了四元数矩阵的行列式、逆矩阵、特征值和特征向量、对角化问题、Jordan 标准形、Cramer 法则、Cayley-Hamilton 定理以及四元数矩阵方程的有解判别和解的表示等内容，把四元数体上的非交换的四元数问题归结为复数域上的可交换的复数问题，从而大大简化了四元数力学中的数值计算问题，使得相应的计算机处理也成为可能。

第三章 数学学科的发展与前景展望

第一节 数学史上的三次危机

无理数的发现——第一次数学危机

大约公元前5世纪，不可通约量的发现导致了毕达哥拉斯悖论。当时的毕达哥拉斯学派重视自然及社会中不变因素的研究，把几何、算术、天文、音乐称为“四艺”，在其中追求宇宙的和谐规律性。他们认为：宇宙间一切事物都可归结为整数或整数之比，毕达哥拉斯学派的一项重大贡献是证明了勾股定理，但由此也发现了一些直角三角形的斜边不能表示成整数或整数之比（不可通约）的情形，如直角边长均为1的直角三角形就是如此。这一悖论直接触犯了毕氏学派的根本信条，导致了当时认识上的“危机”，从而产生了第一次数学危机。

到了公元前370年，这个矛盾被毕氏学派的欧多克斯通过给比例下新定义的方法解决了。他的处理不可通约量的方法，出现在欧几里得《原本》第5卷中。欧多克斯和狄德金于1872年给出的无理数的解释与现代解释基本一致。今天中学几何课本中对相似三角形的处理，仍然反映出由不可通约量而带来的某些困难和微妙之处。第一次数学危机对古希腊的数学观点有极大冲击。这表明，几何学的某些真理与算术无关，几何量不能完全由整数及其比来表示，反之却可以由几何量来表示出来，整数的权威地位开始动摇，而几何学的身份升高了。危机也表明，直觉和经验不一定靠得住，推理证明才是可靠的，从此希腊人开始重视演译推理，并由此建立了几何公理体系，这不能不说是数学思想上的一次巨大革命！

无穷小是零吗？——第二次数学危机

18 世纪，微分法和积分法在生产和实践上都有了广泛而成功的应用，大部分数学家对这一理论的可靠性是毫不怀疑的。1734 年，英国哲学家、大主教贝克莱发表《分析学家或者向一个不信正教数学家的进言》，矛头指向微积分的基础——无穷小的问题，提出了所谓贝克莱悖论。他指出：‘牛顿在求 xn 的导数时，采取了先给 x 以增量 0，应用二项式（$x+0$）n，从中减去 xn 以求得增量，并除以 0 以求出 xn 的增量与 x 的增量之比，然后又让 0 消逝，这样得出增量的最终比。这里牛顿做了违反矛盾律的手续——先设 x 有增量，又令增量为零，也即假设 x 没有增量。“他认为无穷小 dx 既等于零又不等于零，召之即来，挥之即去，这是荒谬，”dx 为逝去量的灵魂”。无穷小量究竟是不是零？无穷小及其分析是否合理？由此而引起了数学界甚至哲学界长达一个半世纪的争论。导致了数学史上的第二次数学危机。18 世纪的数学思想的确是不严密的，直观的强调形式的计算而不管基础的可靠。其中特别是：没有清楚的无穷小概念，从而导数、微分、积分等概念也不清楚，无穷大概念不清楚，以及发散级数求和的任意性，符号的不严格使用，不考虑连续就进行微分，不考虑导数及积分的存在性以及函数可否展成幂级数等等。直到 19 世纪 20 年代，一些数学家才比较关注于微积分的严格基础。从波尔查诺、阿贝尔、柯西、狄里赫利等人的工作开始，到威尔斯特拉斯、戴德金和康托的工作结束，中间经历了半个多世纪，基本上解决了矛盾，为数学分析奠定了严格的基础。

悖论的产生——第三次数学危机

数学史上的第三次危机，是由 1897 年的突然冲击而出现的，到现在，从整体来看，还没有解决到令人满意的程度。这次危机是由于在康托的一般集合理论的边缘发现悖论造成的。由于集合概念已经渗透到众多的数学分支，并且实际上集合论成了数学的基础，因此集合论中悖论的发现自然地引起了对数学的整个基本结构的有效性的怀疑。1897 年，福尔蒂揭示了集合论中的第一个悖论。两年后，康托发现了很相似的悖论。1902 年，罗素又发现了一个悖论，它除了涉及集合概念本身外不涉及别的概念。罗素悖论曾被以多种形式通俗化。其中最著名的是罗素于 1919 年给出的，它涉及到某村理发师的困境。理发师宣布了这样一条原则：他给所有不给自己刮脸的人刮脸，并且，只给村里这样的人刮脸。当人们试图回答下列疑问时，就认识到了这种情况的悖论性质：

"理发师是否自己给自己刮脸?"如果他不给自己刮脸，那么他按原则就该为自己刮脸；如果他给自己刮脸，那么他就不符合他的原则。罗素悖论使整个数学大厦动摇了。无怪乎弗雷格在收到罗素的信之后，在他刚要出版的《算术的基本法则》第2卷末尾写道："一位科学家不会碰到比这更难堪的事情了，即在工作完成之时，它的基础垮掉了，当本书等待印出的时候，罗素先生的一封信把我置于这种境地"。于是终结了近12年的刻苦钻研。承认无穷集合，承认无穷基数，就好像一切灾难都出来了，这就是第三次数学危机的实质。尽管悖论可以消除，矛盾可以解决，然而数学的确定性却在一步一步地丧失。现代公理集合论的大堆公理，简直难说孰真孰假，可是又不能把它们都消除掉，它们跟整个数学是血肉相连的。所以，第三次危机表面上解决了，实质上更深刻地以其它形式延续着。

第二节　数学的概念、特征和作用

数学的概念

我们谈论数学，自然会关心"什么是数学"这个问题。

数学本身是一个历史的概念，数学的内涵随着时代的变化而变化。给数学下一个一劳永逸的定义是不可能的。数学发展到今天，可以说它是不得不"由对象下定义"朝着"由方法下定义"。从亚里士多德给出第一个定义——数学是量的科学——以来，不少数学家、哲学家探索过这个问题，发表过不同的观点，如笛卡尔、恩格斯、希尔伯特等。迄今为止，可以找出十余种数学定义。现在普遍接受的数学定义是：对结构、模式以及模式的结构和谐性的研究，其目的是要揭示人们从自然界和数学本身的抽象世界中所观察到的结构和对称性。这一定义实际上是用"模式"代替了"量"，而所谓的"模式"有着极广泛的内涵，包括了数的模式，形的模式，运动与变化的模式，推理与通信的模式，行为的模式，……。这些模式可以是现实的，也可以是想象的，可以是定量的，也可以是定性的。

数学的主要特征

数学具有两重性：内部的发展和外部的应用。数学本身的内部活力和对培育其发展的养分的需要，数学本身就是智力训练的学科。另外数学也是科学、工程、工业、管理和金融的基本工具和语言。内部特征如下：

特征之一：高度的抽象性。数学是一切科学中最抽象的学科。数学是对结构、模式以及模式的结构和谐性的研究。探究抽象模式结构中的对称性和规则性是纯粹数学的核心。

特征之二：数学结果的精确性和持久性。精确性无须多言。而数学结果的持久性表现在两个方面。其一是有些结果也许数十年之后会以一种意想不到的方式找到重要应用（数论与密码学的关系就是一例）；其二是数学结果一经证明，决不会被否定，即使它们可能会被更强的结果所取代。如果我们对比天文学的“地心说”、物理学的“以太说”、化学的“燃素说”，就可以看出数学不同于其它学科的这一特征。

特征之三：数学理论与结果的优美性。数学作为一种创造性活动，还具有艺术的特征，这就是对美的追求。数学理论的高度概括性和数学结果与公式的简洁、奇异、对称、和谐的优美之例比比皆是。可以说，数学理论和结果都是按美学标准建起来的。

1735 年，德国的鲍姆伽藤（Baumgarten）首次提出美学这一名词，并且以此命名撰写了一本专著。他因此被誉为美学之父。随后的康德、黑格尔等逐步建立了较严整的美学科学体系。美学是把人对现实的（即审美主体与审美个体所构成的）审美关系作为自己的研究对象。

数学美可简单地看成是数学活动者们（数学家、教师或学生等）在数学活动中可亲身体验及感受到的心历。

亚里士多德指出：认为数学不涉及美或善是错误的。数学特别体现了秩序、对称和明确性，而这些正是美的主要形式。普洛克拉斯断言：哪里有数，哪里就有美。

罗素认为：数学不仅拥有真，而且拥有非凡的美——一种像雕塑那样冷峻和严肃的美。

庞加莱说：数学家在他的工作中可体验到和艺术家一样的乐趣。

怀德黑比喻：作为人类精神的创造，只有音乐堪与数学媲美。

波莱尔阐明：数学在很大程度上是一门艺术，她的发展总是源于美学准则，受其指导，据以评价的。

黑格尔曾讲：美可以有许多方面，这个人抓住的是这一方面，那个人抓住的是那一方面。

与其寻求一个数学美的严格定义（很难办到），不如我们去把握数学美的如下特征：

数学美在于发现隐含的真理。例如，代数基本定理隐含着多项式的唯一性定理并说明其部分可以决定整体。

数学美在于发现一般的规律。例如，圆周率刻划了所有圆的周长与直径的比。

数学美在于高度的抽象和统一。例如，伽罗瓦群论；格拉斯曼外微分形式下的斯托克思定理。

数学美在于和谐，雅致。例如，费尔马与笛卡尔创立的解析几何学。

数学美在于对称、简捷。数学美在于有序。

数学美的社会性。数学使自然物具有人的本质的印记，也就是数学的社会性。它是数学美产生的本源。

数学美的宜人性。审美对象可使主体感到愉悦。一方面要会欣赏，另一方面，也是最根本的，还在于对象具有条件足以是主体感到愉悦。

一般说来，能够被成为数学美的对象（问题，理论和方法等）应该是：在极度复杂的事物中揭示出的极度的简单性、在极度离散或杂乱的事物中概括出的极度的统一性或和谐性。

中国古代的诗词妙句中到处都有数学美的佳句。

美例点滴 2.1　李白的诗词“朝辞白帝彩云间，千里江陵一日还，两岸猿声啼不住，轻舟已过万重山”，是公认的长江漂流的名篇，一幅轻快飘逸的画卷。“飞流直下三千尺，疑是银河落九天”，“白发三千丈”等诗句借助数字达到了高度的艺术夸张。杜甫的诗句“两个黄鹂鸣翠柳，一行白鹭上青天。窗含西岭千秋雪，门泊东吴万里船”，同样脍炙人口。数字深化了时空意境。他还有“霜皮溜雨四十围，黛色参天两千尺”，“青松恨不高千尺，恶竹应须斩万竿”表现出强烈的夸张和爱憎。柳宗元的诗句“千山鸟飞绝，万径人踪灭。孤舟蓑笠翁，独钓寒江雪”中，数字具有强烈的对比和衬托作用，令人为之悚然。他的“一身去国六千里，万死报荒十二年”诗句和韩愈的“一封朝奏九重天，夕贬潮阳路八千”诗句一样，抒发迁客的失意之情，收到惊心动魄的效果。岳飞的千古绝唱“三十功名尘与土，八千里路云和月”，陆游的豪放佳吟“三万里河东入海，五千仞岳上摩天”，同样是壮怀激烈的。

趣话 2.2　秀才进京赶考：明朝有一穷书生，历尽千辛万苦赶往京城应试。由于交通不便，赶到京城时，试期已过。经他苦苦哀求，主考官让他先从一到十，再从十到一作一对联。穷书生想起自己的身世，当即一气呵成：一叶孤舟，坐着二三个骚客，启用四桨五帆，经过六滩七湾，历尽八颠九簸，可叹十分来迟。十年寒窗，进了九、八家书院，抛却七情六欲，苦读五经四书，考了三番两次，今天一定要中。几十载的人生之路，通过十个数字形象深刻地表现出来了。主考官一看，拍案叫绝，当即将他排在榜首。

趣话 2.3　文君复书：西汉时期，司马相如赴长安赶考，对送行的妻子卓文君发誓：“不高车驷马，不复此过。”多情的卓文君却深为忧虑，就叮嘱他：“男儿功名固然很重要，但也切勿为功名所缠，作茧自缚。”说完，司马相如便上路了到了长安，勤奋读书，终于官拜中郎将。从此，他沉湎于声色犬马、纸醉金迷的生活。觉得卓文君配不上他了，处心积虑想休妻，另娶名门千金小姐。时光荏苒，一转眼5年过去了。一天卓文君正暗字垂泪，忽然京城来了一名差官，交给她一封信，并说司马相如大人吩咐，立等回书。卓文君又惊又喜，拆开一看，寥寥数语："一、二、三、四、五、六、七、八、九、十、百、千、万。"卓文君一下子明白了，当了新贵的丈夫，已有弃她之意。卓文君回信写道："一别以后，二地相悬，只说三四个月，又谁知五年六年。七弦琴无心弹，八行书无可传，九连环又从中折断，十里长亭望眼欲穿，百思想，千思念，万般无奈把郎怨。万语千言说不完，百无聊赖十依栏，重九登高看孤雁，八月中秋月圆人不圆，七月半烧香秉烛问苍天，六月伏天人人摇扇我心寒，五月石榴火红偏遭阵阵冷雨浇花端，四月枇杷未黄我欲对镜心意乱，急匆匆，三月桃花随水转，飘零零，二月风筝线儿断，噫！郎呀郎，巴不得下一世你为女来我为男。"司马相如读后十分羞愧、内疚，良心受到了谴责，越想越对不住这位才华出众、多情多义的妻子。后来他终于用高车驷马，亲自登门接走卓文君，过上了幸福美满的生活。试想一下，在上述妙语绝句中，如果没有数字与文字的结合，会如此精彩和美妙吗？

数学的语言和符号是静怡典雅的音乐。数学的模式是现实世界数形贡献优美的画卷。数学的抽象思维是人类智慧奥秒的诗篇。

数学研究的主要领域

目前数学研究的主要子领域如表所示：

数学研究的主要子领域

子领域	研究
数学基础	数学的逻辑基础
代数学和几何学	结构、离散性
数论和代数几何	数和多项式的性质
拓扑学和几何学	空间结构、模式、形状
分析	微积分的延伸和推广
概率论	随机性和不确定现象
应用数学	自然中提出的问题
计算数学	要用计算机来解决的问题资料分析
统计学	

这些子领域的边界既不是固定不变的也不是理由充分的，数学中的某些最有趣和富有成果的发展产生在子领域的边缘交叉处。某些研究领域出现在此分类中的若干个子领域中。如理论物理、数学物理出现在拓扑学和几何学、分析以及应用数学中。

数学的外部应用通常是在对现实生活中的物理学、生物学和商业等活动中碰到的事件或系统进行数学建模时所激发产生的。

数学建模的三个步骤：

1. 并非是清楚明白的实际情况创建一个明确的数学模型。这种数学建模需要在忠于实际情形的模型要求和数学上易于处理的要求之间进行妥协。

2. 通过解析或计算的方法或两者混合的方法来求解该数学模型。

3. 开发在求解特殊数学模型时大概可以重复使用的一般工具。

名家论数学

(1) 一种科学只有在成功地运用数学时，才算达真正完善的地步（马克思）。

(2) 数和形的概念不是从其它任何地方，而是从现世界中得来的（恩格斯）。

(3) 数学中的转折点是笛卡尔的变量。有了变量，运动进入了数学；有了变量，辩证法进入了数学；有了变量，微分和积分也就成为立刻必要的了，而它们也就立刻产生，并且是由牛顿和莱布尼兹大体上完成的，但不是他们发明的（恩格斯）。

(4) 不要怕困难，要学好物理，化学，尤其是数学（毛泽东）。

(5) 我们欢迎数学，社会主义建设需要数学（毛泽东）。

(6) 实际运用数学的范围是很高谈广阔的。将来不管你们研究哪一门科学，不管你们进哪一个大学，不管你们在那个部门工作，如果你们想在那里作出某些成绩，那么，到处都必须要有数学知识（加里宁）。

(7) 因为数学可以使人们的思想纪律化，能教会人们合理地去思维。无怪乎人们说，数学是锻炼思想的“体操”（加里宁）。

(8) 如果欧几里德（几何）不能激起你年轻的热情，那么你就不会成为一个科学思想家（爱因斯坦）。

(9) 为什么数学比其它一切科学受到特殊的尊重，一个理由是它的命题是绝对可靠的和无可争辩的。……数学之所以有如此高的声誉，还有另外一个理由，那就是数学给予精密的自然科学以某种程度的可靠性，没有数学，这些学科是达不到这种可靠性的（爱因斯坦）。

(10) 在物理学中，通向更深入的基本知识的道路，是同精密的数学方法联系着的（爱因斯坦）。

(11) 数学是一种神奇的艺术，如果你和她交上了朋友，你就会懂得：你再也不能离开她！

她用数学写诗！她那质朴、简单而又完美的诗行，像晨星在人类的黎明闪烁，永远不会坠落。连莎士比亚、但丁也会羡慕她的统一；是质量与能量的相互制约与转换。她礼赞的是伟大的物质演化的进程；是生命的起源与奥妙。

她用线条绘画！她那细腻、准确的色彩，像虹霓在宇宙的画布上展现。连提香和拉菲尔也无法想象这样的绚烂和丰富！她描绘的是无限膨胀的动力学的宇宙模型；是恒星与行星的轨道。她勾勒的是基本粒子的踪迹；是细胞核染色体的组合与排列（爱因斯坦)。

(12) 在数学中，最微小的误差也不能忽略（牛顿）。

(13) 数学是科学的大门和钥匙（培根）。

(14) 读史使人明智，读诗使人灵秀，数学使人周密，科学使人深刻，伦理学使人庄重，逻辑修辞之学使人善辩，凡有所学，皆成性格（培根）。

(15) 加里宁曾经说过：数学是锻炼思想的体操。体操能使你身体健康，动作敏捷；数学能使你的思想正确敏捷。有了正确的思想，你们才有可能爬上科学的大山（华罗庚）。

(16) 宇宙之大，核子之微，火箭之速，日用之繁，无处不用数学（华罗庚）。

(17) 在中等教育中，数学的训练是极为重要的一个环节。可以说，学好数学是掌握打开科学宝库的钥匙之一（华罗庚）。

(18) 当今科学发展的一个重要趋势就是各门学科的“数学化”。例如过去认为与数学关系不大的生物学，现在已开始用数学作为工具来研究了。因此，数学的基础理论一方面在实践的基础上不断发展和深化，同时又对其他自然科学的发展起着重大的推动作用（苏步青）。

(19) 世界上的万事万物都是由物质和量互相联系着的。要做到“胸中有数”，掌握事物的数量规律，就必须依靠数学这个有力的工具（苏步青）。

(20) 现代科学技术不管哪一部门都离不开数学，离不开数学科学的一门或几门学科（钱学森）。

(21) 代数与几何分道扬镳的时候，它们的进展就缓慢，应用也有限。但是，这两门学科一旦联袂而行，它们就互相从对方吸收新鲜的活力，从而大踏步走向各自的完美（拉格朗日）。

(22) 数学发明的动力，不是推理而是思想（A. 狄摩根）。

(23) 没有诗人气质的数学家，决不是一个完美的数学家（外尔斯特拉斯）。

(24) 数学的统一性及简单性都是极为重要的。因为数学的目的，就是用简单而基本的词汇去尽可能地解释世界。归根结底，数学仍然是人类的活动，而不是计算机的程序（M. F. Atiyah）。

第三节　世界之最的中国数学成就早知道

一、最早应用十进制

中国是最早应用"十进制制"计数法的国家。早在春秋战国时期，便已能熟练地应用十进制的算筹记数法，这种方法和现代通用的二进制笔算记数法基本一致，这比所见最早的印度（公元595年）留下的十进制制数码早一千多年。

二、最早提出负数的概念

中国的数学专着《九章算术》，是世界上杰出的古典数学著作之一，这本书中就已引入了负数概念。这比印度在公元7世纪左右出现的负数概念，约早六百多年。欧洲人则在10世纪时才对负数有明确的认识，比中国要迟一千五百多年。

三、最早论述了分数运算

中国在《九章算术》中，最早系统地论述了分数的运算。象这样系统地论述分数的运算方法，在印度要迟到公元7世纪左右，而在欧洲则更迟了。

四、最早提出联立一次方程的解法

中国最早提出联立一次方程组的解法，也是在《九章算术》中出现的。同时还提出了二元、三元、四元、五元的联立一次方程组的解法，这种解法和现在通用的消元法基本一致。在印度，多元一次方程的解法最早出现在7世纪初印度古代数学家婆罗门笈多（约在公元628年）的著作中。至于欧洲使用这种方法，则要比中国迟一千多年了。

五、最早论述了最小公倍数

在世界上，中国最早提出了最小公倍数的概念。由于分数加、减运算上的需要，也是在《九章算术》中就提出了求分母的最小公倍数的问题。在西方，到13世纪时意大利数学家斐波那契才第一个论述了这一概念，比中国至少要迟一千二百多年了。

六、最早研究不定方程

中国最早研究不定方程的问题，也是在《九章算术》这部名著中，书中提出了解六个未知数、五个方程的不定方程的方法，要比西方提出解不定方程的丢番图大概早三百多年。

七、最早运用极限概念

大约在公元3世纪，中国数学家刘徽在他的不朽著作《九章算术注》中，讲解计算圆周率的“割圆术”和开方不尽根问题，以及讲解求楔形体积时，最早运用了极限的概念。虽然欧洲在古希腊就有关于这一概念的想法，但是真正运用极限概念，却是在公元17世纪以后的事了，这要比中国大约要晚一千四百多年。

八、最早得出有六位准确数字的π值

祖冲之是中国古代杰出的数学家，他在公元五世左右就推算出π的值为 $3.1415926<\pi<3.1415927$，这是中国最早得到的具有六位数字的π的近似值。祖冲之同时得出圆周率的“密率”为$\frac{355}{113}$，这是分子、分母在1000以内的表示圆周率的最佳近似分数。德国人奥托在公元1573年也获得这个近似分数值，可是比祖冲之已迟了一千一百多年。

九、最早创立增乘开方法和创造二项式定理的系数表

中国最早创立了“增乘开方法”和“开方作法本源”。公元11世纪中叶的中国数学家贾宪，是也最早创了“增乘开平方法”和“增乘开立方法”。这一方法具有中国古代数学的独特风格。贾宪提出的方法，可以十分简便地推广到任意高次幂的开方中去，并可用来解任意高次方程。他的方法比西方的类似的“鲁斐尼—霍纳方法”要早770年。同时贾宪的“开方作法本源”图，实际上给出了二项式定理的系数表，比法国数学家帕斯卡所采用的相同的图（被称为“帕斯卡三角形”）要早五百多年。

十、最早提出高次方程的数值解法

中国南宋的伟大数学家秦九韶，在《数书九章》（公元1247年）中最早提出了高次方程的数值解法，秦九韶在贾宪创立的“增乘开方法”的基础上，加以推广并完善地建立了高次方程的数值解法，比欧洲与此相同的“霍纳法”要早八百多年。

十一、最早发现“等积原理”

在中国，“等积原理”是南北朝时的杰出数学家祖冲之和他的儿子祖暅共同研究的成果。他们在研究几何体体积的计算方法时，提出了“缘幂势既同，则积不容异”的原理，这就是“等积原理”。所指的意思是：“等高处平行截面的面积都相等的二个几何体的体积相等”。这一发现，要比西方数家卡瓦列利发现这个原理时，大约早一千一百多年。

十二、最早发现二次方程求根公式

二次方程的求根公式也是中国最早发现的。中国古代数学家赵爽，在对中国古典天文著作《周髀算经》作出注解时，写了一篇有很高科学价值的《勾股圆方图》的注文，在此文中赵爽在讨论二次方程 $x^2-2cx+a^2=0$ 时，用到了以下的求根公式：

这个公式与我们今天采用的求根公式是很相似的。赵爽这一发现，比印度数学家婆罗门笈多（公元628年）提出的二次方程求根公式要早许多年。

十三、最早引用“内插法”

早在公元6世纪，中国古代天文学家刘焯为了编制历法，首先引用了“内插法”，亦即现在代数学中的“等间距二次内插”。这个方法，直到17世纪末，才被英国数学家牛顿所推广，但已是时隔一千一百多年以后的事了。

十四、最早运用消元法解多元高次方程组

公元1303年，中国元代数学家朱世杰在其所着《四元玉鉴》等著作中，把中国古代数学家李治（1192—1279）总结的“天元术”（即列方程解一元高次方程的方法）推广成为“四元术”，创造了用消元法解二、三、高次方程组的方法，这是世界上最早运用消元法解高次方程组的例子。要西方，直到18世纪，法国数学家皮兹才对这一问题作出系统的叙述，朱世杰比他要早五百多年。

十五、最早研究解同余式组的问题

南宋数学家秦九韶在《数书九章》中提出了“大衍求一术”，他对求解一次同余式组的算法作了系统的介绍，与现代数学中所用的方法很类似，这是中国数学史上的一项突出的成就。实际上在秦九韶推广了闻名中外的中国古代数学巨著《孙子算经》中的“物不知数”题，取得的解法被称为“中国剩余这理”，就是在这一方面的重要成就。他的这项研究成果比在18、19世纪欧洲伟大数学家欧拉和高斯等人对这一问题的系统研究，要早五百多年。

十六、最早研究高阶等差数列并创造“逐差法”

早在北宋时期，数学家沈括（公元1030—1904）就创立了与高阶等差数列有关的“隙积术”；南宋末期数学家杨辉亦研究了高阶等差数列，并提出了“垛积术”；到了元朝，优秀的天文学家和数学家郭守敬（公元1231—1316）在以他为主编著的《授时历》中，就用高阶等差数方面的知识，来解决天文计算中的高次招差问题。朱世杰则在其所着的《四元玉鉴》（1303）一书中，把中国宋、元数学家在高阶等差级数求和方面的工作更向前推进了一步，对这一类问题得出了一系列重要的求和公式，其中最突出的是他创造了“招差法”（即“逐差法”），在世界数学史上第一次得出了包括有四次差的招差公式。在欧洲，首先对招差术加以说明的是格列高里（1670），在牛顿的著作中（1676—1684）方才出现了招差术的普遍公式，朱世杰比他们约早了四百年。

十七、位置计数法的最早使用

所谓位置计数法是指同一个数字由于它所在位置的不同而有不同的值。例如，327中，数字3表示三百，2表示二十。用这种方法表示数，不但简明，而且便于计算。采用十进位置值制记数法，以我国为最早。在殷墟甲骨文就已经对此作了记载，它用9个数字、四个位置值的符号，可以表示出大到上万的自然数，已经有了位置值制的萌芽。

第四节 数学发展的展望

20世纪的数学大致可分成两个部分。前半叶被称为“专门化的时代”，这是希尔伯特的办法大行其道的时代。即努力进行形式化，仔细地定义各种事物，并在每一个领域中贯彻始终。布尔巴基的名字是于这种趋势联系在一起的。在这种趋势下，人们把注意力都集中在特定的时期从特定的代数系统或者其它系统能获得什么。后半叶被称为“统一的时代”，在这个时代，各个领域的界限被打破了，各种技术可以从一个领域应用到另一个领域，并且事物在很大程度上变得越来越有交叉性。下面从六个方面进一步概括20世纪的数学：

第一方面从局部到整体

在古典时期，人们大体上已经研究了在小范围内，使用局部坐标等来研究事物。在20世纪，重点已经转移到试图了解事物整体和大范围的性质。第二方面维数的增加

线性代数总是涉及多个变量，但它的维数的增加更具有戏剧性。它的增加是从有限维到无穷维，从线性空间到有无穷个变量的Hilbert空间。当然这涉及到了分析。在多个变量的函数之后，我们就有函数的函数，即泛函。它们是函数空间上的函数。它们本质上有无穷多个变量，这就是我们称为变分学的理论。一个类似的事情发生在一般（非线性）函数理论的发展中。这是一个古老的问题，但真正取得卓越的成果是在20世纪。

第三方面交换到非交换

从交换到非交换的转换，可能是20世纪数学，特别是代数学的主要的特征之一。代数的非交换方面，已经非常重要，当然它源之于19世纪。它有几个不同的起源。哈密尔顿（W. R. Hamilton 1805—1865）在四元数方面的工作可能是最令人惊叹的，并且有巨大的影响，实际上这是受处理物理问题时，所采用的思想所启发。还有格拉斯曼（H. Grassmann）在外代数方面的工作，这是另一个代数体系，现在已经被融入我们的微分形式理论中。当然，还有凯来（Cayley）以线性代数为基础的矩阵方面的工作和伽罗瓦在群论方面的工作等。

所有这些都是以不同的方式形成了把非交换乘法引入代数理论的基石，可形象地说成是20世纪代数机器赖以生存的“面包和黄油”。我们现在可以不去思考这些，但在19世纪，以上所有例子都以不同的方式取得了重大突破。当然这些思想在不同的领域内得到了惊人的发展。矩阵和非交换乘法在物理中的应用，产生了量子理论。海森柏格（Heisenberg）对易关系是非交换代数在物理中的一个最重要的应用例子，以至后来被冯

·诺依曼（von Neumann）推广到他的操作数代数理论中。群论也是在20世纪占重要位置的理论。

第四方面从线性到非线性

古典数学的大部分或者基本上是线性的。即使不是很精确的线性，也是那种可以通过某些扰动来研究的近似线性。真正的非线性现象的处理是非常困难的，只是到了20世纪，才在很大程度上对其进行了真正的研究。

我们从几何谈起：欧几里德几何、平面的几何、空间的几何、直线的几何等都是线性的。而非欧几何的各个不同阶段到黎曼的更一般的几何基本上是非线性的。在微分方程中，真正关于非线性现象的研究已经处理了许多用经典的方法所看不到的新现象。例如，孤立子和混沌，它们构成微分方程理论两个非常不同的方面，在20世纪已经成为极度重要和非常著名的研究课题了。它们代表不同的极端。孤立子代表非线性微分方程的无法预料的有组织的行为，而混沌代表的是无法预料的无组织的行为。这两者出现在不同领域，都是非常有趣和重要的，但它们基本上都是非线性的。

第五方面几何与代数

几何和代数是数学的两个形式支柱，都有悠久的历史。几何学源于古希腊甚至更早，代数学则出自古阿拉伯和古印度。一直以来它们似乎都是两个道上跑的车，有着某种不太自然的关系，尽管笛卡尔（R. Descartes，1596—1650）的解析几何将它们联系在一起。

可以粗略地讲：几何涉及的是空间，而代数涉及的是时间。除了极少数人（如黎曼）外，数学家只能归为其一类。不是代数学家、就是几何学家。

第六方面20世纪关注的若干重大数学问题

其中最古老的是费尔马问题（亦称费尔马大定理），即当 $n>2$ 时丢番图（Diophante）方程 $x^n+y^n=z^n$ 在自然数中不可解。这是在17世纪提出的。数论中的两个著名问题——哥德巴赫问题与欧拉问题是18世纪提出的。是否每个大于6的奇数都是三个素数之和？哥德巴赫（Christian Goldbach）于1742年向欧拉（Euler）提出这个问题。欧拉在回答时说，要解决所提出的问题，只需证明：每个偶数是两个素数之和。这也就是目前家喻户晓的哥德巴赫猜想。

黎曼关于 ζ 函数的零点问题以及康托尔提出的连续统问题是19世纪的问题中最有名的。

在20世纪最著名的是希尔伯特的23个问题。连续统问题列于希尔伯特问题之首位：是否存在这样的不可数集，它可以单值映像到单位线段内，但同时单位线段不能单值映像到这个集合内。换言之，是否存在一个集，其势大于可数集之势，但小于线段之势？

费尔马问题业已在20世纪解决，正好在世纪尽头。哥德巴赫问题差不多被维诺格拉夫（I. M Vinogradov）解决了（1937），他证明出任何充分大的奇数可表示为三个素数之和。欧拉与黎曼的问题至今仍未解决。我国数学家陈景润于1966年证明了（1，2），1973年发表）：每个大于6的偶数都是一个素数与两个素数乘积的和。这一结果离完全证明哥德巴赫猜想只差一步，是在这一猜想上保持领先记录最长的。

拓扑学的诞生伴随着伟大的成就。这里有几个例子。圆周将平面分为两部分：圆外任何一点都不能不穿过圆周而于圆心相连接。法国数学家约当于19世纪证出：圆周的同胚（即双方连续且1－1对应）象也将平面分为两部分。荷兰数学家布劳维尔将此结果推广到多维球面之同胚象的情形，同时，他利用并发展了庞加莱的思想，其中，他证出了现被称为布劳维尔不动点定理的美妙结果。该结果最简单情形是这样的：平面圆到其自身中的连续映像有不动点。拓扑学的进一步发展使这些结果得到了非常好的推广。

庞加莱提出过几个卓越的拓扑问题。例如，关于三条闭测地线这样的问题。假如取一块光滑的小石头，并且试着将一个橡皮筋圈套在上面，如果套好了，就表明获得了闭测地线。对任何光滑长圆形物体，必定有三条闭测地线——这就是庞加莱的假设——而且不会多于三条（对三轴皆不同的球面恰好有三条测地线）。这个问题已被苏联数学家柳斯捷尔尼克、施尼雷尔曼解决。

20世纪数学还有一些重大成就，例如，高斯—博内公式的推广（1941—1944）；米尔诺怪球（1956）；阿蒂亚—辛格指标定理（1963）；四色问题（1976）等。限于篇幅，在此不一一介绍了，读者若有兴趣，可参见文献《数学译林》杂志。

21世纪的数学是量子数学的时代，或者称为无穷维数学的时代。这意味着什么呢？量子数学的含义是指我们能够恰当地理解分析、几何、拓扑和各式各样的非线性函数空间的代数。在这里，“恰当地理解”是指能够以某种方式对那些物理学家们已经推断出来的美妙事物给出较精确的证明。

Connes的非交换微分几何构成一个相当宏伟的框架性理论。它融合了分析、代数、几何、拓扑、物理、数论等几乎所有的数学分支。它能够让我们在非交换分析的范畴里从事微分几何学家通常所做的工作，这当中包括与拓扑的关系。这个理论至少会在21世纪初得到显著发展，而且找到它尚不成熟的量子场论之间的联系是完全有可能的。

试图将尽可能多的代数几何和数论的内容统一起来的算术几何也会是一个成功的理论。它已经有了一个美好的开端，但仍然有很长的路要走。我们将拭目以待。但是，21世纪的变量数学时期也可称为近代数学的时代，这个时代是与欧拉和高斯这样伟大的数学家联系在一起的。所有伟大的近代数学结果也都是在这个时代被发现和发展的。19世纪末就有不少人认为那几乎就是数学的终结了，优美的数学大厦已经建好了，蓝天白云下一派歌舞升平景象。罗素悖论的出现将这些幼稚的看法彻底粉碎了。相反地，20

世纪初，大数学家希尔伯特提出的著名的23个数学问题几乎引导了20世纪的数学。世纪交替之时，全世界都祈望能出现20世纪初希尔伯特提出的著名的23个数学问题的类似物。数学发展到今天，已不可能出现象庞加莱和希尔伯特那样的通晓全部数学的大数学家了。许多世界一流的数学家，例如：陈省生、丘成桐、斯梅尔（S. Smale）、阿蒂亚（M. F. Atiyah）、阿诺尔得（V. I. Arnold）、郝曼德（L. Hormander）等也都只能就他们熟悉的部分领域提出问题。限于篇幅，在此就不罗列了。读者若有兴趣，可参见原文。下面给出的是每个奖励百万美元的7个千禧年数学问题。

百万美元奖励的7个千禧年数学问题

序号	问题的简称	内容
1	P与NP问题	一个问题称是P的，若它可通过运行多项式次（即运行时间至多是输入量的多项式函数）的一种算法获得解决。一个问题称是NP的，若所提出的解答可用运行多项式次算来检验。P等于NP吗？
2	黎曼猜想	黎曼ζ函数的每个非平凡零点的实部为
3	庞加莱猜想	任何单连通3维闭流行同胚于3维球
4	Hodge猜想	任何Hodge类关于一个非奇异复射影代数簇都是某些代数闭链类的有理线性组合
5	Birch及Swinnerton-Dyer猜想	对于建立在有理数域上的每一条椭圆曲线，它在1处的L函数变为零的阶等于该曲线上有利点的阿贝尔群的秩
6	Navier-Stokes方程组	在适当条件下，对3维Navier-Stokes方程组证明或反证其光滑解的存在性
7	Yang-Mills理论	证明量子Yang-Mills场存在并存在一个质量间隙

最后我们以外尔斯（Andrew Wiles）在千禧年数学悬赏问题发布会上的讲话作为结束：

我们相信，作为20世纪未解决的重大数学问题，第二个千禧年的悬赏问题（黎曼猜想）令人瞩目。有些问题可以追溯到更早的时期。这些问题并不新。它们已为数学界所熟知。但我们希望，通过悬赏征求解答，使更多的听众深刻地认识问题，同时也把在做数学的艰辛中获得的兴奋和刺激带给更多的听众，我本人在十岁时，通过阅读一本数学的普及读物，第一次接触到费尔马问题。在这本书的封面上，印着WOLFSKEHL奖的历史，那是50年前为征求费尔马问题而设的一项奖金。我们希望现在的悬赏问题，将类似地激励新一代的数学家及非数学家。

然而，我要强调，数学的未来并不限于这些问题。事实上，在某些问题之外存在着整个崭新的数学世界，等待我们去发现、去开发。如果你愿意，可以想象一下在1600

年的欧洲人。他们很清楚，跨过大西洋，那里是一片新大陆。但他们可能悬赏巨奖去帮助发现和开发美国吗？没有为发明飞机的悬赏，没有为发明计算机的悬赏，没有兴建芝加哥城的悬奖，没有为收获万顷小麦的收割机的发明悬赏奖金。这些东西现在已变成美国的一部分，但这些东西在1600年是完全不可想象的。或许他们可以悬赏去解决诸如经度的问题。确定经度的问题是一个经典问题，它的解决有助于新大陆的发展。

我们坚信，这些悬赏问题的解决，将类似打开一个我们不曾想象到的数学新世界。

数学知识大观园

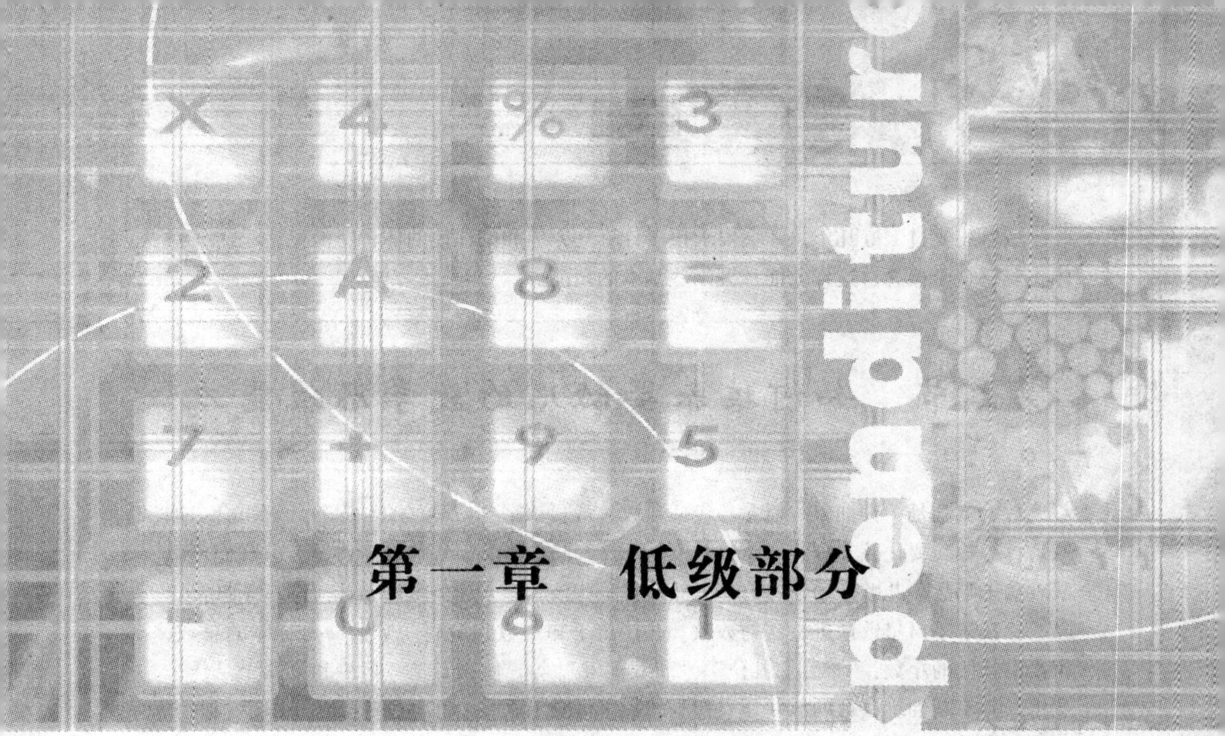

第一章 低级部分

第一节 奏响学习数学的序曲

最基本的数学概念之一便是无论以何种方式摆放数字，孩子都能把数字与非数字区分开来。事实上，这是一个非常基本的概念，对于许多其它方面的学习也是十分重要的。

孩子两岁时，肢体灵活性提高了，而且非常渴望操练他们新近掌握的学习技能，所他们已做好了充分的准备：无论做什么，他们都会面对各种数学模式和数量概念。

他们会四处走动，将他们可触及的所有东西（无论是洗衣篮里的袜子还是餐桌上的刀）一一排序、搭配和分类。也许在你看来，这些似乎与数学毫无关系，但它们的确奏响了学习数学的序曲：

识别各类模式——比如依照范例将不同颜色和形状的木珠串起来，这能给孩子在搭配、模式识别和样本复制方面以宝贵的经验。这些游戏有助于培养孩子在解决许多以数学为基础的问题时所需的技巧

将沙子从一个桶倒入另一个桶或将水从一个杯子倒入另一个杯子，这类活动都是与体积有关的。

虽然还要过上好几年，才会要求孩子计算立方体和圆柱体的体积，但他还是需要对体积要有一个概念，这样才能掌握一些基本的技能。

第二节　如何培养婴幼儿的数学思维能力

数的概念是一种抽象的概念，包括数数、认写数字、一对一的对应、分解组合、加减运算等等。要让孩子理解一个数并不是一件容易的事，需要经过一番努力。我们可以从教孩子唱数字儿歌开始学习数字，然后找一些孩子感兴趣的玩具、几何图形、日常用品，让孩子手口呈致地进行实物数数，并让孩子知道数到最后一个数即是物体的总数，再指出物体的序数：“谁在第几位”，“谁排第几”等，使孩子理解多少和第几个是什么意思，并不断训练，帮助孩子建立初步的数字概念。

数的分解合成与加减运算是幼儿数的概念从具体到抽象，从感性认识到理性认识的飞跃。在这个阶段，培养孩子应从“几和几组成几”，“几能分成几和几”上理解，比如桌上有7个苹果，分成两组有哪几种方法等等，让孩子在学习过程中逐步脱离实物，通过表象来掌握数的概念、提高运算能力。我们可以从下面几个方面帮助孩子建立数的概念。

（1）认识一个数的数值，建立基数的概念。如“5”是一个抽象的数值，要求孩子在实际生活中说明“5”所表示的实际数量。还能表示可看到的一些连续量，如往盆里倒5杯水，时钟敲了5下等。从而使孩子知道一个抽象的数可能表示的实际数量是很丰富的。

（2）认识一个数的序数，建立序数的概念。就是要认识一个数或一个物体在一个自然数列或一组物体中的位置和次序。如；应知道8在7和9的中间：8大于7，但8小于9，训练孩子用多种方式练习计数。

（3）认识数位，掌握十进制的概念。知道10以内的数是以“个”为计数单位的。认识20以内的数是孩子第一次遇一逢十进一的情况，要求孩子认识满了十就要有一个大的新讲数单位出现，即，10个“一”就是1个“十”，10个“十”就是1个“百”等等。掌握顺序和进率，这是读数和写数的基础。

（4）正确读数和写数。指导孩子写数要求严格掌握每个数字的笔顺和结构，写得正确、匀称、规范、迅速，不能乱画或倒笔，区别易混的6和9、9和7，着重练习难写的数字8和0。

（5）正确认识“0”的意义。如果问孩子“0”表示什么？孩子会说，“0”表示一个也没有。这时我们还要告诉孩子，“0”还可以表示温度，摄氏0度时，水就结冰了，能说成没温度治理？“0”还可以表示起点，如米尺和数轴上的起点就用0来表示。0在1的前面。“0”还可以占住数位，少了0或多了0，数就会发生变化。

在辅导孩子学习数学时，还要注意激发孩子学习的兴趣，启发孩子学习的自觉性，引导和发展思维护能力，加强运算训练，达到熟能生巧。

第三节　从生活中开始培养宝宝思考数学的能力

在孩子成长时候他们自己开始数数，他们从每天的经历中学习长度、质量、时间、温度、钱币和更多的东西。通过手工操作，孩子们扩大了对数学的真正理解。大人应该认识到按次序分类和排放物体的游戏实际上是孩子在数学上的早期经验，即使他们看上去不太喜欢几何！

这里是每天给孩子们开始思考数字的机会：

★都是关于我——孩子们为知道他们自己的地址和电话号码而感到自豪。很早的时候，孩子们就能确定他们的年龄。他们想知道他们的高度——多少尺多少英寸。把一个孩子放在称上，就有机会让孩子比较英镑与盎司，重与轻。孩子们可以学会他们穿多大号码的衣服，并且能判断那件合身和那件不合身（这是在“空间关系”上的早期训练）。

★做饭——大人每次在准备做饭时，他们要倒水、称面粉、分开放置、估计时间和看菜谱。为什么不让孩子们参与这样的活动？在他能倒蛋糕面或看菜谱前，他可以拿个木勺子在塑料碗里搅拌。让孩子看你是如何按着菜谱一步一步做的，你是如何调控烤箱的温度的。记住要警告孩子食物太烫不能摸不能吃。

★管理钱财——孩子能摸钱、数钱、存钱、把钱分类和在人督导下花钱。领他们逛商场告诉他们买东西必须付多少钱，他们可以节省多少打折钱，这方法固原不错，但教孩子们关于钱的价值比这更好。随着孩子长大，当他们做家务活时给他零用钱，让他们开始学会工作挣钱。

★家庭生活——房子维修给孩子提供极好的机会来练习数学技能。让孩子看你量门框，或看你在墙中间挂一幅画。你要完成某件事的时候，孩子可以帮你做点事，象拿钉子、螺丝和工具。日常生活中象设定闹钟的时间或准备好餐桌都是孩子数数和与数字打交道的机会。

★游戏——在商店购买游戏中孩子可以持有所得份量。孩子可以对着钟跑步或者测量他打一个球或扔一个球的距离。帮助孩子与邻居的孩子一起活动和运动比单独做锻炼好，孩子们在一起有更多的数字练习。

★装扮——当孩子在假装做什么时，他们常常创造与现实生活一样的处境，他们可以检查公交车时刻表，或长途开车要上多少原料。假装游戏大多包括数字和数数。别忘了数学概念也涉及在小问题和积木里，孩子在玩搭积木的同时会学到数数、几何、数学。

★旅行——即使一个短途的开车旅行也能给孩子提供与数学相关的经验。通过车身路过的景色请孩子确定车速是多少。让他估计一下车子从一处房子到另一处房子要多少分钟。记住孩子在车后座玩游戏，他会看到几种不同颜色的车；蓝色的长货车和车牌号码

数学抽象概念都建立在具体经验基础之上。多让孩子在生活中接触数学，不是一味抽象讲解，硬性灌输。而是注重能力培养与探索体验。不求速度，只要经验与体会。在不知不觉中、在深厚的兴趣中让孩子们学会主动迁移，举一反三，慢慢相应逻辑思维综合能力也就提高了。平时在生活中，多跟小孩用趣味数字游戏交流，就能激发宝宝的数字观念。

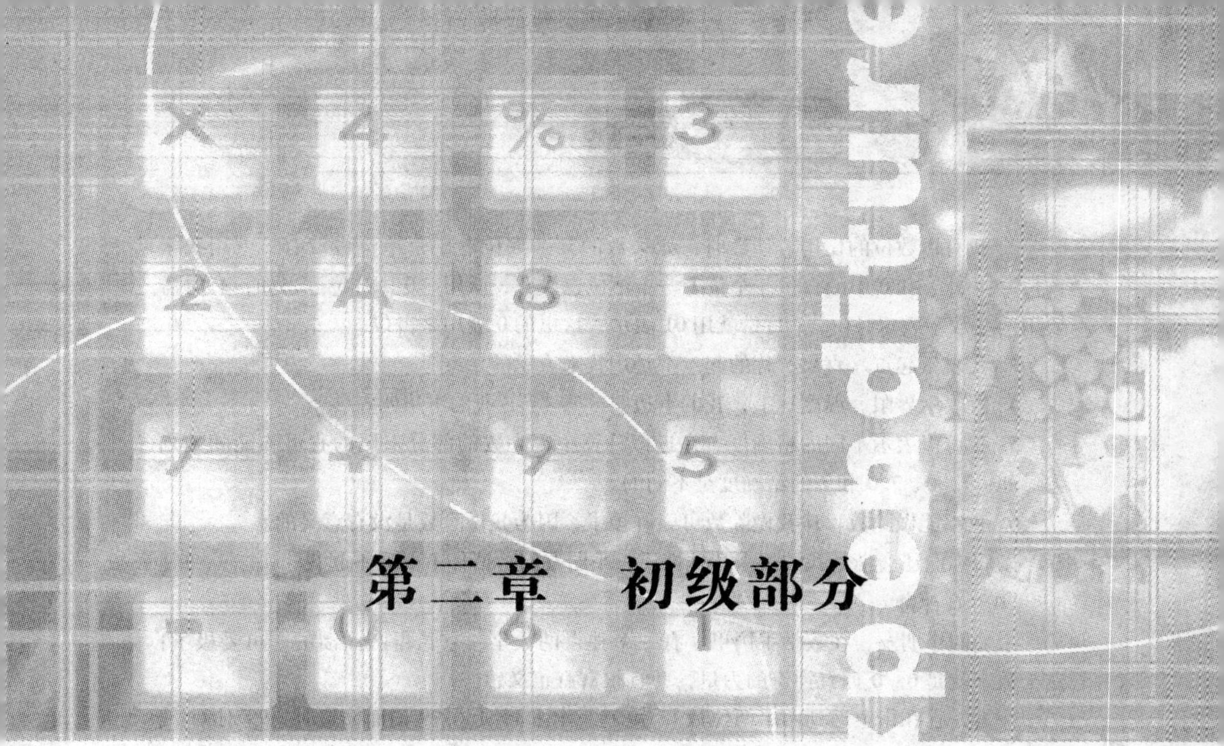

第二章　初级部分

第一节　神奇的数“0”

“0”的出现

在0发明之前，我们祖先计数的方法是很复杂的。有一种是用打格子的方法来计数的，空的地方表示空位。但这又是运算变得很麻烦。采用0后，书写就很方便了。因此，没有采用0之前，可以说计数法是不完整的。

0是数学中最有用的符号之一，但它的发明是来之不易的。古埃及虽建造了宏伟的金字塔，但不会使用0；巴比伦人发明了楔形文字，也不会使用0；中国古代用算筹运算时，怕定位发生错误，开始用□代表空格代表空位，为书写方便逐渐写成○。公元2世纪希腊人在天文学上用○表示空位，但不普遍。比较公认的是印度人在公元6世纪最早用黑点（·）表示零，后来逐渐变为0。

“0”的自述

人人都轻视我，认为我可有可无。有时读数不读我，有时计算中一笔把我划掉。可你们知道吗，我也有许多实实在在的意义。

1. 我表示“没有”。在数物体时，如果没有任何物体可数，就要用我来表示。

2. 我有占数位的作用。计数时，如果数的某一数位上一个单位也没有，就用我来占位。比如：1080 中的百位、个位上一个单位也没有，就用“0”占位。再如，有时需要用两个数字表示月份，1 月份就用 01 表示，这里的 0 就用来占位。

3. 我表示起点。直尺、称的起点都是用我来表示的。

4. 我表示界限。温度计上，我的上边叫“零上”，我的下边叫“零下”。

5. 我可以表示不同的精确度。在近似计算中，小数的部分末尾的我可不能随便划去。如：7.00、7.0 和 7 的精确度是不同的。

6. 我不能做除数。让我做除数可就麻烦了，因为我做除数是没有意义的。

以后你们还会学到我的很多特殊性质。小朋友们，请你不要看不起我。

“0”真神奇

亲爱的小朋友，在数学王国里，有一个神奇的数字，它长得圆溜溜的，可爱极了！这个数字就是0。0 拥有神奇的力量，并且很富有正义感。

一天，它在街上遇到两个两位数 11 和 99。本来 11 走在 99 前面，这时，99 对 11 气势汹汹地说：“你这么个小数，比我小多了，怎么走在我的前边，快给我让路！”11 弓着身子，委屈地让在一旁。数字 0 很气愤，决心帮助两位数 11，它对不可一世的 99 说：“只要我们联合起来就会比你大！”99 瞪大了眼睛：“比我大？哈哈，你这个小家伙，什么都没有，还敢跟我比？简直是胆大包天！”只见数字 0 不慌不忙地走到 11 的右面，它们马上变成了一个三位数 110。“怎么样？你还比我们俩大吗？”99 不甘示弱地说：“你们两个家伙以多欺少，我们一个数字一个数字的比，谁敢单打独斗？”0 笑着说：“其实，我们数字家族的每个成员都是相互联系着的，不应该彼此相互争斗，比如在 99 + 11 = 110 这个算式中，我们谁也离不开谁。”99 惭愧地低下了头。

小朋友们，0 说得多好啊！

第二节　可爱的质数

同学们，你们知道一位数中“合数”只有：4、6、8、9 吗？而“1”又既不是质数，也不是合数呢？里面还有一段奇妙的小故事呢！

在很久以前，“一位数字王国”里只有质数，没有合数。

数字们感到很孤单，没有“约数朋友”来做伴。直到有一天，数字王国的王后——“2”，生了八个可爱的小公主：1、3、4、5、6、7、8、9。这是年迈的王后和国王唯有的孩子，所以，当她们降临人间的时候，举行了盛大的宴会。宴会上，国王不仅请来了数字王国里的贵族，还请来了“汉字王国”里的4位小王子和他们的父母——汉字王国的王后和国王。

宴会之后，汉字王国的国王与数字王国的国王正在商量着一件事情，给汉字王国的小王子订婚，而新娘则是数字王国的小公主中的四位。数字国王必然是答应了，可这难为了他，几位小公主都很优秀，选谁好呢？要知道，嫁过去的数字将成为合数，不会继续孤单一人了。而他又和汉字国王定好了，。在她们20岁时举行婚礼。

一转眼间，19年过去了。公主们的性格被数字国王尽收眼底：“3”太洁癖、“5”身材不好、“7”太自闭，不与他人说话，只有1、4、6、8、9的缺点不大突出。可是，只能选4位公主啊！，怎么办呢？在最大公主“9”的生日前个星期，国王把这件事情告诉了公主们，公主们大吃一惊。国王还告诉了她们，他拟的名单稿给了大臣“=”那里。

其实，在数字王国中，要数“1”最毒辣了。她虽然长的极为漂亮，可是坏点子在她脑海里满头跑。这不，她正在跟“=”做“交易”呢！

“喂‘=’，这些+币给你，你帮我查查合数名单里有没有我？”1公主拿着一大堆+币给大臣“=”。（提示：“+”币为数字王国的钱币，相当于我们的金子。）

“恩好的，公主的要求，我当然会尽量满足的！”大臣“=”一边收起+币，一边回答说。其实大臣“=”是很想得到+币，大臣“=”还是一个不为人之的贪官。

“我看过了，是个坏消息，那上面没有公主你呀！不过，我已经把你给换上去了，你看是不是……”大臣“=”这样做，无非是还想要点小恩小惠。

“好谢谢你，真不知道怎么感谢你！”1公主抑制住自己的兴奋，又拿了一大把+币。

然而，纸包不住火，这一切却被士兵“%”看见了。他忙去告诉了数字国王。数字国王恼羞成怒，赶紧派侦察员“×”和“÷”去搞个清楚。经过两个数字王国最杰出的侦察员的调查，果真如此。数字国王恼羞成怒：我的女儿也会干这事儿！后来，国王为了惩罚她，不仅没让她当成合数，连质数的权利也被剥夺了。

而“=”大臣呢？被安排到等式倒数2位的位置上。

从此，4、6、8、9过上了幸福安定的合数生活。

小虎听完故事忙问：“老师，再给我们讲讲质数、合数吧。”

老师：“好的，那我就说说，在定义质数时，是在自然数中定义的，当时自然数中没有包括0，所以有：质数是除了自身和1以外，没有其他自然数可以除尽他。（其实0和1既不是质数也不是合数）。

还可以这样定义：

一个数只有1和它本身两个因数，这个数叫做质数。

一个数除了1和它本身还有别的因数，这个数叫做合数。

判断一个数是质数还是合数，要看它的因数个数。例如，12 = 6 × 2 = 4 × 3，所以12也不是素数。另一方面，13除了等于13 × 1以外，不能表示为其它任何两个整数的乘积，所以13是一个素数。

质数、质因数和互质数的区别：

质数：只有1和它本身两个约数，是指一个数。如：2、5、7是质数。

质因数：既是质数，又是因数，它不是独立存在的。如：15 = 3 × 5，3、5是15的质因数。

互质数：表示两个数的最大公因数是1，指两个数。如：5和9是互质数；7和8是互质数。

寻找互质数的规律：①两个不同的质数一定是互质数，如3和55和73和7。②1和任何自然数都成为互质数，如1和2、3、4、5、6……。③相邻的两个数一定是互质数。

第三节　小数点的作用

东方刚刚发白，自然数家族中的小3就起床跑步了。他呼吸着清新的、带有花香的空气，舒服极啦！

突然，小3被什么东西绊了一下，身子往前一倒，亏得双手着地，不然的话，连门牙也保不住了。

小3爬起来一看，是个黑乎乎圆溜溜的小东西。一气之下，小3抬腿给了小东西一脚。这个小东西向前滚了几下，突然大声嚷道："你凭什么踢我？"这么一喊，把小3吓了一跳。

小3也不示弱，他说："你把我绊了一个大跟头！"

小东西气呼呼地说："我正在这儿专心练气功，你为什么从我头上跑过去，还踢人！"

小3自觉理亏，又看他挺小，忙道歉："真对不起，把你碰伤了没有？请问，你是什么数？我怎么没见过你呀？"

小东西眨巴着两只大眼睛说："数？我可不是什么数，我叫小数点。"说完顽皮地在原地跳了几下，头一歪问："小数点，你知道吗？"

小3摇摇头说："不知道。我是自然数家庭中的数3，因为我比较小，大家都叫我小3。咱们交个朋友吧!”

“交朋友?恐怕你不敢吧!”小数点把身子左右晃了晃。

“交朋友还有什么敢不敢的。你这个朋友我是交定了，你跟我回家去吧。”说完也不等小数点同意，拉着小数点就走。

自然数们看见小3带来个小黑家伙，觉得挺好玩，一下子都围拢了过来。小3介绍说:“大家认识一下吧，这是我的新朋友小数点。”

数0是自然数家族中的客人，他好奇地问:“喂!小数点，你会干什么呀?”

“我会变魔术。不信，我给你们表演一下，请0和1出来帮我表演。”小数点右手拉着0，左手拉着1，面对大家站好。突然，他大喊一声:“变!”一道白光闪过，0没了，1没了，小数点也没了。出现在大家面前的是比1矮了一大截的0.1。

由于自然数家族中没有小数，大家都不认识0.1，因而议论纷纷:“这是个什么家伙，长得这么矮小?”“说他是0又不是0，说他是1又不像1，长得真怪!”

0.1做了自我介绍:“我叫零点一。把1平均分成十份，其中的一份就是我。”他看大家还傻呆呆地看着他，知道没弄懂，就一挥手说:“你们跟我走吧。”

大家跟他走进果树林。果树林里有苹果树、梨树、石榴树、桃树……不少树上果实累累。

0.1跳起来，摘下一个大苹果。他又从口袋里拿出一把水果刀，唰唰几刀，把苹果切成了相等的10块，拿起其中一块苹果说:“这就是0.1个苹果，给你吃吧。”说完递给了小3。小3看了看这一小块苹果说:“这么一点儿，不够吃呀!”0.1说:“嫌小，还给我。”

他又把10块苹果合在一起，吹了一口气，说也奇怪，已经切开的苹果又变成一个完整的大苹果。0.1对大家说:“10个0.1个苹果相加仍然得1个苹果。”

“有意思!”自然数家族开始对小数点感兴趣了。

小3问:“你能不能把我也变成小数呀?”

0.1说:“可以。”只见他倒地一滚，一道白光闪过后，0.1不见了，站起来的是0和1以及小数点。

小数点仰起头问:“谁想变成小数啊?”

“我!”小3跑过去说，“我想变成小数。”

“来吧。”他左手拉着小3，右手仍拉着0，面对大家站好以后，喊了一声:“变!”一道白光亮过，出现在大家面前的是0.3。

0.3很活泼，他说:“我叫零点三。把1平均分成10份，拿出其中的3份就是我。”他跳起来摘下一个大石榴，挥刀切成相等的10瓣，拿出其中3小瓣递给数4说:“这是0.3个石榴，给你吃吧。”数4谢过0.3，把石榴吃了。

一道白光过后，0.3 和小数点又变回到原来的样子。小 3 高兴地对小数点说：“真好玩！我原来代表 3 个石榴，经你那么一变，我只表示 0.3 个石榴了，不过……”

“不过什么呀！”

小 3 笑了笑说：“我在 0.3 里有点直不起腰来。你还能让我再变小吗？”

“可以。”小数点对准 0 的中间猛吹一口气，这口气可真厉害呀！把 0 从中间吹断，“呼”地一下变成了两个 0。

小数点两只手一手拉着一个 0，面对大家站好，又对小 3 说：“你在最左边站起。”接着，小数点喊了一声：“变！”变出比 0.3 要矮小得多的 0.03。

0.03 一蹦多高，说：“我是零点零三，要知道我有多大吗？来！”0.03 跳起来摘下一个大梨，手起刀落，把梨切成一百块相等的小块，拿出其中的 3 小块递给数 5 说：“这是 0.03 个梨，你吃了解解馋吧。”

数 5 手托着这 3 小块梨苦笑道：“解馋？这么点梨，还不够我塞牙缝的哪！”

0.03 倒地一滚，又变成 0，小数点和小 3。小 3 一个劲儿地嚷嚷：“可憋坏我啦！把我变到那么点小数里，可真受不了。”他转身又问小数点：“你还会变更好玩的魔术吗？”

“会啊！”小数点蹦了两下说：“你靠我近点。”

小 3 刚走过去，小数点冲着小 3“噗、噗、噗”一连吹了三口气，只见小 3 一个变两，两个变三，三个变四，出现了四个同样的小 3。

“听我的口令，排好队，向右看——齐！”

小数点一声令下，4 个 3 乖乖地排成一横排。小数点喊了一声：“变！”4 个 3 立刻长高了许多，现在已经不是孤零零的小 3 了，而变成了一个大数——3333。

“注意，表演开始了！”小数点一边蹦一边唱：

小数点，本领高，

爱蹦又爱跳。

一个数中加进了我，

叫你大，你就大，

叫你小，你就小。

小数点唱着唱着，一下子跳到了最右边的两个 3 中间。怪呀，3333 一下子矮了一截，变成 333.3；他突然跃过一个 3 的头顶，向左跳了一位，333.3“嗯”地一下又矮了半截，变成了 33.33；小数点唱着唱着又向左跳了一位，出现在大家面前的是 3.333，这已经比小 3 高不了多少啦。

小数点越唱越兴奋，他一会儿往左跳，一会儿向右跳。这一下可不得了，只见四个 3 组成的数，随着他的跳跃，一会儿变高，一会变矮，就像起伏不定的波浪。只要小数点往右跳，这个数就变大，往左跳就变小。大家被小数点的超群表演给迷住了。

突然，小数点跳到最左边，回身踢了一脚，四个3“咕噜、咕噜”滚成一团，一道白光闪过，站起来的是小3。

小3擦了擦头上的汗说：“小数点，我的好朋友，你可把我折腾苦了。”

小数点把头一仰，神气十足地说：“你交了我这么个朋友，不后悔吗?”

小3说：“什么话？交了你这么个朋友，使我认识了一类新数——小数。增长了我的知识，高兴还来不及哪!”

小数点来帮忙

小铅笔在本子上写：8+2=1.0问小铅笔：“8+2=10，为什么把我0忘了写?”

小铅笔说：“你呀，等于什么都没有，写和不写一个样。好吧，我给你画上两个吧!”说着，随手就画了两个0。

“你胡闹!”0很气愤，问小铅笔道，“你身长多少?”

“15厘米。”小铅笔在本子上写道。

0骨碌碌地滚过来，在15后边站定。小铅笔立刻长高了十倍——150厘米。

又一个0滚过来，站在后边，小铅笔马上又长高了十倍——1500厘米，比三层楼还高。

小铅笔的身体细长细长，在高空里不住地摇晃，眼看马上就要折断了，他急得大叫大嚷：“救命呀!”

好了，一个圆圆的小黑点挺身而出，大声飞上本子，稳稳地站在15的后边。

你瞧，现在本子上这样写着：15.00厘米。

小铅笔立刻缩短，缩短，恢复了原样。

0说：“有了这个小黑点儿站在前边，我才等于‘没有’呢。”

小铅笔很惭愧，说：“0呀，今天我才了解你。”小铅笔又谢谢小黑点儿，问：“你叫什么名字?”

“我叫小数点，”小黑点儿说，“咱们交个朋友吧。”

小数点的作用

1. 小数点应该点在整数部分个位数的右下角。小数点把小数分为两个部分，它是小数中整数部分与小数部分分界的标志。

2. 小数点向左（右）移一位，这个数就缩小（扩大）10倍；小数点向左（右）移两位，这个数就缩小（扩大）100倍；小数点向左（右）移三位，这个数就缩小（扩大）1000倍……

第三章　中级部分

第一节　七年级数学大讲堂

第一讲　数的家族“增员”了

嗨！大家好！我是负数，数的家族由于我的诞生更加繁盛了，我的出现使数的范围有你们原来学习的算术数（正整数、正分数和零）扩充到了有理数，随之发生一系列新的变化。

一、“0”的意义发生了巨大的变化

在小学里你们都知道，“0”是最小的数，表示没有，而随着我的出现，它不再是最小了，因为所有的正数都大于0，而我们负数都小于0，由此我们数的家族中再没有最小了，而只有更小了；并且0也不在表示没有了，例如，在温度计上0℃不是表示没有温度，而是表示一个具体的温度了（即在一个标准大气压下冰水混合物的温度）。“0”是我们负数和正数的分界线，即“0”既不属于负数，也不属于正数，它是唯一的

一个中性数。规定：0 是最小的自然数

二、符号“-”和“+”有了新的含义

引入我之后，“-”和“+”号出了表示原来的运算符号外还可以看作是性质符号，如：-4-（-2）中 4 和 2 前面的“-”号表示负号，中间的表示减号。

特别注意的是：对于“-”号还有第三个作用——表示相反数，把“-”号写在一个数（可以是正数、负数，也可以是零）的前面，就表示这个数的相反数。如，-（-7）表示 -7 的相反数。特别地，-0 不能读“负零”，应读作“零的相反数”；对于 -a 尽管习惯上读作“负 a”，但一定要清楚这里表示的是“a 的相反数”（这也是 -a 的正确读法）。

三、表示具有相反意义的量

我和正数在一些特定的范围内可以表示相反意义的量，例如，向东走 3 米，记作 +3 米，那么向西走 4 米，应记作 -4 米。在此提醒同学们要注意：①具有相反意义的量必须是同类量，如支出和收入，上升和下降等；②具有相反意义的量必须是成对出现的，只是意义相反，数字可以不相等，例如盈利 100 元，表示与它相反意义的量可以是亏损 20 元，也可以是亏损 80 元。

四、请注意我们中间的“特务”

在有理数集合里 a 经常作“特务”，他经常扮演特殊的角色，请同学们注意，“a”不一定必须表示正数，同时“$-a$”也不一定必须表示负数，例如，比较 a 与 $-a$ 的大小。要讨论 a 的取值来确定，①当 $a>0$ 时，$a>-a$；②当 $a=0$ 时，$a=-a$；③当 $a<0$ 时，$a<-a$。

五、生活中不要忽视我的存在

在生活中我的用处可大了，如前面说的相反意义的量，另外我可以简便的表示误差，例如，用正负数解释：“神州六号”飞船的轨道舱要求宇航员的身高在“（1.66±0.06）m”范围。在这“（1.66±0.06）m”的意思是把 1.66m 作为“基准”，超出的记作正 0.06，比 1.66m 矮的不能多于 0.06m，所以宇航员的身高范围在（1.66-0.06）m 到（1.66+0.06）m 之间，即 1.60m～1.72m 之间。

六、小学遇到的减法不能得运算总可以进行

在小学里，进行减法运算时规定被减数不能小于减数。我来了之后，这个规定被取消了，象 4—7 之类的运算可以做了（其结果是负数而已）。也就是说，引进我之后，减法总可以进行了。

七、减法可以统一成加法

我来了以后，将加法和减法的规则进行了调整：根据有理数减法法则，减去一个数

等于加上这个数的相反数，便把有理数的减法转化为加法进行运算，从而使加、减两种运算统一成一种运算（求有理数的和的运算）。而且起到化难为易、化繁为简的作用。

八、我来了以后，两数和可能比其中一个加数小

我来了以后，两数的和可能比其中一个加数小，如（-3）+（-8）=-11；差可能大于被减数，如4-（-5）=9。所以，我们不能再用“和大于加数”、“差小于被减数”来判断加减的运算结果是否正确。

九、有理数的分类

我的加入使数的范围扩大为了有理数，并且数的分类有了新的标准，依据不同的分类的标准可将有理数进行下面的两种分类：

（1）按定义分类：

- 有理数
  - 整数
    - 正整数　如：1，2，3…
    - 0
    - 负整数　如：-1，-2，-3…
  - 分数
    - 正分数　如：$\frac{1}{2}$，$\frac{2}{3}$，5，3…
    - 负分数　如：$-4\frac{1}{2}$，-3.6，$-\frac{6}{7}$…

注：广义地说，整数也可以看作是分母为1的分数（本书中，就是这样做的）。所以分数的集合包含整数的集合。因而，有理数就是分数，即$\frac{m}{n}$形如的数，其中m、n都是整数，$n\neq0$。通常约定n为正数，而m可正、可负，也可为0。

（2）按数性分类：

思考题：

1. 有负号的数一定是负数吗？
2. 负数都是负有理数吗？

负数引入之后，数就可分为：正数、零、负数，负数是相对而言的。有理数可分为正有理数、负有理数和0. 负数和负有理数有着不同的分类依据，负数里面包含着负有理数，但负数不都是负有理数。

- 正有理数
  - 正整数
  - 负整数
- 零
- 负有理数
  - 正分数
  - 负分数

参考答案

1. 以前学过的0以外的数，都是正数；而以前学过的0以外的数前面加上负号“-”的数，都是负数，即正数前面加上负号“-”的数是负数。从这个意义上可以理解，有负号的数不一定是负数，比如-（-8）就不是负数。

2. 负数引入之后，数就可分为：正数、零、负数，负数是相对而言的。有理数可分为正有理数、负有理数和0. 负数和负有理数有着不同的分类依据，负数里面包含着负有理数，但负数不都是负有理数。例如

第二讲 “相反数”、“绝对值”做客兄长“数轴”家

在有理数的“王国”里，有三个相互依赖、相互联系的家族——“数轴”、“相反数”和“绝对值”，它们号称有理数中的“三兄弟”，春节里的一天“相反数、绝对值”两兄弟来到长兄“数轴”那里说说话。

寒暄过后

“数轴”说：“我呀就像是是一条红线，把有理数都集合到我这里来，整数先排好，

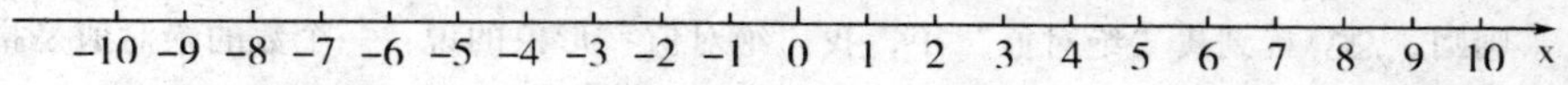

分数也都过来站到“数轴”上去，等以站好，只说0~1还有许多分数那，看上去数轴上是站不下太多的分数，事实上所有的整数、分数都可以站在数轴上的，

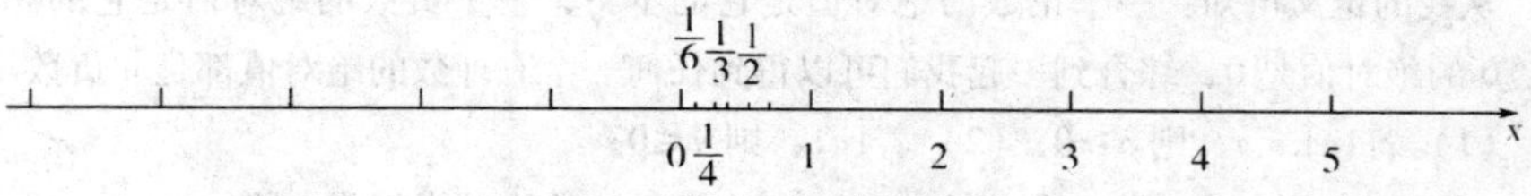

不仅如此我“数轴”上还有相当多的空位那，如图不是有理数，它们只是无理数中的两个，我也给它们各自留有位置，而且是每人一个位置，不多也不少呀。

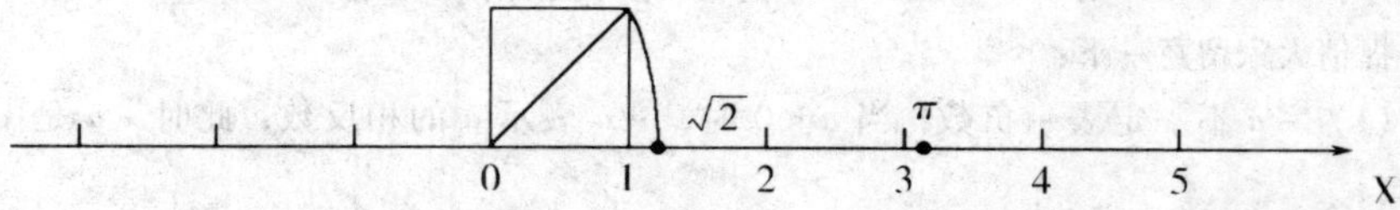

所以说：有理数可以用数轴上的点表示，但数轴上的点并不都表示有理数。

原点、正方向、单位长度是我“数轴”的三要素，缺一就不是我了，也就不能完成我的使命，我还是“形”通向“数”的桥梁，是数形结合的基础，抽象的数与具体的形结合在一起，更显示出数学的神奇魅力，我“数轴”可以帮助大家解题如：我们已知 $|a|=4$，要求 a 的值。

解：图示为：

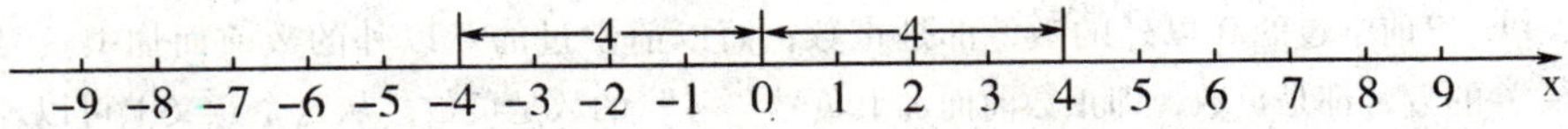

由图可知，到原点距离为 4 的点由两个，他们表示的数分别是 4 与 −4，所以 a = ±4。

我“数轴”把数与直线的点生动、形象地联系在一起，为大家提供了一种直观的数学思想方法，是不是没有我还真的不行那？

相反数接过话题：

是呀，没有你“数轴”，我就没有办法让人大家看清我的真面目。

我“相反数”，只有符号不同的两个数，除零以外，我呀总是一正一负，成对出现的。在数轴上看，表示互为相反数的两个点分别在原点的两侧，而且到原点的距离相等。

（1）通常用 a 与表示一对相反数。

（2）若 a 与 b 互为相反数，则。

（3）互为相反数的两个数的绝对值相等，即$|-a| = |a|$。

（4）若$|a| = |b|$，则 $a = b$，或 $a = -b$（a 与 b 互为相反数）。

呵呵，总算提到我“绝对值”了，我“绝对值”形象的说：一个数的绝对值是指在数轴上表示该数的点与原点的距离。因为距离总是正数或零，所以有理数的我不可能是负数，即$|a| \geqslant 0$。

从我的定义可知：一个正数的绝对值是它的本身，一个负数的绝对值是它的相反数，0 的绝对值是 0，综合到一起我们可以得到任何一个有理数的绝对值都是非负数。

（1）若$|a| = a$，则 $a \geqslant 0$；（2）若$|a|$，则 $a \leqslant 0$；

（3）$|a| \geqslant 0$，绝对值的非负性。（4）互为相反数的绝对值相等，即$|a| = |-a|$

（5）若两个数绝对值相等，则这两个数相等或互为相反数。

即：$|a| = |b|$，则 $a = b$，或 $a = -b$（6）绝对值最小的数是 0。

提请大家留意一下：

（1）$-a$ 不一定表示负数，当 $a < 0$ 时，$-a$ 表示 a 的相反数，此时 $-a$ 是一个正数。

（2）由定义可知一个数的绝对值是点到点的距离，这说明了有理数的绝对值是非负数，即对任意有理数 a 总有$|a| \geqslant 0$。

（3）绝对值等于 0 的数一定是 0，绝对值为正数 m 的数一共有两个，它们是 m，$-m$，是互为相反数的两个数，绝对值相等的两个数，它们相等或互为相反数，即若$|m| = |n|$，则 $m = n$ 或 $m = -n$。

两个负数，绝对值大的反而小。这说明比较两个负数的大小，分两步进行：（1）分别求出这两个负数的绝对值并比较其大小；（2）根据“两个负数绝对值大的反而小”得出结论。

“数轴”抢过话题说：“我可以比较有理数的大小”

我“数轴”上的点所表示的数，原点右边的都是正数，原点左边的都是负数；数轴上两个点所表示的数，右边的总比左边的大。由此可得到下面的结论：

1. 正数都大于0，负数都小于0，正数大于负数。

2. 对于三个有理数 a，b，c，若 $a>b$，$b>c$，则 $a>c$；若 $a<b$，$b<c$，则 $a<c$。

3. 没有最大的有理数，也没有最小的有理数。

4. 最大的负整数是 -1，最小的正整数是1。

5. 没有绝对值最大的数，绝对值最小的数是0。

两个负数的大小比较吗，还是由“绝对值”老弟解决吧，呵呵。数轴在解题中可使抽象问题具体化、形象化：

说到这里看看大家对我们兄弟是不是有了一些了解，来、动手试试吧。

题1. 如图所示，在数轴上有三个点A、B、C，请回答：

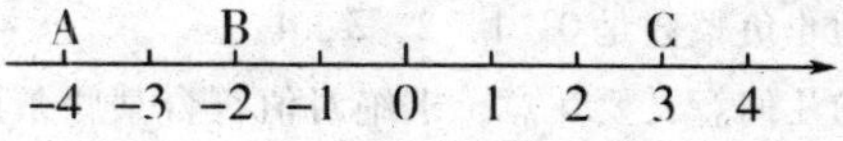

（1）将B点向左移动3个单位后，三个点所表示的数谁最小？是多少？

（2）将A点向右移动4个单位后，三个点所表示的数谁最小？是多少？

（3）将C点向左移动6个单位后，这时B点表示的数比C点表示的数大多少？

（4）怎样移动A、B、C中的两个点，才能使三个点表示的数相同？有几种移动的方法？

解：（1）因为将B点向左移动3个单位后，点B表示 -5，而点A表示 -4，点C表示3，因此点B表示的数最小，是 -5；

（2）将A点向右移动4个单位后，点A表示0，点B表示 -2，点C表示3，因此点B表示的数最小，是 -2；

（3）将C点向左移动6个单位后，C点表示数 -3，A点表示数 -4，B点表示数 -2，所以B点表示的数比C点表示的数大1。

（4）使三个点表示的数相同共有三种移动的方法

第一种：把点A向右移动2个单位，点C向左移动5个单位；

第二种：把B点向左移动2个单位，C点向左移动7个单位；

第三种：把A点向右移动7个单位，B点向右移动5个单位。

题2. 判断下列语句是否正确？正确的打“√”，错误的打“×”，并说明理由。

(1) 符号相反的两个数叫做互为相反数（　）

(2) 互为相反数的两个数不一定一个是正数，一个是负数（　）

(3) 相反数和我们以前学过的倒数是一样的（　）

分析：本例要求准确理解相反数的定义，只有符号不同的两个数称互为相反数。其中“只有”指的是除了符号不同以外完全相同。

解：(1)（×）。符号相反的两个数不一定互为相反数，如“-3”和“$+5$”虽然符号相反，但它们不是互为相反数。

(2)（√）因为0的相反数是0，但0既不是正数，也不是负数。

(3)（×）相反数和我们以前学过的倒数是两种绝然不同的意义，互为相反数对符号提出了要求，但倒数并没有此限定。

说明：对类似于本例的说理判断题，应注意特殊的数0，注意0的相反数是本身。

题3. 求绝对值小于5的非负整数?

分析：从数轴上看，绝对值等于5的数有± 5，绝对值小于5就是到原点的距离小于5，这样的整数有-4，-3，-2，-1，0，1，2，3，4，而非负整数有0，1，2，3，4。

解：绝对值小于5的非负整数是0，1，2，3，4。

说明：理解绝对值的几何意义要注意，求绝对值符合某些条件的数时，不要漏掉0或负数。

题4. 已知$a<0$，$-b>0$，且$|-b|<|a|$，c是$-b$的相反数，试比较a，$-b$，c的大小，并用“<”连接。

分析：由条件易知，若将a，$-b$，c表示在数轴上，则a在原点的左边，$-b$在原点的右边，且a离原点较远，$-b$离原点较近，c在原点和a之间，且c与$-b$到原点的距离相等（如图所示）。

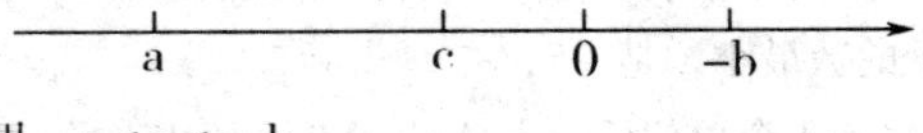

由此不难得出结果：$a<c<-b$。

第三讲　请周博士讲讲“三式四数”吧

周博士：大家学习整式时要搞清楚如下几个问题

一、透彻理解“三式”的含义

“三式”指的是单项式、多项式和整式，它们是《整式》一章中的基本概念。

1. 单项式：数与字母或字母与字母的乘积叫做单项式。如 $3x$，$-4a^2$，$\frac{1}{2}b^2$，a^2b^3，$\frac{5xy^2}{8}$等都是单项式。学习单项式要注意以下几点：

（1）单项式中数与字母或字母与字母之间都是乘积关系。如单项式 $3x$ 是数字 3 与字母 x 的乘积；单项式 a^2b^3 是字母 a 的平方与字母 b 的三次方的积。单项式不含加减运算，如 $3x+4x$，$\frac{x-1}{3}$等含有加减运算的不是单项式。特别值得一提的是有的同学认为 $3x+4x=7x$，所以认为 $3x+4x$ 是单项式，这是错误的，判断一个式子是否为单项式，要看式子的“本来面目”，不能看化简后的结果。

（2）单项式中可以有分母，但分母中不能含有字母。如$\frac{5xy^2}{8}$是单项式，它表示的是$\frac{5}{8}\cdot xy^2$；但$\frac{2y^2}{x}$不是单项式，因为分母中含有字母 x，它是我们以后要学习的分式。

（3）特别规定：单独一个数或字母也是单项式。如$\frac{1}{2}$，-9，x 等都是单项式。

2. 多项式：几个单项式的和叫做多项式。可见，多项式是由单项式组成的，它是由几个单项式相加而成的，因此判断一个式子是不是多项式，要看式子的每一项是不是单项式，再看是否为和的形式。如 $3a^2b^3-2a^3b^2+5$ 是由 $3a^{b3}$，$-2a^3b^3$ 和 5 三个单项式相加组成的，所以它是多项式；而 $3x+\frac{3}{x}$不是多项式，因为$\frac{3}{x}$不是单项式。

3. 整式：单项式与多项式统称为整式。如 $3x$，a^2b^3，-8，$3a^2b^3-2a^3b^2+5$ 都是整式。换言之，一个整式不是单项式就是多项式。

二、掌握“四数”的确定方法

所谓“四数”指的是单项式的系数和次数，多项式的项数和次数。

1. 单项式的系数：单项式中的数字因数叫做单项式的系数。如单项式 $-4a^2$，$\frac{1}{2}$

b^2，$\frac{5xy^2}{8}$，$-3\pi x$，$\frac{xy^2z^3}{5}$的系数分别是 -4，$\frac{1}{2}$，$\frac{5}{8}$，-3π，$\frac{1}{5}$。特别注意 $-3\pi x$ 的系数是 -3π，而不是 -3，$\frac{xy^2z^3}{5}$的系数是$\frac{1}{5}$，而不是5。

注意：（1）单项式的系数包括它前面的符号。如 $-4a^2$ 的系数是 -4 而不是4。

（2）若单项式的系数是“1”或“-1”时，“1”通常省略不写，但“$-$”号不能省略。如$1a^2b^3$ 可以写成 a^2b^3，$-1a^2b^3$ 可以写成 $-a^2b^3$，因此 a^2b^3 和 $-a^2b^3$ 的系数分别是1和 -1，不要误以为它们没有系数或系数为0。

2. 单项式的次数：单项式中所有字母的指数和叫做单项式的次数。如 $-5x$ 中字母 x 的指数为1，所以单项式 $-5x$ 的次数是1，称之为一次单项式；再如$\frac{2}{3}ab^2c^3$ 中字母 a、b、c 的指数和为 $1+2+3=6$，所以单项式$\frac{2}{3}ab^2c^3$ 的次数是6，称之为六次单项式。

注意：（1）单项式的次数是它含有的所有字母的指数和，只与字母的指数有关，与其系数无关。如单项式 $2^2xy^2z^4$ 的次数是 $1+2+4=7$，而不是 $2+1+2+4=9$。

（2）单项式中字母的指数为1时，1通常省略不写，在确定单项式的次数时，一定不要忘记被省略的1。如在单项式$\frac{2}{3}ab^2c^3$ 中字母 a 的指数是1，在确定次数时，不要忽略这个1。

3. 多项式的项数：在多项式中，每个单项式都叫做多项式的项，其中不含字母的项称为常数项。一个多项式有几项，就叫几项式，它的项数就是几。多项式的项数实质是“和”中单项式的个数。如在多项式 $2xy+3x-8y+6$ 中，有四个单项式，所以它的项数是4。

4. 多项式的次数：多项式中次数最高的项的次数就是多项式的次数。如在多项式 $2a^2b-4a^3b^4+3ab+3a$ 中，从左到右四项的次数分别是3，7，2，1，其中第二项 $-4a^3b^4$ 的次数是7，是四项中次数最高的，所以这个多项式的次数是7，这个多项式可称为七次四项式。

练一练：

1. 单项式 $-\frac{2^3a^2bc}{7}$的次数是________，系数是________。

2. $3x^3y-2x^3y^2-4x-5$ 是________次________项式。

3. 若 $(3m+3)x^2y^{n-1}$是关于 x，y 的五次单项式，且系数为1，则 m = ________，n = ________。

4. 若关于 a、b 的多项式 $-a^2b^3+3ab^3+a^{x+2}b^{x+3}$ 和多项式 $3a^2b^2+a^3+a^{2x}b^{2x+1}$ 是同次

多项式，则 $x=$ ________。

（参考答案：1. 4，$-\frac{2}{7}$；2. 五，四；3. $-\frac{2}{3}$，2；4. 2。）

俗话说“物以类聚”，意思是说，同一种类型的东西可以聚集在一起。当然，不同类型的东西，就不能随意聚集。比如，我们收拾房间，书放在书架上，衣服放进衣橱，碗盘放进碗柜，不能把碗放进衣橱里，衣服堆放在书架上。在动物园里，老虎与老虎关在一个笼子里，羚羊与羚羊关在另一个笼子里，若要是将羚羊与老虎关在一个笼子里，其结果肯定是羚羊被老虎吃掉。

在数学里，也常用到这种同类相聚的思想。

以及名数为例，3元与5元的单位都是“元”，可以相加，即是3元加5元等于8元，4元3角与6元9角也可以相加，但要注意，“元”只能跟“元”相加，“角”只能跟“角”相加，答案应该是11元2角。不同的名数，如果可以化为相同的名数，必须化相同以后再相加；如果不能化成同名数，就不能相加。例如，56千克与165厘米表示不同的量，这两个名数无论怎样也不能化为相同，所以不能相加。

整数加减法法则里，为什么要强调“数位对齐”呢？因为数位对齐以后，同数位上的数字的单位相同，可以相加减。同样，小数加减法法则强调要“小数点对齐”，因为只要小数点对齐了，整数部分和小数部分的数位也就对齐了，于是便可以相加减。

现在我们来看合并同类项的问题，这是整式加减法的基础。

$3x^2+5x^2=?$

3个苹果+5个苹果=？小学生都知道应是8个苹果。我们把上面式子中的 x^2 看作是苹果，$3x^2$ 就是3个 x^2，也就是3个苹果，$5x^2$ 就是5个苹果，这时你知道 $3x^2+5x^2$ 等多少了吗？显然，其结果应该是 $8x^2$，即 $3x^2+5x^2=8x^2$。

同样道理，$9ab-5ab$，可以把 ab 看作是苹果，9个苹果减去5个苹果，得4个苹果。即 $9ab-5ab=4ab$。

所以，对于多项式的加减而言，同类项才能合并，不是同类项不能合并。物以类聚嘛！在进行整式加减时，要注意“同类”这个特征哟！

有关同类项的概念：

1. 单项式：

（1）单独一个数或一个字母是单项式。单项式中数与字母或字母与字母之间只能是乘积关系，不能是加减关系或除法关系。

（2）在确定单项式的系数和次数时要特别注意以下几个问题：①单项式的系数是1或-1时，“1”通常省略不写，不能误认为系数为0；②单项式的系数应包括它前面的符号和所有数字因数；③若单项式中出现圆周率，则为常数，不能作为字母，它是系数的一部分，且计算次数时，不能计算它的次数；④指数是1时也省略不写，不能误认为是0；⑤数的指数不能相加作为单项式的次数或系数。

2. 多项式：

（1）多项式是两个或两个以上的单项式进行加减运算，并不是说多项式中没有乘除运算，比如$\frac{3x+y}{5}$；多项式概念中的和指代数和，即省略加号的和的形式。

（2）在识别多项式时，应注意将其与几个代数式的和正确区分开来，要注意多项式的每一项都单项式；判断多项式要紧扣两条：①必须为整式（分母中不含字母）；②必须含有加减运算。

（3）防止将多项式的次数与单项式的次数混淆；防止将多项式的项数与组成多项式的整式个数相混淆。

（4）多项式中的各项应包括它前面的符号，因此将多项式进行升（或降）幂排列时，各项应带着它前面的符号一起变换位置；常数项应排在最后（升幂时）或最前（降幂时）。

3. 正确理解同类项的概念：

理解同类项的概念应抓住“两相同”：一是所含字母相同，二是相同字母的指数相同；“两无关”：同类项与字母的排列顺序无关，与系数的大小无关。

一、正确掌握并运用有关法则

1. 合并同类项法则：合并同类项法则应当遵循“一变两不变”的原则：“一变”是指系数相加后得到改变；“两不变”是指字母与字母的指数合并前后都不改变。

2. 去（添）括号法则：去（添）括号时，应将括号和它前面的符号看作一个整体：去时，一起去掉；添时，一起添上。并注意当括号前面是“-”号时，去（添）括号后括号中的各项都改变符号，不能只改变第一项的符号。

3. 掌握整式加减的一般步骤：①如果遇到括号，先去掉括号；②合并同类项。

4. 求多项式的值的一般方法：①先化简，再求值；②挖掘隐含条件，求出字母的值，再代入求值；③注意应用整体代入求值。

第四讲　故事两则：财主的鱼——鸡兔同笼

周博士讲了这样一个故事：

一天，财主刚从鱼摊上买了一筐鱼，恰好同村的阿凡提骑着毛驴、提着几条鱼也过来了。“喂，小子，别人都说你很聪明，可你却不如我有钱，你瞧——”财主傲气十足地指着鱼筐说。阿凡提轻篾地笑了笑，说：“老兄，你真是财大气粗啊，一买就是一大筐。但不知你敢不敢跟我打个赌，如果谁猜对对方手中的鱼数，就让对方把鱼给自己，如果都猜对或都猜错，就算不输不赢。”

财主一听乐了，心想：我有一大筐呢，我自己也数了好大一会儿才搞清楚。你那几条鱼，哼！数都不用数，透过塑料袋看一眼就知道了。于是爽快地说：“这有什么不敢，你说吧，有什么规则？”

阿凡提跨下驴背，上前一步，说：“我告诉你一些情况，但你也要告诉我类似的情况，你我就根据这些情况来计算对方的鱼数。”阿凡提说话时，财主已向他装鱼的袋子斜了几眼，早已“心中有数”，就满有把握地说：“好吧，虽然你聪明，但我也不傻，你要告诉我什么？”

阿凡提说：“我家有几个人今日出去串亲戚，但也来了一些客人。若每人 4 条鱼，还缺 5 条；若每人 6 条，则少 11 条。你说我共有几条鱼？”

财主早就数清了阿凡提袋里的鱼数，想都没想便脱口而出：“6 条鱼。现在轮到你来计算我的鱼了。”

“慢着，”阿凡提不慌不忙地说，“你肯定吗？没算错？好吧，我把鱼放在一边，在地上记上 6。”

阿凡提刚写完，财主就迫不及待地说：“我家今天来的客人比你家多，若每人 7 条，还余 15 条；不过，若每人 10 条，就缺 15 条。你说说我筐里有多少条鱼？”

阿凡提略一思索，便说出了准确答案。财主一听大失所望，急忙跑到阿凡提的塑料袋前，打开袋子，亲自去数。咦？明明看得清清楚楚，怎么多出一条？此时，财主仿佛丢了魂似的，头上冷汗直往外冒，神情也由失望变成了绝望，傻呆呆地站在那里，看着阿凡提把一大筐鱼绑在驴背上，哼着小调离去。

人们常说耳听为虚，眼见为实，难道财主连数儿都不会数了吗？当然不是，原来阿凡提的 7 条鱼中有一条很小，它藏在其他鱼后面，财主没有看到而已。

再说阿凡提，他可没学过什么方程，那他又是如何算出财主有多少鱼的呢？其实很简单，在算术中，上面的问题叫做“盈亏问题”，也就是一定人数分一定物品，每人少分则有余，每人多分则不足。阿凡提对此很有研究，他发现，在盈亏问题中，若求人数，就用分差（两次分物每人个数之差）除盈亏之和（若为同盈或同亏，则为两盈或两亏之差）即可得到。例如上述问题中，阿凡提家的人数为 $(11-5)\div(6-4)=3$（人），进而可知他手里的鱼有 $4\times3-5=7$（条）；财主家的人数为 $(15+15)\div(10-7)=10$（人），他筐里的鱼有 $7\times10+15=85$（条）。

测量难免有误差，观察也有不周时。读了本则故事，你对“知识就是财富”这句话一定会有新的认识。

“小好问”急不可待的说：“这样算对吗，为啥呀？”

周博士将这个过程解解释说：“本题可以设阿凡提家有 x 人，根据题意，列方程 $4x-5=6x-11$，解得 $6x-4x=11-5$，即 $x=(11-5)\div(6-4)=3$（人），这恰好是阿凡提的速算结果，于是知道他手里的鱼有 $4\times3-5=7$（条）

另外设财主家有 x 人，根据题意，列方程 $7x+15=10x-15$，所以 $10x-7x=15+15$，即 $x=(15+15)\div(10-7)=10$（人），他筐里的鱼有 $7\times10+15=85$（条）”

第五讲　如何数角和线段（善于借鉴一石数鸟）

在初一数学习题中，常出现这样一些问题：①一直线（或线段）上有 n 个点，试确定线段的条数；②从角的顶点处画 n 条射线，可构成多少个角？…，现将这类问题说明如下：

一、用数字表示个数的计算法

像 1、2、3、4……这样的数叫常数，计算时直观，可以直接算出结果，易于理解，因此，常常使用计算法。

例 1（1）如图 1，直线 a 上有 A、B、C、D、E 五个点，问直线 a 上有多少条线段？

（2）如图 2、图 3 中各有多少个角（指小于平角的角）？

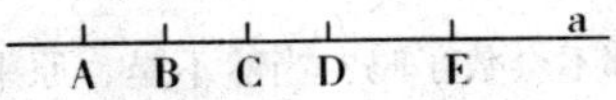

图 1

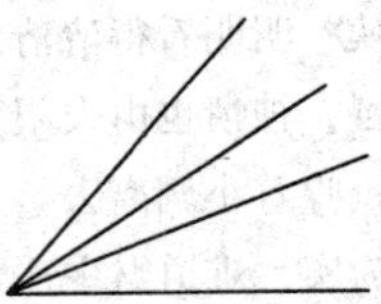

图 2

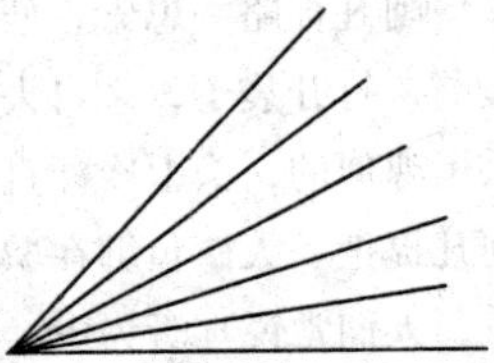

图 3

解析：（1）以 A 为线段的一个端点，分别与 B、C、D、E 组成 AB、AC、AD、AE 四条线段；

以 B 为线段的一个端点，分别与 C、D、E 组成 BC、BD、BE 三条线段；

以 C 为线段的一个端点，分别与 D、E 组成 CD、CE 两条线段；

以 D 为线段的一个端点，与 E 组成 DE 一条线段；

因此，直线上一共有 $4+3+2+1=10$ 条线段。

（2）类似（1）中的确定方法图 2 中有 $3+2+1=6$ 个角。

图 3 中有 $5+4+3+2+1=15$ 个角。

当直线上的点比较多时，显然用以上的计算方法相加计算量太大，那么你发现了吗，直线 a 上有 A、B、C、D、E 五个点，直线 a 上有 $4+3+2+1=10$ 条线段，如果有 100 个点，其上有 $99+98+97\cdots+1=?$，这个加法在小学就会呀，应该是 100？$(1+99)\div 2$，它类似梯形面积公式，即直线上有 n 个点时，就有 $n(n-1)\div 2$ 条线段。所以有：

二、用 n 表示个数的计算法

n 是表示常数的字母，不能直接算出结果，只可用含 n 的式子表示个数。

课本中有这样一道习题：n 支球队进行单环比赛，则共需要进行 $n(n-1)\div 2$ 场比赛。问题可这样理解：一个队可与另外 $(n-1)$ 个队比赛，有 $(n-1)$ 次，那么 n 个队就有 $(n-1)\times n$ 次，其中每个队往返重复一次，共重复一倍，因此，一共要进行 $n(n-1)\div 2$ 场比赛。

例 2 (1) 在 n 个人的聚会上，每个人都要与另外所有的人握一次手，问握手总次数是多少？

(2) 如图 4 中共有多少条线段？如图 5 中共有多少个角（指小于平角的角）？

(3) 平面上的 n 条直线中无三点公线，最多可构成多少个交点？

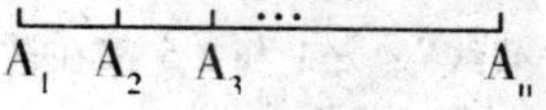

图 4

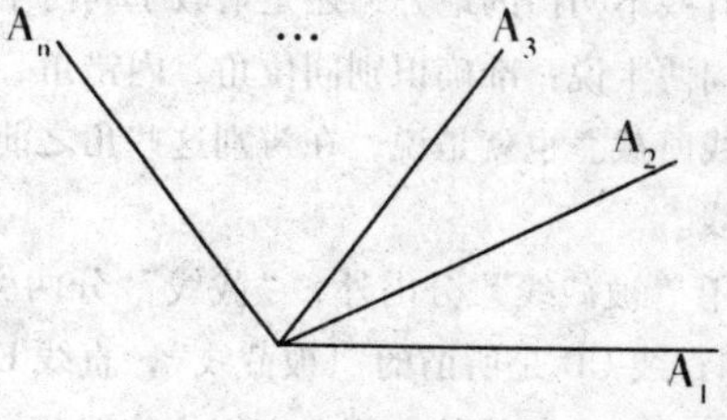

图 5

解析：(1) 每个人可与另外 $(n-1)$ 人握一次手（相当于两个球队进行一场比赛），n 个人就有 $(n-1)n$ 次握手，其中各重复一次，所以，握手总次数是 $n(n-1)\div 2$ 次。

(2) 图 4 中每两个点构成一条线段（类似于两个人握一次手），所以共有 $n(n-1)\div 2$ 条线段。

图 5 中每条射线都与另外 $(n-1)$ 条射线构成一个角（类似于握手），所以共有 $n(n-1)\div 2$ 个角。

(3) 两直线相交只有一个交点（类似于两个人握一次手），所以最多共有 $n(n-1)\div 2$ 个交点。

可见，$n(n-1)\div 2$ 一个式子，能解决很多类似的问题，能达到一石数鸟，这都是大家善于借鉴的结果。在以后的学习中，请同学们注意积累运用。

例 3. 请数一数右图中共有多少个三角形?

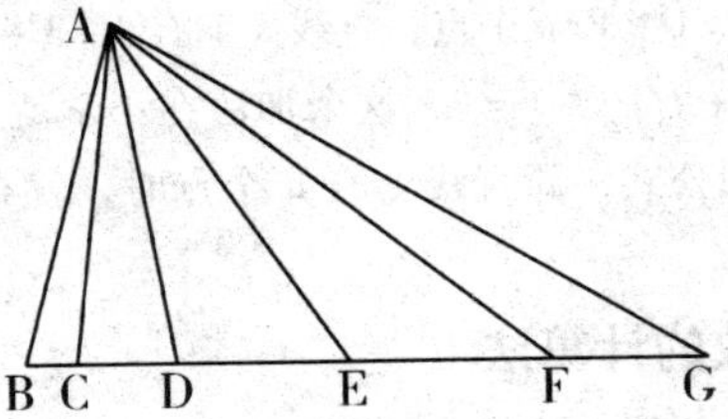

解析：因为所有的三角形都含有顶点 A，所以只需余下的两个顶点不同即可，以上问题便转化为：在线段 BG 上有多少条不同的线段。由线段条数的计数规律可知 BG 上共有 6 个点，所以有 $1+2+3+4+5=15$ 条不同的线段，因而图中共有 15 个不同的三角形。

第六讲　马小虎透视“同位角、内错角、同旁内角”

马小虎在学习平行线前，遇到学习两条直线被第三条直线所截图形中的角之间关系时，有些不明白的地方，还是请教了周博士。

周博士说：准确识别同位角、内错角、同旁内角的关键，是弄清哪两条直线被哪一条直线所截。也就是说，在辨别这些角之前，要弄清哪一条直线是截线，哪两条直线是被截线。

用“被截线”分内外，“截线”分两旁来确定每一个角的位置。如图所示，直线 AB 和直线 CD 是所谓的“被截线”，直线 EF 是所谓的“截线”；∠1 与∠5 都在被截线的上方，都在截线的右侧，它们的位置相同，所以可以称它们为同位角；∠3 与∠5 在两条被截线之间，也就是在两条被截线的内部，又都在截线的两旁，属于交错的位置，所以可以称它们为内错角；∠4 与∠5 同样也都在两条被截线之间，但是在截线的同一旁，所以可以称它们为同旁内角。

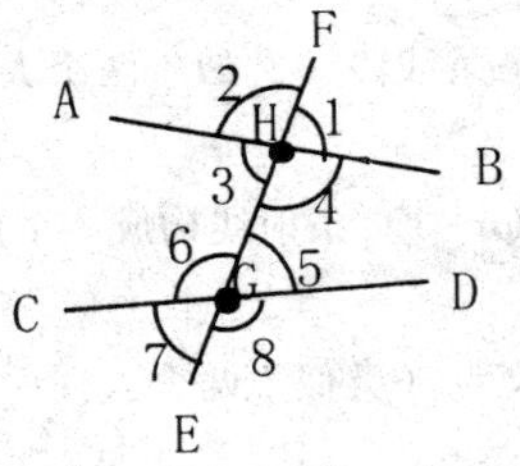

正确判断同位角、内错角、同旁内角的方法是：首先应该弄清楚所要判断的是哪两个角；然后再弄清楚它们是哪两条直线被哪一条直线所截形成的角，它的方法是：如果

这两个角都有一条边在同一直线上，那么这条直线就是截线，则另外两条边所在的两条直线就是被截线。如图所示，∠1 的边 HF 与∠5 的边 GH，它们所在的直线都是 EF，所以直线 EF 就是截线，∠1 的另外一条边 HB 与∠5 的另外一条边 GD，它们所在的直线分别为直线 AB 和直线 CD，所以这两条直线就是被截线。

对于比较复杂的图形，可以用不同颜色的笔将所找到的三条直线描出来，突出这三条直线，然后再进行辨别是哪一种角。

马小虎：如果我没有彩色笔又该如何区分复杂图形中的“三种”角那？

周博士说：有啊，可以用如下两种方法

1. 分离出基本图形

分离法是指把研究对象从事物的整体中分离出来，单独加以分析，并给于解决的方法。使用分离法把相关的两个角从复杂图形中分离出来，两角关系便一目了然。

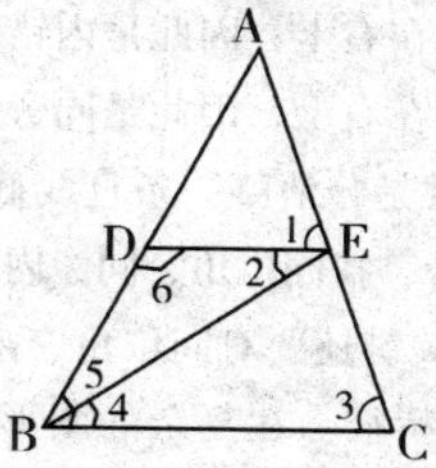

图 1

例 1. 已知图 1 中，指出∠5 与∠6、∠1 与∠3、∠2 与∠4 是什么关系？

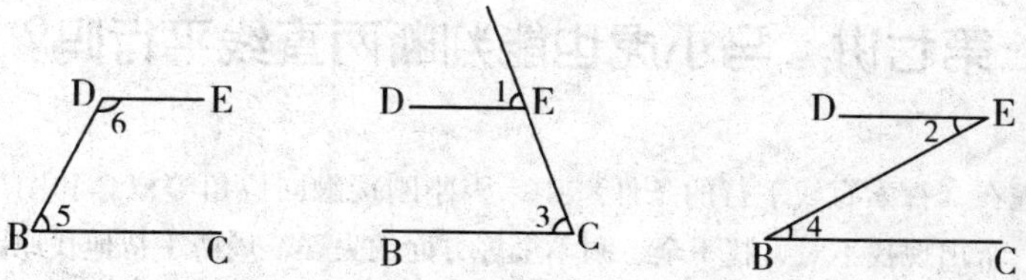

图 2

分析：把相关的两个角从图 1 中分离出来，形成如图 2 所示的简单图形，从而易判断出他们是什么关系。分离的关键是会判定这些角是哪两条直线被哪一条直线所截而形成的角，其中∠5 与∠6 可以看成 DE、BC 被 BD 所截构成的角；∠1 与∠3 可以看成 DE、BC 被 EC 所截构成的角；∠2 与∠4 可以看成 DE、BC 被 BE 所截构成的角。

解：∠5 与∠6 是同旁内角；∠1 与∠3 是同位角；∠2 与∠4 是内错角。

2. 方位识别

我们把两条直线被第三条直线所截的角按方位定名称（如图 3），在判断时可根据方位去识别。

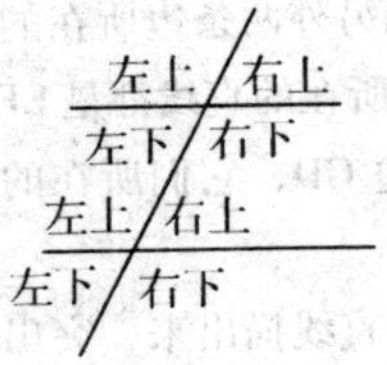

图 3

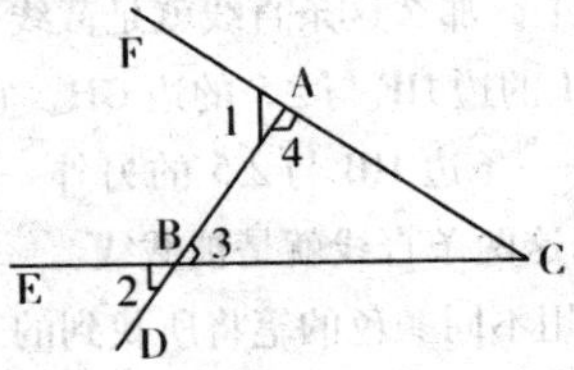

图 4

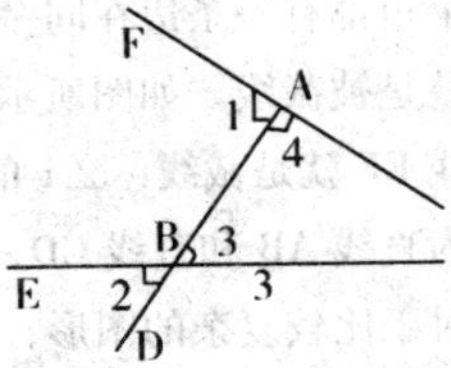

图 5

例 2. 如图 4，指出图 4 中直线 AC、BC 被直线 AB 所截的同位角、内错角、同旁内角。

分析：根据给出的截线和被截线，抓住三种角的位置特征去找。

解：图 4 可变成图 5 的情形，有方位可知：

∠1 与∠2 同在左下角，因此是同位角；

∠1 与∠3 一个在左下，一个在右上，因此是内错角；

∠3 与∠4 一个在右下，一个在右上，因此是同旁内角。

周博士：辨别这三种角的关键是分清哪一条直线截哪两条直线形成了哪些角，是做出正确判定的前提。在截线的同旁，找同位角、同旁内角，在截线的不同旁，找内错角。

总之，不管用哪一种方法，关键还要对同位角、内错角、同旁内角的本质涵义理解透彻。即两角有一边共线的本质特征。在复杂的图形中识别同位角、内错角、同旁内角，要找到三线八角的基本图形，进而确定这两个角的位置关系。

第七讲　马小虎也能判断两直线平行吗?

马小虎在《探索直线平行的条件》中，因刚刚接触同位角等概念和图形，而不能正确解题，常出现找不对、找不全、画不全等方面的失误，周博士帮他找原因

例 1. 如图 1、2、3、4 中，∠1 和∠2 是同位角的是哪一个图________?

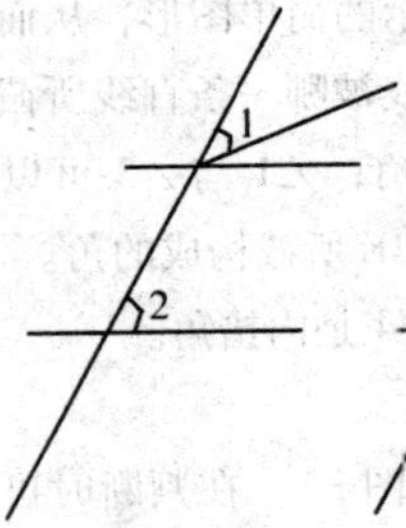

图 1

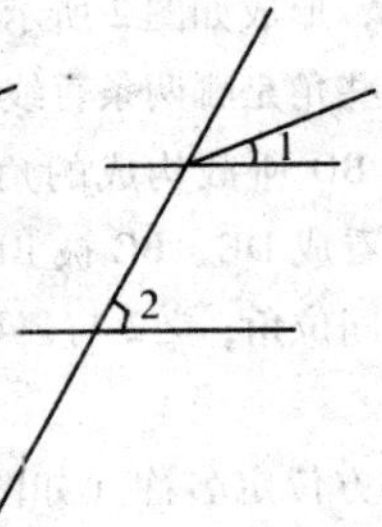

图 2

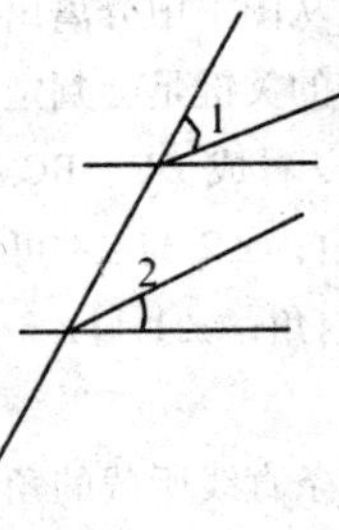

图 3

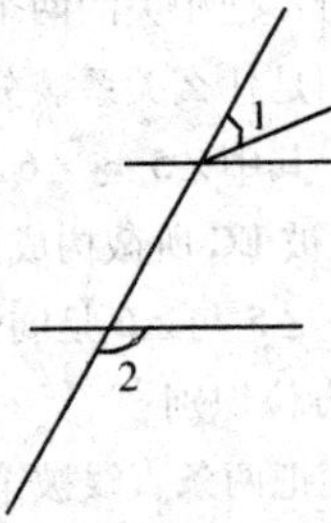

图 4

马小虎：我选图 2。

周博士：马小虎你没找对

我们通过作图，只有图 1 中符合三线八角的图形，选图 1。如图 5。我们可看到组成∠1 和∠2 中四条射线中，有两条能在一条直线上，（用加粗的线表示），∠1 和∠2 都正好在另一条边的上方。

而图 2、3 的∠2 和∠1 的四条射线中，没有两条能在一条直线上；图 4 的∠2 和∠1 的四条射线中，有两条能在一条直线上，但∠1 和∠2 的位置不同。同学们不妨画图一试。

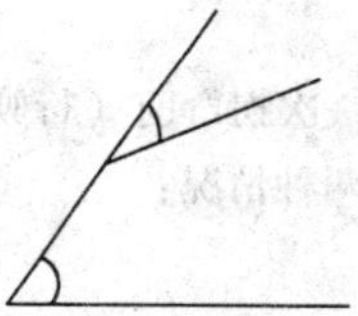

图 5

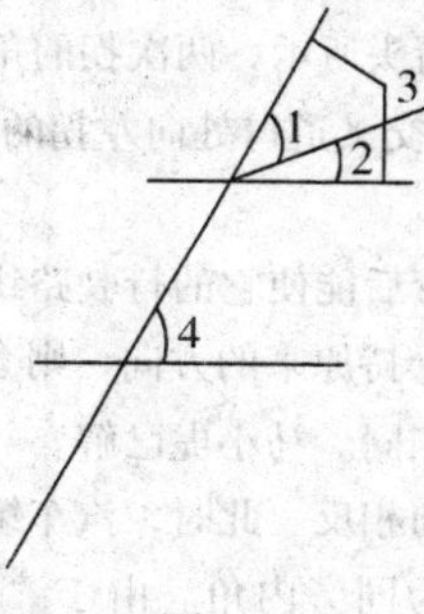

图 6

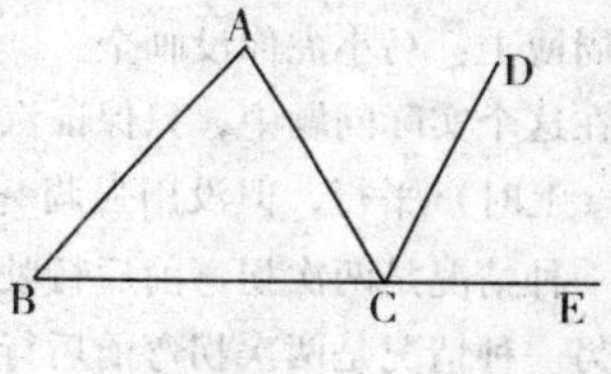

图 7

例 2. 如图 6 中，______和∠4 是同位角。

马小虎：我看∠1 是同位角。

周博士：马小虎你没找全

我们通过作图，不仅∠1 和∠4 符合同位角的图形，同时∠3 和∠4 也符合同位角的图形。答案有两个。

例 3. 如图 7，以 C 为顶点，在三角形外画∠ACD = ∠A，延长 BC 到 E，则：∠A 的同旁内角有几个，分指指出来；

马小虎：我想∠A 的同旁内角有∠B

周博士：马小虎你还是没找全

画图一试，对于直线较多的图，可分别把组成∠A 的两边看作截线，（如若把 AB 看作截线，它能截哪些线，能否得到要求的角；若把 AC 看作截线，它能截哪些线，能否得到要求的角。）

得∠A 的同旁内角有∠B 和∠ACB。

例 4. 一座城市的一部分交通路线，如图 8 所示：

一辆汽车沿公路 a 行驶至交叉道口处，向右拐的角为 600 行驶到公路 c 上，在下一个交叉路口处，汽车怎样拐弯才能使它的行驶路线与第一次拐弯前（行驶在公路 a 上时）平行？

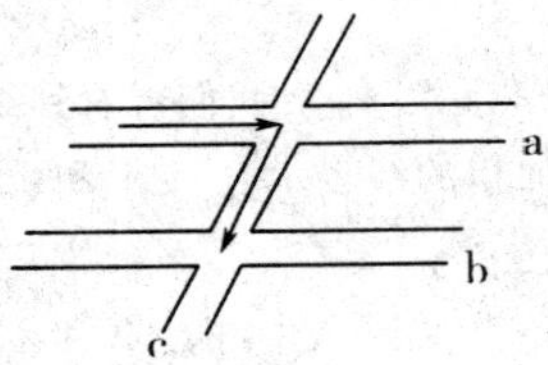

图 8

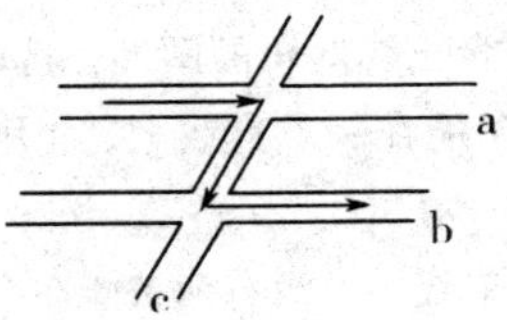

图 9

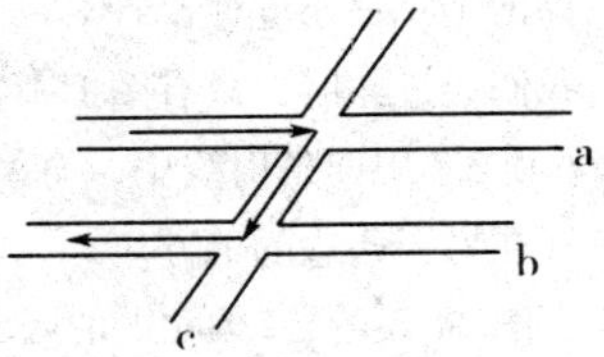

图 10

马小虎：我们可以假设汽车在下次拐弯时行驶到公路 b 上，得图 9，此时，汽车第二次拐弯后的行驶路线如图 9 中的实线箭头所示，两次拐的角成为内错角。由于“内错角相等，两直线平行”，所以汽车应该在交叉道口处向左拐的角为 600。

周博士：马小虎你没画全

在这个实际问题中，只保证汽车拐弯后能使它的行驶路线与第一次拐弯前（行驶在公路 a 上时）平行，但没用强调一定要操持原来的方向，则会出现两种情况：

一种情况是两次拐弯前后行驶方向相同。马小虎已解。

另一种情况是两次拐弯前后行驶方向相反。此时，汽车第二次拐弯后的行驶路线如图 10 的虚线箭头所示，两次拐的角成为同旁内角。由于“同旁内角互补，两直线平行”，所以汽车应该在交叉道口处向右拐的角为 1200。

例 5. 如图 11，根据 $\angle 1 = \angle 2$，可以判定哪两条直线平行？并说明判定的根据是什么。

马小虎：一定是 AD∥BC

周博士：马小虎你判断有误

因为图中线比较多，解决本例关键是要观察已知相等两角的两边所在的直线。我们仍可通过画线法，把 $\angle 1$ 和 $\angle 2$ 的四边画出，相重合的线就是截线，另两边必平行。得 AB∥DC。理由：内错角相等，两直线平行。

周博士对马小虎说：那你对两条直线是否平行的判定还会其它方法吗？

马小虎：有啊，“同位角相等，两直线平行”，“同旁内角相等，两直线平行”。

周博士：呵呵，“同旁内角相等”这句话就错了，应该是“同旁内角互补”才对

周博士：那我问你，学习判断两条直线平行有啥用处啊？

马小虎：恩、真的不知道啊。

周博士：一方面是要想知道这两条直线是否相交或平行，另一方面是想了解与平行直线相交的其它直线所成的角之间的大小关系，这要用到平行线的性质，“两直线平行，同位角相等”，“两直线平行，内错角相等”“两直线平行，同旁内角互补”。

马小虎：哦，我知道了要想知道两条直线的位置关系，是否是平行的，要用平行线

的判定；如果要想知道两条直线与其他直线相交后所成角的数量关系，是否是相等或互补，要用平行线的性质。

周博士：恩，这就对了。

第八讲　小兔子走哪条路吃菜最多

一天“小好问”找到周博士说：“学了坐标系它对咱们的生活有啥作用吗？”

周博士：“我举三个例子你看看：

例1. 如图3，用点A（3，1）表示放置3个胡萝卜、1棵青菜，点B（2，3）表示放置2个胡萝卜、3棵青菜。

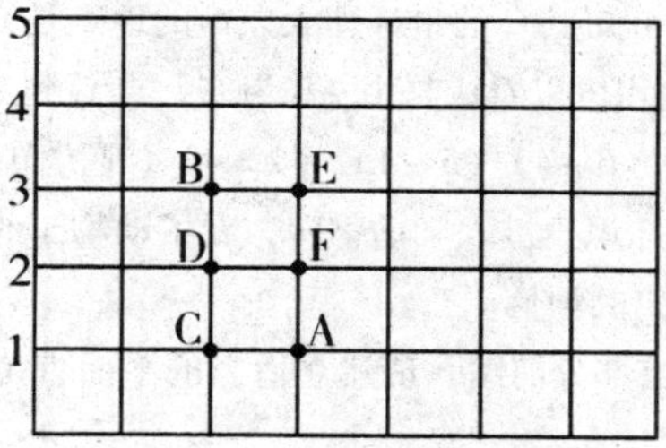

图1

（1）请你写出其他各点C、D、E、F所表示的意义；

（2）若一只兔子从A到达B（顺着方格线走），有以下几条路可以选择：①A→C→D→B；②A→E→D→B；③A→E→F→B，问走哪条路吃到的胡萝卜最多？走哪条吃的青菜量多？

分析（1）由点A和B的坐标意义即可类比出其他各点所表示的意义；（2）可以将所表示的胡萝卜和棵青菜数计算出来再相加比较即可。

解（1）因为点A（3，1）表示放置3个胡萝卜、1棵青菜，点B（2，3）表示放置2个胡萝卜、3棵青菜，所以可以类比点C的坐标是（2，1），它表示的意义是2个胡萝卜、1棵青菜；点D的坐标是（2，2），它表示的意义是2个胡萝卜、2棵青菜；点E的坐标是（3，3），它表示的意义是3个胡萝卜、3棵青菜；点F的坐标是（3，2），它表示的意义是3个胡萝卜、2棵青菜。

（2）若兔子走①A→C→D→B，则可以吃到的胡萝卜数量是：3+2+2+2=9个，吃到的青菜数量是：1+1+2+3=7棵；走②A→E→D→B，则可以吃到的胡萝卜数量是：3+3+2+2=10个，吃到的青菜数量是：1+3+2+3=9棵；走③A→E→F→B，则可以吃到的胡萝卜数量是：3 +3 +3 +2 =11 个，吃到的青菜数量是：1 +3 +2 +3 =9 棵；由此可知，走第③条吃到的萝卜，青菜都最多。”

例 2 如图 2，是一个利用平面直角坐标系画出的某动物园地图，如果熊猫馆和猴山的坐标分别是 A（5，6），B（5，-4）。

（1）请你在此图上画出平面直角坐标系与大象馆的位置点 C。

（2）请计算出以 A、B、C 三地为顶点的三角形面积是多少平方单位？

分析由点 A（5，6），B（5，-4）的特征可知 AB 与 y 轴平行，即 AB 向左 5 个单位为 y 轴，点 A 的下方 6 个单位为 x 轴，从而可以求出点 C 的位置，进而求出△ABC 的面积。

解 1 因为已知点 A（5，6），B（5，-4），所以可以建立如图 1 所示的平面直角坐标系。

所以从直角坐标系中可知点 C 的坐标即大象馆的地点是 C（-4，-3）。

（2）因为△ABC 的面积可以看成是由 AB 为底，点 C 到 AB 的距离为高，

所以△ABC 的面积为（6 +4）（5 +4）÷2 =45（平方单位）。

说明若你熟悉坐标的知识，进入某动物园，看了动物园的地图，就能径直到大象馆的位置点 C，省去了不必要的烦恼。

例 3 如图 3，这是某市部分简图，请建立适当的平面直角坐标系，分别写出各地的坐标。

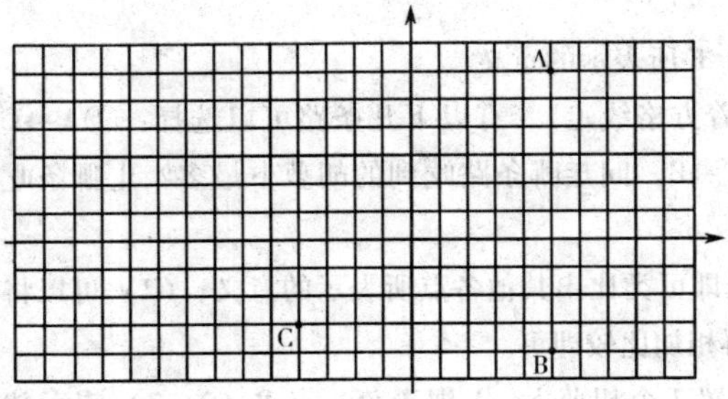

图 2

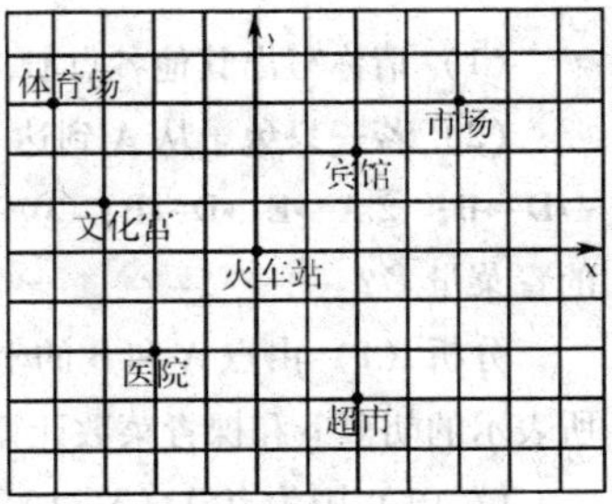

图 3

分析题目中仅告诉我们一个某市部分简图，而要求我们建立平面直角坐标系，并分别写出各地的坐标，显然，这个答案不惟一。

解答案不唯一。如图 2，可以以火车站为原点，建立平面直角坐标系。于是我们就可以得到各地的坐标：火车站（0，0），宾馆（2，2），市场（4，3），超市（2，-3），医院（-2，-2），

文化宫（-3，1），体育场（-4，3）。

说明由于直角坐标系的建立方式不同，所以得到的点坐标的位置也不一定相同，因此，应根据实际情况建立适合的平面直角坐标系，以至使人们看了感觉方便、直观。

第九讲　马小虎做《三角形》题又出错了

下午“大明白”看到马小虎的作业，发现他做的6到作业题都有毛病，就故意高声指出：

1 长度为4 cm、6 cm、2 cm的三条线段能否组成三角形？

马小虎作业：因为 $4+6>2$，所以这三长线段能组成三角形。

“大明白”指出：三角形的三条边必须满足“任意两边之和大于第三边”，一定不要忽略“任意”二字，在具体应用时，可采用“判断两条较短的线段之和是否大于第三条线段，当两条较短线段的和大于第三条（较长）线段时，就可断定任何两条线段的和都有大于第三条线段了”这种简捷的方法。

正解：因为 $2+4=6$，所以4 cm、6 cm、2 cm三条线段不能组成三角形。

例2. 已知等腰三角开的一边等于3，一边等于7，求它的周长。

马小虎作业：分两种情况，（1）腰长为3时，周长是：$3+3+7=13$；（2）腰长为7时，周长是 $7+7+3=17$。

“大明白”指出：分类时未用“两边之和大于第三边”进行检验，事实上，因为 $3+3<7$，所以腰长为3，底边为7的三角形是不存在的。

正解：根据“三角形任意两边之和大于第三边”，本题中的等腰三角形的腰长只能是7，所以等腰三角形的周长为 $7+7+3=17$。

例3. 三角形按角分类：

马小虎作业：

三角形
- 锐角三角形
- 钝角三角形
- 直角三角形

“大明白”指出：锐角三角形、钝角三角形统称为斜三角形，不能并列分类。

正解：

三角形
- 直角三角形
- 斜三角形
  - 锐角三角形
  - 钝角三角形

例 4. “三角形的角平分线”与“角平分线”相同吗？

马小虎作业：相同。

“大明白”指出：三角形的角平分线是指三角形的一内角的平分线与对边相交，交点和这个角的顶点之间的线段，即：三角形的角平分线是一条线段，而角平分线是一条射线。

正解：不同。

例 5. “三角形的高是过三角形的顶点，垂直于对边的直线”。这种说法对吗？

马小虎作业：正确

“大明白”指出：三角形的高隐含着垂直，但高是一条（垂）线段，而不是一条直线。

正解：不对。

例 6. “三角形的外角总比与它相邻的内角大”这种说法对吗？

马小虎作业：正确。

“大明白”指出：当三角形是直角三角形或钝角三角形时，与直角或钝角相邻的外角就不大于该角。

正解：三角形的外角总大于与它不相邻的内角。

第十讲　名著中的方程思想

“小好问”问马小虎：“我昨天看西游记时，里面有一首诗，我没弄明白，这首诗是这样的：百僧分百馒（摘自《西游记》）

一百馒头一百僧，大僧三个更无争，

小僧三人分一个，几多大僧几小僧？”

一旁的“大明白”急不可待的说：“这个容易，只要：

设有大僧 x 人，小僧 y 人，由题意得

$$\begin{cases} x+y=100 \\ 3x+\frac{1}{3}y=100 \end{cases} \quad 解得：\begin{cases} x=25 \\ y=75 \end{cases}$$

所以有大僧 25 人，小僧 75 人。不就行了吗。”

“大明白”还说：世界文化遗产渊源流传，出现了很多脍炙人口的名著，而这些名著中的语言生动，富有情趣，并且蕴涵着丰富的数学问题，有一些就体现了方程的思想，我这恰好有一些：

一、群鸽分工（摘自《一千零一夜》）

一群鸽子，戏于林中。

生活甜蜜，共同分工。

其中一部分，欢歌树上，

另一部分，地下觅食。

树上鸽妈妈对树下儿子说：“

你若上来，树下只数是整个鸽群的三分之一

若我下去，欢歌、觅食只数相等。

几只欢歌，几只觅食？

解：设欢歌有 x 只，觅食的有 y 只，由题意得

$$\begin{cases} y-1=\frac{1}{3}(x+y) \\ x-1=y+1 \end{cases} \quad 解得：\begin{cases} x=7 \\ y=5 \end{cases}$$

答：树上欢歌的有 7 只，树下觅食的有 5 只。

二、驴骡谁轻谁重（摘自《希腊文集》）

驴和骡子驮货物，并排走在马路上。

驴怨主人太偏心，分得重量不平均。

自已货重、他人轻，满腹牢骚不停息。

骡驳若你给我一口袋，我驮货物重你一倍，

我若给你一口袋，咱俩驮得一样多。

问驴和骡子各驮几袋货？

解：设：驴子驮了 x 袋货，骡子驮了 y 袋货，由题意得

$$\begin{cases} y+1=2(x-1) \\ y-1=x+1 \end{cases} \quad 解得：\begin{cases} x=5 \\ y=7 \end{cases}$$

答：驴子驮了 5 袋，骡子驮了 7 袋。

三、孙行者探妖（摘自《西游记》

悟空顺风探妖踪，千里只行四分钟

归时四分行六百，风速多少才称雄？

解：设悟空行走速度为 x 里/分，风速为 y 里/分，由题意得

$$\begin{cases} 4x+4y=1000 & (1) \\ 4x-4y=600 & (2) \end{cases}$$

（1）+（2），消去 y，得 $8x=1600$，$\therefore x=200$，代入（1）得 $y=50$

$\therefore$ 原方程组的解为$\begin{cases}x=200\\y=50\end{cases}$

答：当风速为50里/分时便会称雄。

四、松鼠采果（《鸡兔同笼》改编）

松鼠妈妈采松子，晴天每天采20个，

下雨每天采12个，共采112个。

平均每天采14个，问几天雨来几天晴？

解：设有x天是晴天，y天是雨天，由题意得

$$\begin{cases}20x+12y=112\\x+y=\dfrac{112}{14}\end{cases}，即为\begin{cases}20xx+12y=112 & (1)\\x+y=8 & (2)\end{cases}$$

解得：$\begin{cases}x=2\\y=6\end{cases}$

答：有2天晴天，6天下雨。

在解答这一类方程问题时，关键要正确理解其含义，把它转化为数学模型，根据其意正确的列出方程，从而得以解决。”

“大明白”一连气说了好几个历史名著中的一些含有方程思想的问题。

“还有，我国著名数学家苏步青在访问德国时，德国一位数学家给他出了这样一道题目：

甲、乙两人相对而行，他们相距10千米，甲每小时走3千米，乙每小时走2千米。甲带着一只狗，狗每小时跑5千米，狗跑得快，它同甲一起出发，碰到乙的时候向甲跑去，碰到甲的时候又向乙跑去，问当甲、乙两人相遇时，这只狗一共跑了多少千米？”

“小好问”忙着说：“你解方程组的过程太快了，我还没有弄明白，你就讲下一个问题了，你给好好讲讲解二元一次方程组呗。”

“大明白”说：“好吧，

我问你：对于解二元一次方程组的代入法和加减法，你认为哪种方法好？

“小好问”：我看代入法好！

马小虎：我说加减法妙！

“小好问”：你看解方程组：

$$\begin{cases}y=2x-1 & (1)\\2x+3y=13 & (2)\end{cases}$$

只要把方程（1）往方程（2）轻轻一代入，未知数y马上消得无影无踪，二元一

次方程组立刻变成了一元一次方程 $2x+3(2x-1)=13$，解这个方程，得 $x=2$；把 $x=2$ 再往方程（1）一代，便可轻而易举地得到 $y=3$，从而解得原方程组的解 $\begin{cases}x=2\\y=3\end{cases}$。

而用加减法，要先把方程（1）化为

$2x-y=1$（3），然后再用（2）减去（3）才能消元，多麻烦呀！

马小虎：代入法代来代去，代得我眼花缭乱，远不如加减法来得直接了当，你看解方程组：

$$\begin{cases}x+y=5 & (1)\\x-y=1 & (2)\end{cases}$$

（1）+（2），得 $2x=6$，$x=3$；

把 $x=3$ 代入（1），得 $3+y=5$，$y=2$。

故原方程组的解是 $\begin{cases}x=3\\y=2\end{cases}$。

你想，要是用代入法，需要先把方程（1）变形为 $y=5-x$（3），然后再把（3）代入（2）才能消元，多繁啊！

"小好问"：加减法虽然看起来比代入法简单些，但在求 y 的值还不是要用到代入法吗？

马小虎：不用代入法照样也能求出 y 的值呀，你看：

（1）-（2），得 $2y=4$，$y=2$。

这样不就没有用到代入法了吗？

"小好问"：我看刚才这一比不算。

马小虎：为什么不算？

"小好问"：因为方程组都分别是你我自己出的。

马小虎：你是说你出题我用加减法，我出题你用代入法？

"小好问"：正是此意。

马小虎：尽管放马过来。

"小好问"：请接题，解方程组：

$$\begin{cases}6x+7y=19 & (1)\\7x+6y=20 & (2)\end{cases}$$

马小虎：看好了：

（1）+（2），得 $13x+13y=39$，

两边除以 13，得

$x+y=3$，（3）

(2) - (1)，得

$x-y=1$，(4)

(3) + (4)，得 $2x=4$，$x=2$；

(3) - (4)，得 $2y=2$，$y=1$。

故原方程组的解是$\begin{cases}x=2\\y=1\end{cases}$。

你看怎么样？

“小好问”：此题难不倒你用加减法，再看如下一题……

马小虎：慢着，轮到我出题了。

“小好问”：来吧，我等着呢。

马小虎：解方程组：

$$\begin{cases}3x+5y=19 & (1)\\2x+5y=16 & (2)\end{cases}$$

“小好问”：看好了，把 (1) 变形为

$x+(2x+5y)=19$，(3)

把 (2) 代入 (3)，得

$x+16=19$，$x=3$；

把 $x=3$ 代入 (1)，得 $y=2$，

故原方程组的解是$\begin{cases}x=3\\y=2\end{cases}$。

你看怎么样？

马小虎：没想到代入法有此一招，但我看还是不如加减法，你看 (1) - (2)，x 的值就出来了。

“小好问”：可敢再比？

马小虎：来吧。

“小好问”：解方程组：

$$\begin{cases}19x+18y=17 & (1)\\17x+16y=15 & (2)\end{cases}$$

马小虎：请看：(1) - (2)，得

$2x+2y=2$，

$\therefore x+y=1$ (3)

(3) 16，得

$16x+16y=16$ (4)

(2) - (4)，得 $x=-1$，从而 $y=2$。

所以，方程组的解是 $\begin{cases}x=-1\\y=2\end{cases}$；

"小好问"：我就不信加减法就那么神通广大？有啦，就给你来个最简单的方程组：

$\begin{cases}x=0\\3x+2y=6\end{cases}$，怎么样？够简单的了吧。

马小虎：的确是够简单的。

"小好问"：那你说是用加减法来解简单还是用代入法方便？

马小虎：这……看来加减法有加减法的巧，代入法也有代入法的妙。

"小好问"：是啊，解二元一次方程组代入法和加减法可谓各有千秋。

马小虎：是啊，我们要是能够灵活用加减法开路，用代入法求值，那任何一个解二元一次方程组的问题就不成问题了！

"大明白"在一旁听的一直想要笑，忙说：在解方程组之前，要看看两个方程的特征，如果其中的一个比较简单，未知数的系数是比较小，比如是1，一般选用代入法，如果两个方程系数都不简单，可要是相同字母的系数成倍数关系，一般选用加减消元法，

第十一讲　长相略有不同——学习不等式与方程

这天马小虎与同学聪聪在自习课上，议论起了刚刚学习的一元一次不等式，马小虎问聪聪："一元一次不等式与一元一次方程长得有点像，可我就是说不清楚想在哪？"

聪聪说："它们既有区别，又有联系。这样吧，可以将一元一次不等式与一元一次方程进行对比：

一、概念的对比

含有未知数的等式叫方程。而"只含有一个未知数，且含未知数的式子是整式，未知数的次数是1"的方程叫一元一次方程。

用"<"或">"号表示大小关系的式子，叫做不等式。而"类似于一元一次方程，含有一个未知数，未知数的次数是1"的不等式叫做一元一次不等式。

由上可以看出，一元一次不等式与一元一次方程不同的是：前者是用不等号（>，<，≠，≥，≤）将代数式连接而成，它的一般形式是：$ax+b>0$ 或 $ax+b<0$（$a\neq 0$），后者（方程）是用等号（=）将代数式连接而成，它的一般形式是：$ax+b=0$（a

≠0）。

二者的相同点是

（1）都只含有一个未知数；（2）含未知数的式子是整式；（3）未知数的次数是1。

二、变形依据的对比

一元一次不等式的变形依据是不等式的性质，而一元一次方程的变形依据是等式的性质，如下表：

不等式的性质	等式的性质
若 $a>b$，则 $b<a$（反对称性）	若 $a=b$，则 $b=a$（对称性）
若 $a>b$，$b>c$，则 $a>c$（传递性）	若 $a=b$，$b=c$，则 $a=c$（传递性）
若 $a>b$，则 $a\pm c>b\pm c$（性质1）	若 $a=b$，则 $a\pm c=b\pm c$（性质1）
若 $a>b$，$c>0$，则 $ac>bc$，$\frac{a}{c}>\frac{b}{c}$（性质2）	若 $a=b$，$c\neq0$ 则 $ac=bc$，$\frac{a}{c}=\frac{b}{c}$（性质2）
若 $a>b$，$c>0$，则 $ac<bc$，$\frac{a}{c}<\frac{b}{c}$（性质3）	

由此可知：等式两边都乘（或除）以同一个数时，只需考虑这个书是否为零，而不等式两边都乘（或除）以同一个数时，除了考虑这个数不能为零外，还必须考虑这个数的正负性。

三、求解过程的对比

求解一元一次方程与一元一次不等式时，二者一般都经过“去分母”、“去括号”、“移项”、“合并同类项”、“系数化为1”等变形后，把左边变成一个单独的一个未知数，右边变成一个常数。但不同的是，在“去分母”与“系数化为1”时，方程两边都乘以（或除以）同一个正数或负数，等号不变，而在不等式的两边都乘以（或除以）同一个负数时，不等号的方向改变。举例说明如下：

例1. 解方程：$\frac{x-1}{3}-\frac{x+4}{2}=-2$

解：去分母，得：$2(x-1)-3(x+4)=-12$，

去括号，得：$2x-2-3x-12=-12$，

移项、合并同类项，得：$-x=2$，

系数化为1，得：$x=-2$。

例2. 解不等式：$\frac{x-1}{3}-\frac{x+4}{2}<-2$

解：去分母，得：$2(x-1)-3(x+4)<-12$

去括号，得：$2x-2-3x-12<-12$

移项，合并同类项，得：$-x<2$

系数化为1，得：$x>-2$

在仔细比较上面解方程与解不等式的解题过程后，用学过的解一元一次方程的知识来解一元一次不等式，就显得十分简单。

四、解的对比

一般地，一元一次方程的解只有一个，而不等式（如的解有无数个，这无数个解组成了该不等式解的集合，简称为不等式的解集。它们的共同点是：无论是一元一次方程的解，还是一元一次不等式的解，都能使方程或不等式成立。它们在数轴上表示时不同：方程的解 $x=a$ 在数轴上表示为一个点；不等式的解集 $x\geqslant a$ 在数轴上表示为一条射线。

五、确定参数过程的对比

已知方程的解，确定方程中的参数，可根据方程的解的意义，将其解代入原方程，便得到关于参数为元的新方程，解新方程可求得参数。

例3. 已知方程 $2x-3=mx+1$ 的解是3，求 m 的值。

解：根据方程的解的意义，得：$2\times3-3=3m+1$，解得 $m=\frac{2}{3}$。

若已知不等式的解集，确定该不等式中的参数，一般是先解不等式，与其解集比较后再确定参数。

例4. 已知不等式 $2x-3>mx+1$ 的解集是 $x>3$，求 m 的值。

解：由不等式 $2x-3>mx+1$ 得 $(2-m)\ x>4$

与其解集 $x>3$ 比较，得 $2-m>0$，且 $\frac{4}{2-m}=3$，解得 $m=\frac{2}{3}$。”

马小虎不停的点头，突然问：单就不等式来说不等式的解与不等式的解集有何区别？

聪聪：不等式的解指的是使不等式成立的未知数的值，这个值是“单一”的、“个体”的而不等式的解集指的是由所有这个不等式的解所组成的集合，它是一个“集体”。例如，对于不等式 $2x>4$，任何一个大于2的数都是它的一个解，有所有大于2的数组成的集合就是这个不等式的解集。由此可见，不等式的解与不等式的解集的关系，类似于日常生活中的“个人”与“班级体”的关系。

马小虎：哦，是这样啊，谢谢聪聪，通过对比我有了新的认识，确实是对比之中见真谛啊。

第十二讲　几种常见统计图的比较与选择

我们已经学习了几种常见的统计图，这些统计图各有其优点和缺点，所以在平时的具体应用时，应根据统计图的各自特点灵活选择运用。

一、条形统计图

表示各种数量的多少用条形统计图。条形统计图的优点是能清楚地表示出每个项目的具体数目；缺点是不能准确地描述各部分量之间的关系。

例 1. 北京奥组委从 4 月 15 日起分三个阶段向境内公众销售门票，开幕式门票分为五个档次，票价分别为人民币 5000 元、3000 元、1500 元、800 元和 200 元。某网点第一周内开幕式门票的销售情况见如图 1 所示的统计图，那么第一周售出的门票票价的众数是（　　）

A. 1500 元　　B. 11 张　　C. 5 张　　D. 200 元

简析　从条形图中我们清楚地看到票价分别为人民币 5000 元、3000 元、1500 元、800 元和 200 元的门票分别销售 2 张、5 张、11 张、5 张和 6 张，由此可知这第一周售出的门票票价的众数是 1500 元，故应选 A。

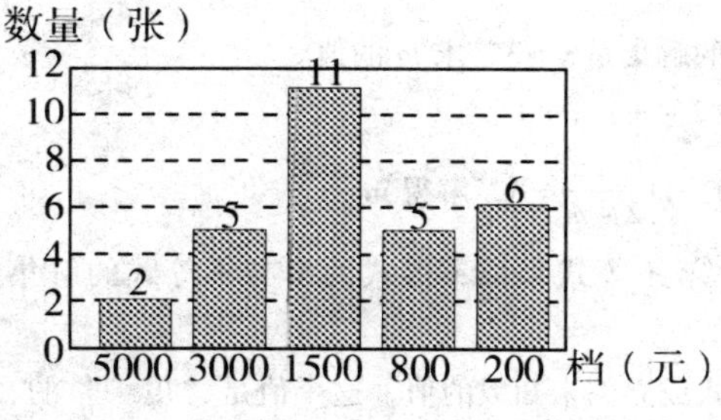

图 1　第一周开幕式门票销售情况统计图

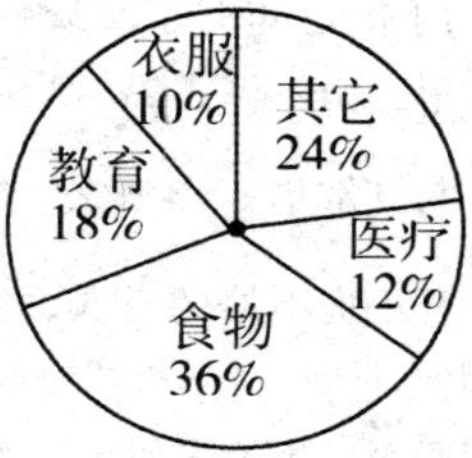

图 2

二、扇形统计图

表示各部分数量同总数之间的关系用扇形统计图。扇形统计图的优点是能清楚地表示出各部分在总体中所占的百分比；缺点是不能从统计图上看出具体的数量。扇形统计图的制作步骤是：（1）数据的采集，即各部分的数据的收集；（2）数据的整理，即计算出各部分的总和，再计算各部分所占的百分比；（3）作图，即根据百分比计算出各部分对应圆心角的大小（将百分比乘以 360°），再用量角器画出各个扇形；（4）标上各部分的名称和它所占的百分比。

例 2. 已知小明家五月份总支出共计 1200 元，各项支出如图 2 所示，那么其中用于教育上的支出是________元。

简析　从扇形统计图中可知小明家五月份用于教育上的支出的百分数是 18%，而五月份总支出共计 1200 元，所以小明家五月份用于教育上的支出是 120018% = 216（元）。

三、折线图

表示数量的多少及数量增减变化的情况用折线图。折线图的优点是能清楚地反映事物的变化情况；缺点是不能反映每一个数据在总体中的具体情况。

例 3. “义乌·中国小商品城指数”简称“义乌指数”。如图 3 是 2007 年 3 月 19 日至 2007 年 4 月 23 日的“义乌指数”走势图，下面关于该指数图的说法正确的是（　　）

A. 4 月 2 日的指数位图中的最高指数

B. 4 月 23 日的指数位图中的最低指数

C. 3 月 19 至 4 月 23 日指数节节攀升

D. 4 月 9 日的指数比 3 月 26 日的指数高

简析由折线统计图可知 4 月 16 日的指数位图中的最高指数，3 月 19 日的指数位图中的最低指数，3 月 19 至 4 月 2 日指数节节攀升，即 A、B、C 的选择支都是错误的，而 4 月 9 日的指数比 3 月 26 日的指数高的说法是正确的，故应选 D。

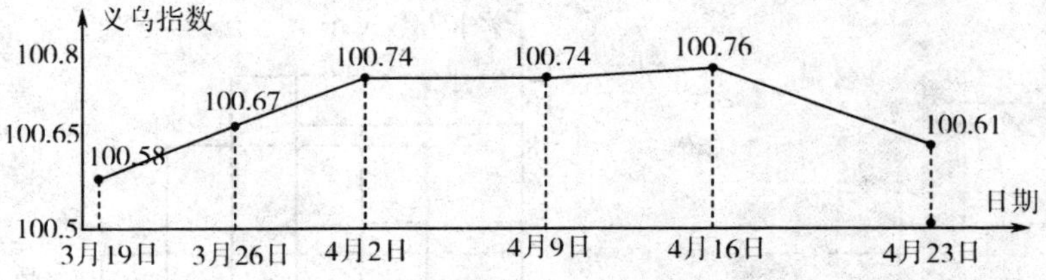

图 3

四、直方图

落在不同小组中的数据个数为该组的频数，频数与数据总数的比为频率，频率能反映各组频数的大小在总数中所占的份量。直方图能直观清楚地反映数据在各个范围内的分布情况，从而更全面、准确、细致地反映事物的属性。绘制频数分布直方图的一般步骤是：（1）计算最大值与最小值的差，目的是知道数据波动的大小，把它作为分组的依据；（2）决定组距与组数；（3）决定分点；（4）列频数分布表；（5）绘制频数分布直方图。

例 4. 抽取某校学生一个容量为 150 的样本，测得学生身高后，得到身高频数分布直方图如图 4，已知该校有学生 1500 人，则可以估计出该校身高位于 160cm 至 165cm 之间的学生大约有________人。

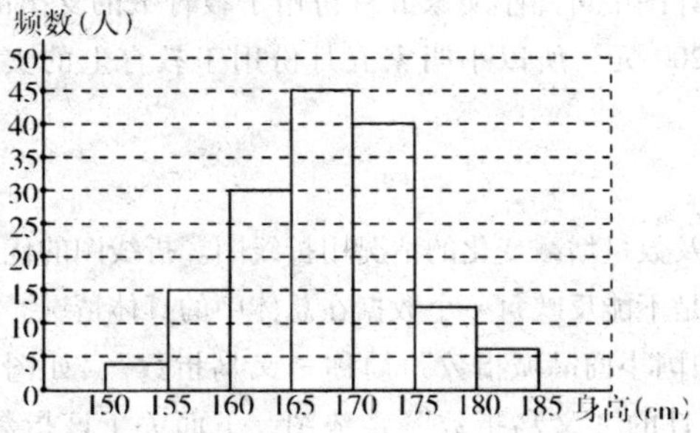

图 1

简析　从频数分布直方图中可知 150 人中身高位于 160cm 至 165cm 之间的学生有 30 人，所以该校有学生 1500 人中可以估计出身高位于 160cm 至 165cm 之间的学生大约有 30 =300（人）。

下面几道题目供同学们自己练习：

1. 某射击小组有 20 人，教练根据他们某次射击的数据绘制成如图 5 所示的统计图，则这组数据的众数和中位数分别是（　　）

A. 7、7　　B. 8、7.5　　C. 7、7.5　　D. 8、6.5

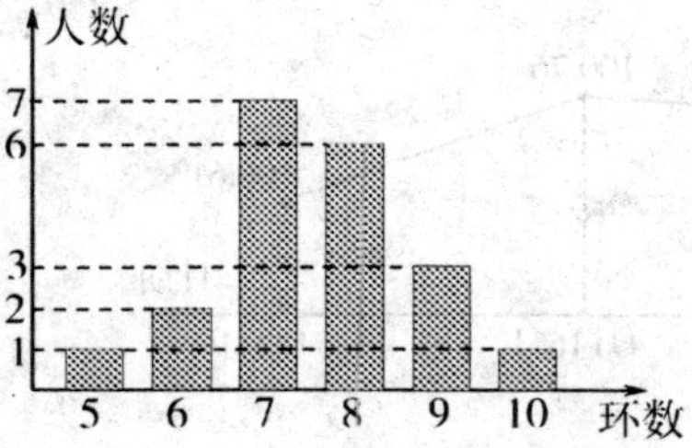

图 5

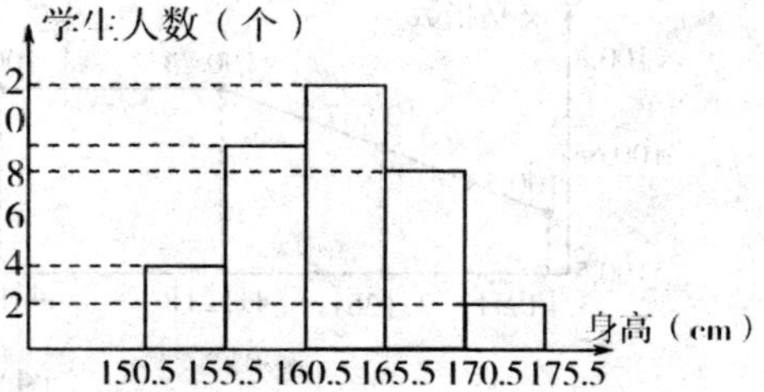

图 6

2. 某校七年级（1）班 36 位同学的身高的频数分布直方图如图 6 所示。问：

（1）身高在哪一组的同学最多？

（2）身高在 160cm 以上的同学有多少人？

（3）该班同学的平均身高约为多少（精确到 0.1cm）？

3. 在 2004 年雅典奥运会上，中国队取得了令人瞩目的成绩，获得金牌 32 枚、银牌 17 枚、铜牌 14 枚，在金牌榜上位居第二。请用扇形统计图表示中国队所获奖牌中，金、银、铜牌的分布情况。

4. 2003 年，在我国内地发生了“非典型肺炎”疫情，在党和政府的正确领导下，在较短的时间里疫情得到了有效控制。如图 7 是 2003 年 5 月 1 日至 5 月 14 日的内地新增确诊病例数据走势图（数据来源：卫生部每日疫情通报）。根据图中所提供的信息回答下列问题：

（1）5 月 6 日新增确诊病例是多少人？

（2）5 月 9 日至 5 月 11 日三天共新增确诊病例是多少人？

（3）从图上看，5 月上半月新增确诊病例总体呈上升趋势还是呈下降趋势？

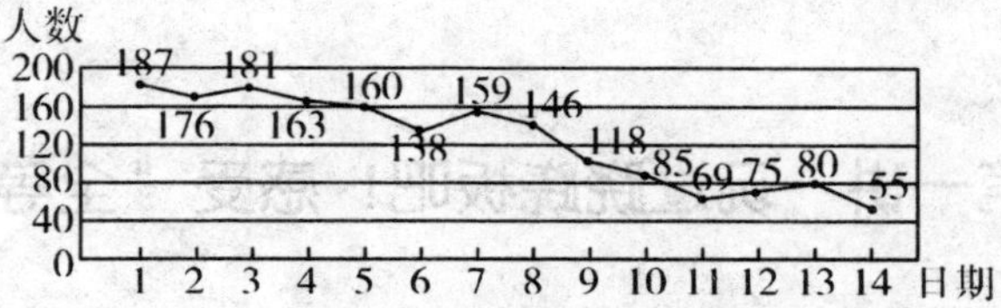

图 7　中国内地非典新增确诊病例数据走势图

参考答案：

1. C。

2. （1）通过观察频数分布直方图知，身高在 160.5cm ~ 165.5cm 这一组人数最多。（2）由频数分布直方图知，身高在 160cm 以上的同学有：$12+8+3=23$（人）。（3）该班同学的平均身高为 $\frac{4\times153+8\times158+12\times163+3\times173}{36}=162$（cm）。

3. 中国队所获的奖牌是由金牌、银牌、铜牌组成，它们是总量和分量的关系。先求出金、银、铜牌分别占奖牌总数的百分比，在根据百分比算出扇形的圆心角，进而画出扇形统计图。即①中国队共获奖牌 63 枚，其中金牌 32 枚，占奖牌总数的百分比为：$32\div63\approx50.79\%$。银牌 17 枚，占奖牌总数的百分比为：$17\div63\approx26.99\%$。铜牌 14 枚，占奖牌总数的百分比为：$14\div63\approx22.22\%$。②反映在扇形统计图上，扇形的圆心角为：金牌应为：$360°50.79\%\approx182.8°$，银牌应为.：$360°26.99\%\approx97.2°$，铜牌应为：$360°22.22\%\approx80°$。③绘制扇形统计图，如图所示。

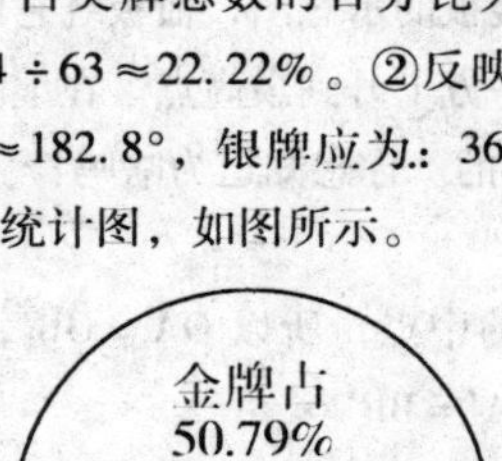

3.（1）5月6日新增确诊病例138人。（2）5月9日至5月11日三天共新增确诊病例为 $118+85+69=272$（人）。（3）从折线统计图中可清楚看到5月上半月新增确诊病例总体的趋势是下降的。

第二节　八年级数学知识大讲堂

第一讲　玩过跷跷板吧！感受“全等”

聪聪问马小虎：“你玩过跷跷板吗？”

马小虎：“那谁没玩过啊，又不是什么新新玩艺。”

聪聪问：“那你知道它的原理吗？”

马小虎：“这个吗，呵呵，真的不太清楚，那你知道吗？”

聪聪答道：“我当然知道了，我就个你讲讲吧。

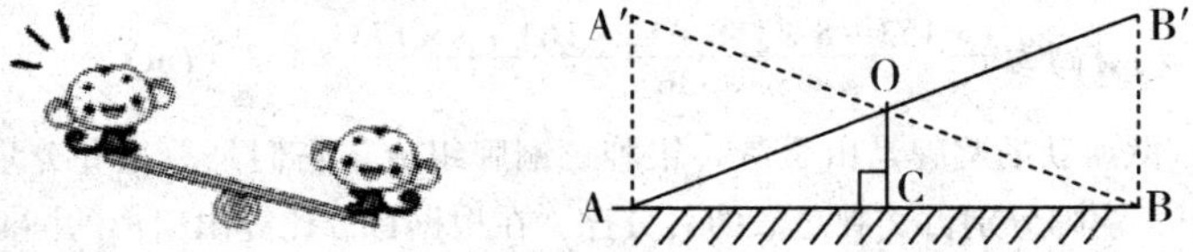

图2

如图2是小明和小强玩跷跷板的示意图，横板绕它的中点O上下转动，立柱OC与地面垂直，当一方着地时，另一方上升到最高点。在上下转动横板的过程中，两人上升的最大高AA′和BB′应该是一样的。你想知道为啥吗？

马小虎：“当然想，快说呀”

聪聪：“由于点O为横板的中点，所以 $OA=OB'$，$\angle AOA'=\angle B'OB$，$OA'=OB$，所以 $\triangle AOA'\cong\triangle B'OB$。所以 $AA'=BB'$。

马小虎：“$\cong$这个符号是啥呀？”

聪聪：“是两个图形全等的意思，就是两个图形能够完全重合的意思。”

马小虎：“哦，明天我们就要学习全等了，你给我先讲讲，有关全等知识好吗？”

聪聪：“行啊，

先看看全等的定义：能够重合的两个三角形叫做全等三角形。其中对应边：能够重合的边叫对应边。

对应角：能够重合的角叫对应角。

对应顶点：能够重合的顶点叫对应顶点。

全等的表示方法：全等用符号“≌”表示，读作“全等于”。其中“∽”表示相似，即形状相同，“=”表示大小相等，合起来就是形状相同，大小相等，即“全等”。△ABC 和△DEF 全等，记作△ABC≌△DEF，对应顶点的字母必须写在对应的位置上。

全等的性质：全等三角形的对应边相等，对应角相等。（这一条很重要啊，你学习全等的目的，就是想知道是否存在相等的边和角。）”

马小虎：“恩，我记住了。”

聪聪接着说：“判断两个三角形全等也很重要，方法有：

（1）边边边（SSS）：有三边对应相等的两个三角形全等。

（2）角边角（ASA）：有两角和它们的夹边对应相等的两个三角形全等。

（3）角角边（AAS）：有两角和其中一角的对边对应相等的两个三角形全等。

（4）边角边（SAS）：有两边和他们的夹角对应相等的两个三角形全等。

另外要注意的是：

1. 正确区分 ASA 与 AAS 的区别。

2. 注意“对边”与“对应边”，“对角”与“对应角”的区别。“对应边”和“对应角”是针对两个三角形而言的，“对边”和“对角”是同一个三角形中的边角关系。

3. 有两类三角形不一定全等：①三个角对应相等的两个三角形（即 AAA）。

②两边和其中一边的对角对应相等的两个三角形（即 SSA）。

判定两个三角形全等，寻找条件时，应注意图形中的隐含条件，如“公共角相等”，“公共边相等”，“对顶角相等”，还有，一些自然规律如：“太阳光线可看成是平行的“，”光的反射角等于 λ

第二讲　这些图案是如何得到的

一、图形变化的主要因素

例 1 如图 1 的方格纸中，左边图形到右边图形的变换是（　）

A. 向右平移 7 格

B. 以 AB 的垂直平分线为对称轴作轴对称，再以 AB 为对称轴作轴对称

C. 绕 AB 的中点旋转 1800，再以 AB 为对称轴作轴对称

D. 以 AB 为对称轴作轴对称，再向右平移 7 格。

解析：解这类问题就是要抓定义。通过细致观察图形，不难发现右边的图形以 AB 的垂直平分线为对称轴作轴对称，再以 AB 为对称轴作轴对称后得到的。故应选 B。

评注：掌握图形变换技巧，抓住每种变换的特点，可以解决图形变换问题，甚至可以设计出美丽的图案。

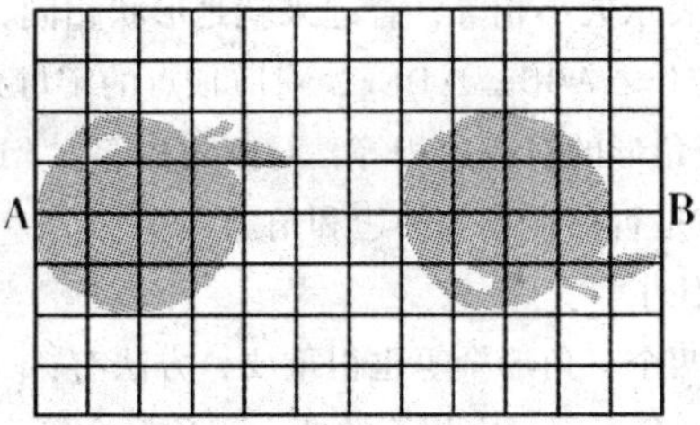

图 1

二、利用轴对称作图

例 2. 在直角坐标系中，△ABC 的三个顶点的位置如图 2 所示。(1) 请画出△ABC 关于 y 轴对称的△A′B′C′(其中 A′、B′、C′分别是 A、B、C 的对应点，不写作法)；

(2) 直接写出 A′、B′、C′三点的坐标：A′(______)、B′(______)、C′(______)。

分析：可根据对称轴垂直平分对称点的连线，来确定对称点，进而画出对称图形，再根据作出的图形直接写出 A′B′C′的坐标。

(1) 如图 3 所示；(2) A′ (2, 3), B′ (3, 1), C′ (−1, −2)。

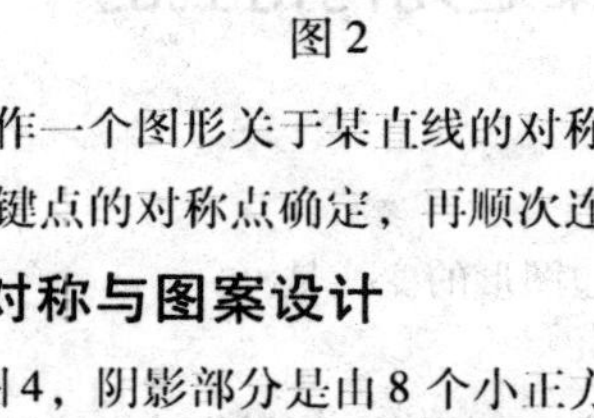

图 2

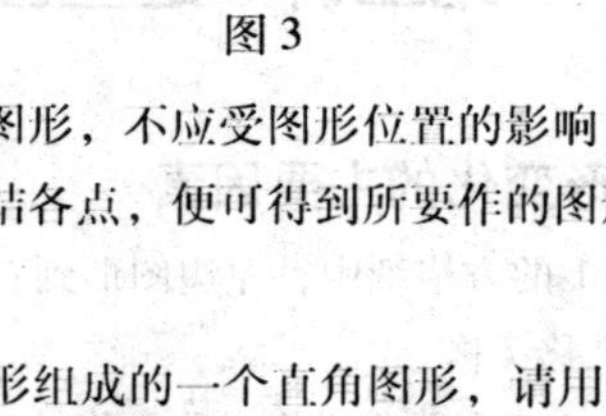

图 3

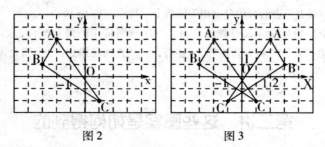

评注：要作一个图形关于某直线的对称图形，不应受图形位置的影响，只要把已知图形的一些关键点的对称点确定，再顺次连结各点，便可得到所要作的图形。

三、轴对称与图案设计

例 3. 如图 4，阴影部分是由 8 个小正方形组成的一个直角图形，请用二种方法分别在下图方格内涂涂黑二个小正方形，使它们成为轴对称图形。

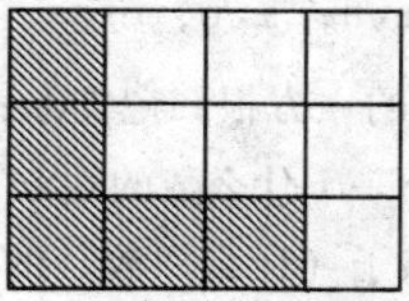

方法一

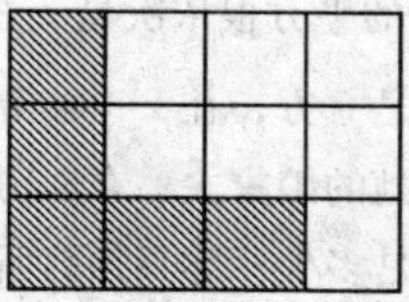

方法二

图4

解析：这是一道开放探究型试题，具有较强的开放性，答案不唯一，只要在方格内添的二个正方形使整个图形是轴对称图形就可以。

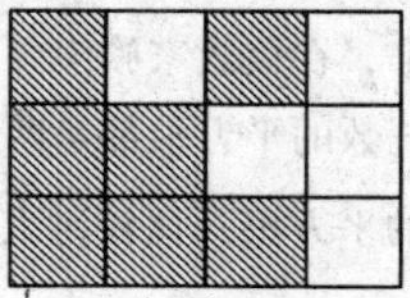

方法一

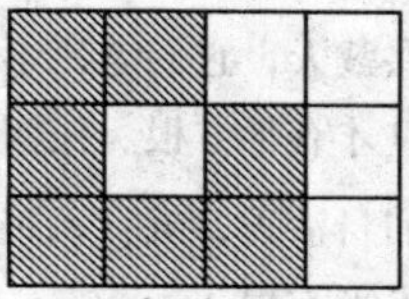

方法二

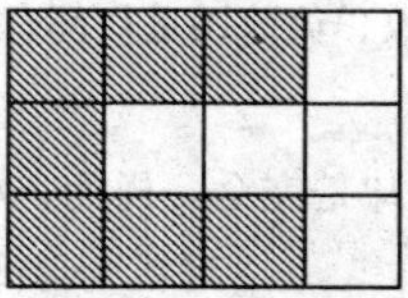

方法三

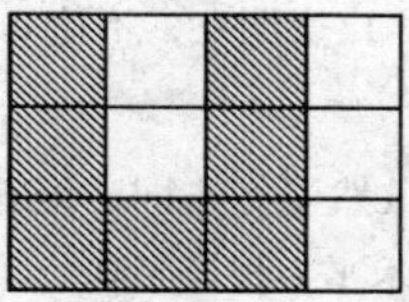

方法四

第三讲　孪生姊妹——平方根与立方根

一天周博士給马小虎、聪聪和“小好问”讲了个孪生姊妹的故事，他俩的关系还真不一般：

周博士：“平方根和立方根犹如一对孪生的姐妹，就象平方与立方这对孪生兄弟一样，她们有着相似的外貌$\sqrt[2]{a}$、$\sqrt[3]{a}$和类似的性格以及迥然不同的爱好。

注意：根指数是2时可省略不写，写成。

平方根的老家是平方，在$x^2=a$中，x就是a的平方根，记作$\pm\sqrt{a}$；要寻找一个数的平方根，必须回到她的老家去，想一想什么样的数平方等于这个数？比如要问25的平方根是多少？那你就应先想一想：什么数的平方等于25？因为±5的平方都等于25，所以25的平方根是±5；完全平方数的平方根容易找得到，象1，4，9，16，…的平方根依次是±1，±2，±3，±4，……；而非完全平方数的平方根虽然很难找，但你根本就不须找，只须在它的头上戴顶帽子“$\sqrt{\ }$”，在帽子的前面系上一条领带“±”。比如2，3，5，6，…的平方根依次是$\pm\sqrt{2}$，$\pm\sqrt{3}$，$\pm\sqrt{5}$，$\pm\sqrt{6}$，……。

立方根的娘家是立方，在$x^3=a$中，x就是a的立方根，记作$\sqrt[3]{a}$；要想找一个数的立方根，必须回到她的娘家去，在立方家族中打听一下什么数的立方等于这个数？比如问你125的立方根是多少？你只须打听一下哪家孩子（什么样数）的立方等于125？因为老五家的孩子5的立方等于125，所以125的立方根就是5；立方数的立方根容易找，象±，±8，±27，±64，…的立方根依次是±1，±2，±3，±4，…，非立方数的立方根只须把“$\sqrt[3]{a}$”这顶帽子往这个数头上一戴就行了，比如±2，±3，±4，…的立方根依次是$\sqrt[3]{\pm2}$，$\sqrt[3]{\pm3}$，$\sqrt[3]{\pm4}$，…。

平方根与负数不共戴天，它们老死不相往来，在负数家族中寻找平方根简直就是痴心妄想，只有正数和0才有平方根。任何一个正数的平方根都是两个形影不离的一对相反数$\pm\sqrt{a}$，其中那个眉目清秀，五官端正的正的平方根$\sqrt{a}$比较讨人喜欢，人们赐给它一个艺术的名字——算术平方根。

立方根与人和善，广交朋友，不论a是正数、负数还是0都有立方根，而且有唯一的立方根$\sqrt[3]{a}$。

平方根与立方根虽然爱好不同，但有一点却是完全一样的，那就是0的平方根是0，立方根也是0，算术平方根还是0。

不论是平方根还是立方根，在生活、生产中都离不开它们。例如，正方形的边长是面积的算术平方根，正方体的棱长是体积的立方根。”

马小虎说：“我还听说有个叫“算术平方根”的，是吗周博士。”

周博士：“是呀，一个数不是有两个平方根吗，其中那个正的就是算术平方根。”

马小虎说：“哦，是这样啊”

第四讲　“龟兔赛跑”、“乌鸦喝水”与函数图象

课前赵老师：“很多同学都喜欢阅读寓言故事，因为它能给我们许多启迪，从中能学到一些道理。你知道寓言故事中还包含着一些数学知识吗？请看下面的例题”。

例1. 你一定知道“乌鸦喝水”的故事吧！一个紧口瓶中盛有一些水，乌鸦想喝，但是嘴够不着瓶中的水，于是乌鸦衔来一些小石子放入瓶中（如图1），瓶中水面的高度随石子的增多而上升，乌鸦喝到了水。但是还没解渴，瓶中水面就下降到乌鸦够不着的高度，乌鸦只好再去衔些石子放入瓶中，水面又上升，乌鸦终于喝足了水，哇哇地飞走了。如果设衔入瓶中石子的体积为，瓶中水面的高度为，下面能大致表示上面故事情

节的图象是（　　）。

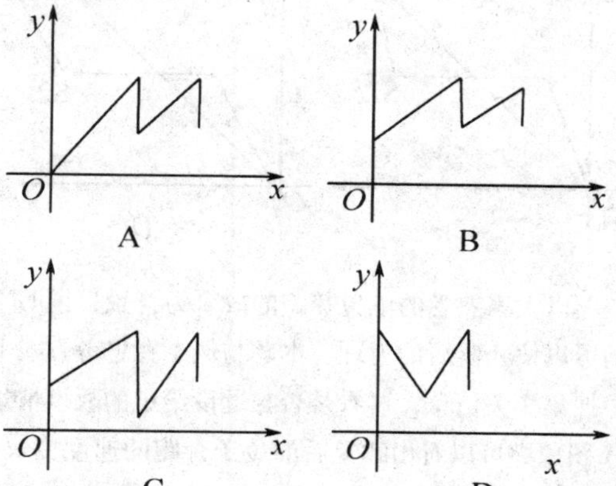

A　　B　　C　　D

赵老师分析说：以乌鸦喝水的故事为背景，从侧面向学生诠释了在学习中遇到困难，应多动脑筋多想办法，做事要有耐心的思想。本题是一道给定情景选择图象的试题，重在考查阅读理解能力、识图能力及数形结合能力，要求同学们从四个选择支的图象中搜集相关信息，再看是否与题设给定的故事情景相吻合。

具体解答：从 A 图象中可以看出开始瓶中没有水，从 D 图象中也可看出一开始瓶中的水就在下降，这都不符合故事情节，应排除；再从 C 图象中看出乌鸦衔石子抬高水面喝水不可能喝得比原有水面高度低，所以也不符合题意，只有 B 图象的信息与故事情节相吻合。故选 B。

赵老师说：“同学们，你还能找到利用函数图象来表述故事的事例吗？你能把一些故事用图象来表述吗？把你的发现与同伴交流一下，好吗？”

聪聪抢着说：“我知道，“龟兔赛跑”也是这样的故事：领先的兔子看着缓缓爬行的乌龟，骄傲起来，睡了一觉。当它醒来时，发现乌龟快到终点了，于是急忙追赶，但为时已晚，乌龟还时先到达了终点……。用 S_1、S_2 分别表示乌龟和兔子所行的路程，t 为时间，则下列图象中与故事情节相吻合的是（　　）。

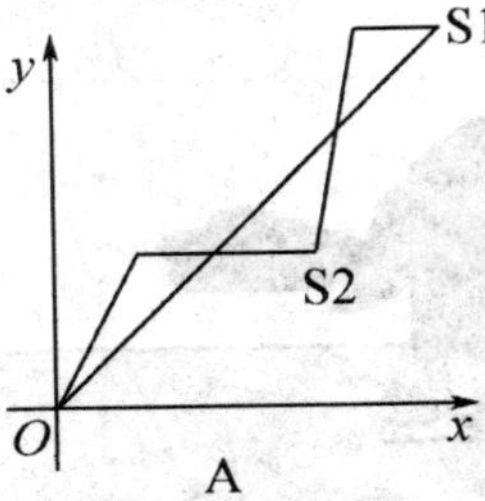

A

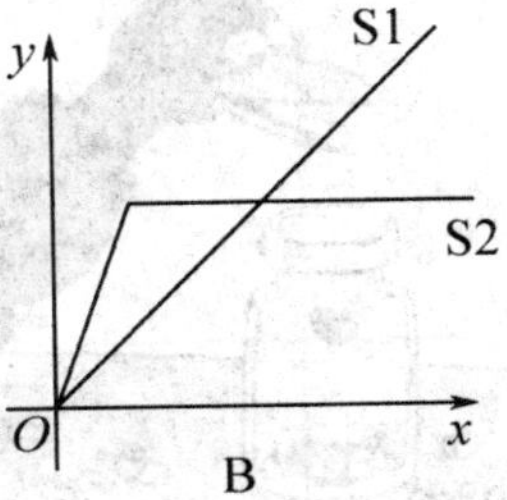

B

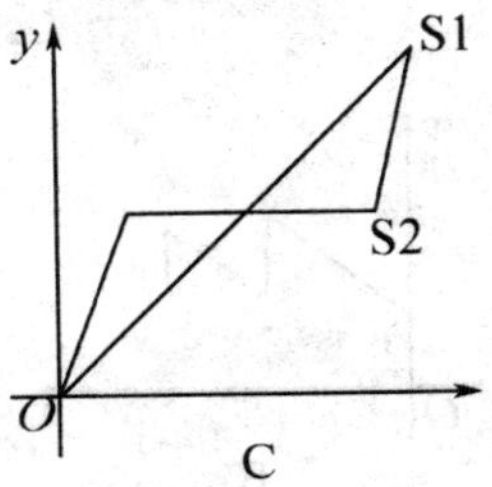

C

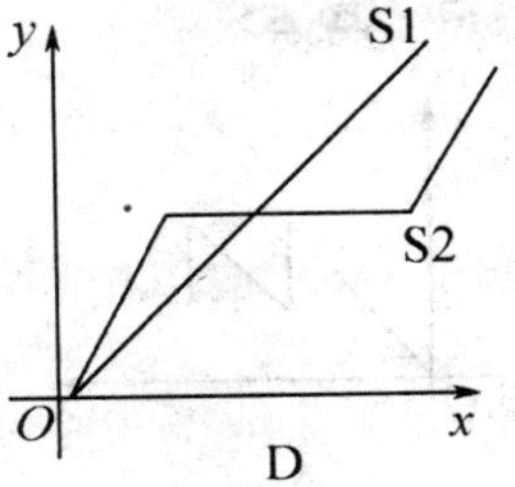

D

聪聪分析说：本题以大家熟悉的龟兔赛跑的故事为背景，说明了持之以恒可以使人获得成功，骄傲自满可以使人落后的道理。本题与例 1 在思考方式上一样，仍然需要从四个选择支的图象中搜集相关信息，再看是否与题设给定的故事情景相吻合。

具体解答：从 A 图象中可以看出睡觉后的兔子奔跑的速度更快了，首先到达终点，并在终点等候兔子的到来；从 B 图象中可以知道乌龟已经获得了冠军，但兔子仍在睡觉，且还没有睡醒呢；从 C 图象中可以观察到睡觉后的兔子和毫不气馁的乌龟同时到达了终点，这些选项都不符合本题的故事情节。只有选项 D 的信息符合本题的故事情节。故应选 D。

赵老师："聪聪同学说得很好，那么谁能解释前三个图像的含义那?"

马小虎："老师我知道，图 A 是兔子跑到前面回头看，不见乌龟的影，于是就睡了一会，不久就醒了，由于它不知道乌龟到了没有，于是就加快了速度，结果途中又追上了乌龟，并比乌龟先到一会。"

"大明白"也抢着说："我想说说图 B，这个图是说兔子感到乌龟想要到达终点，时间还早那，于是睡大觉了，谁知乌龟到了终点，兔子还没有睡醒。"

聪聪也赶快说："剩下的图 C，我想说说，兔子觉得乌龟到达终点之前，可以睡上一觉，不过不能睡的太长时间，所以它睡了一会后，又追敢乌龟去了，结果它们俩同时到达终点。"

第五讲　李老汉吃亏了吗——乘法公式“三字诀”

如图 11－2－1 所示，有一位狡猾的地主，把一块边长为 a 米正方形的土地。租给李老汉种植。今年，他对李老汉说：“我把你这块地一边减少 4 米，另一边增加 4 米，继续租给你，你也没有吃亏，你看如何？”李老汉一听，觉得好象没有吃亏，就答应。同学们，你们觉得李老汉有没有吃亏？

解：李老汉吃亏了。原来的种植面积为 a^2，变化的种植面积为 $(a+4)(a-4)=a^2-16$

因为 $a^2>a^2-16$ 所以李老汉吃亏了。

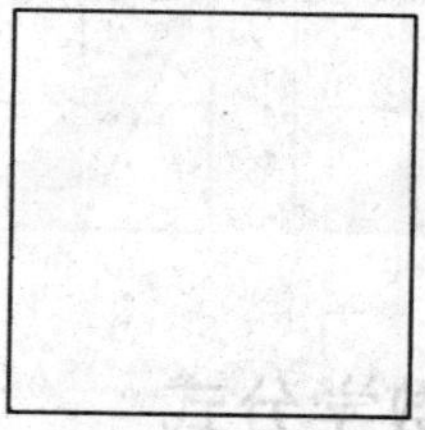

图 11－2－1

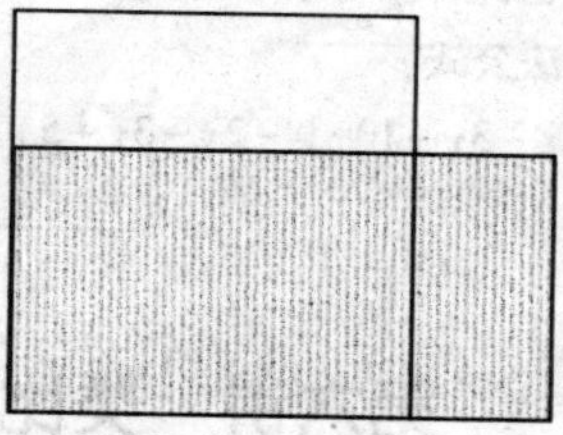

图 11－2－2

李老师讲完这个故事后，说：“看来乘法公式还是很有用的，一般学习乘法公式我总结了“三字诀”：

如能认真观察，仔细分析题目的结构特征，采用“套、逆、活”这三字经，即可顺利地找到运用乘法公式的捷径。现分别举例说明，供同学们学习参考。

一、套

就是在给定的题目中分清哪个是公式中的“a”，哪个是公式中的“b”，然后对号入座，套用乘法公式。

例 1. 计算 $(3m-4n)(3m+4n)(9m^2+16n^2)$。

分析：观察所给题目的特征，对照平方差公式，可先视 $3m$ 为 a，$4n$ 为 b；进而再视 $9m^2$ 为 a，$16n^2$ 为 b。这样连续套用平方差公式即可求解。

解：$(3m-4n)(3m+4n)(9m^2+16n^2)$

$=(9m^2-16n^2)(9m^2+16n^2)$

$=81m^4-256n^4$。

二、逆

就是我们在具体做题时，遇到多项式的化简往往不是乘积的形式，而是一种差的结构，此时无法套用公式，有时还会使求解陷入困境，甚至根本就无法找到求解的途径，但我们如果能观察其结构特点，抓住其内在的联系，采取逆用公式的方法，可能会简单得解。

例 2. 计算 $(a^2-b^2)^2-(a^2+b^2)^2$。

分析：显然我们可以直接运用完全平方公式，但考虑平方再平方，就出现了 4 次，这对运算带来不便，若从整体上考虑逆用平方差公式，则既达到降次的目的，又能使过程简洁。

解：$(a^2-b^2)^2-(a^2+b^2)^2$

$=[(a^2-b^2)+(a^2+b^2)=[(a^2-b^2)-(a^2+b^2)=-4a^2b^2$。

三、活

就是对于有些题目看似与乘法公式无缘，但是如果对题目进行适当的变形，这样就能创造条件活用乘法公式。

例 3. 计算 $(2x-3y-1)(-2x-3y+5)$。

请你试试身手

第六讲　类比分数学分式

由于分式的概念是在与分数类比中引入，且通过实际问题建立起来的，所以对比分式与分数概念的异同，有利于我们加深对分式概念的正确理解和运用。为了方便同学们学习和运用，下面就和大家一起来讨论有关分数与分式。

一、定义上看

由两个整数相除可以表示成分数的形式类比分式的概念

我们知道，$2\div3=\frac{2}{3}$，$(-5)\div8=-\frac{5}{8}$，$3\div(-13)=-\frac{3}{13}$等。那么两个整式相除我们同样可以表示成分式的形式，如：$m\div n=\frac{m}{n}$，$(a-1)\div(a^2-1)=\frac{a-1}{a^2+1}$，$-2\div(x-y)=-\frac{2}{x-y}$等。一般地，用 A、B 表示两个整式，A ÷ B 就可以表示成$\frac{A}{B}$的形式。即分式就是两个整式相除的商，其中分母是除式，分子是被除式，而分数线可以理解为除号，且含有括号的作用，如 $-2\div(a-b)$ 的商写作 $-\frac{2}{a-b}$，不必写成$\frac{2}{-(a-b)}$。

二、分母上看

1. 由分数的分母是具体数值类比分母中含有字母的分式

观察分数$\frac{2}{3}$，分数的分母是一个具体的数，一定不含有字母，是属于整式范畴；而分式的分子中可以含字母，也可以不含字母，即式子$\frac{A}{B}$中，A 既可含字母，也可以不含字母，但分式的分母中必须含有字母，就是说式子$\frac{A}{B}$中，B 中必须含有字母，这就是区别整式与分式的关键，如在式子$\frac{1}{x}$，$\frac{a^2-2ab+b^2}{10}$，$\frac{c}{a-b}$，$\frac{1}{5}x^2-\frac{2}{3}x+1$ 中，只有$\frac{1}{x}$，$\frac{c}{a-b}$是分式。

2. 由分数中的“零不能作除数”类比分式的分母也不能为零

由于分数的分母是具体数值，其值是否为零一目了然，而分式的分母中含有字母，其值是否为零就必须分析、讨论分母中所含字母的取值范围，以避免因分母的代数式的值为零而使分式失去意义。如在分式$\frac{a^2-1}{b^2-1}$中，分子中的字母 a 可以取任意数值，而分母中的字母 b 只能取 ± 1 以外的任意数值。就是说，用 A、B 表示两个整式，A ÷ B 就可以表示成$\frac{A}{B}$的形式，如果 B 中含有字母，式子$\frac{A}{B}$就叫做分式，其中 $B\neq 0$。

三、基本性质上看

1. 由分数的基本性质类比分式的基本性质

在小学里我们学过分数的基本性质是：分数的分子与分母同乘以或同除以同一个不等于 0 的数，分数的值不变。如$\frac{2}{3}=\frac{4\times 2}{4\times 3}=\frac{8}{12}$，$\frac{8}{12}=\frac{8\div 4}{12\div 4}=\frac{2}{3}$。由分数的基本性质我们可以得到分式的性质是：分式的分子与分母都乘以（或除以）同一个不等于零的整式，分式的值不变。用字母表示如下：$\frac{A}{B}=\frac{A\times C}{B\times C}$，$\frac{A}{B}=\frac{A\div C}{B\div C}$（其中 B 中是含有字母且不等于 0 的整式，C 是整式且 $C\neq 0$）。

分式的这一基本性质虽然可以类比分数的基本性质而得到，但又区别于分数的基本性质。

2. 由分数的约分与通分类比分式的约分与通分

由$\frac{2}{3}=\frac{4\times 2}{4\times 3}=\frac{8}{12}$，$\frac{8}{12}=\frac{8\div 4}{12\div 4}=\frac{2}{3}$可以类比$\frac{x-1}{x+1}=\frac{(x-1)^2}{(x+1)(x-1)}$（$x-1\neq 0$）；$\frac{-5}{5x-10}=\frac{-5}{5(x-2)}=-\frac{1}{x-2}$。因此分式的约分与通分和分数的约分与通分从本质上来说

是相同的。它们都是应用分数（式）的基本性质来进行的，在进行分数的约分（或通分）时，分子、分母总是除以（或乘以）同一个非零的数，而在进行分式的约分（或通分）时，分子、分母总是除以（或乘以）同一个非零的数或一个非零整式。此外，在进行分数的约分时，公约数是通过分解质因数就可以得到的；在进行分式约分时，若分式的分子和分母都是多项式，则往往需要先把分子、分母分解因式，然后才能确定公因式，如：$\frac{x^2-2xy+y^2}{ax-bx-ay+by}=\frac{(x-y)^2}{(a-b)(x-y)}=\frac{x-y}{a-b}$。这种情况，在学习分数时是很少接触到的。按照分式约分的方法来进行分数运算，有时可以使运算简便合理。例如：$\frac{99^2-1}{98}=\frac{(99+1)(99-1)}{98}=\frac{100\times98}{98}=100$。

从“分式”与“分数”的比较中，容易发现：分式是分数概念的深化和发展。

还有些内容有别于分数的：

1. 分式具有无意义与有意义之说，分母不等于0是分式的隐含条件，

如：当 $x=$________时，分式$\frac{1}{x-3}$没有意义。由于 $x-3\neq0$，所以 $x\neq3$。

2. 分式的值为零的条件

分式的值为零的条件是分式的分子为零而分母不为零。

例：当 x 为何值时，分式$\frac{|x|-3}{x^2-5x+6}$的值为零？

解析：讨论分式的值为零需要同时考虑两点：

（1）分子为零；（2）分母不为零。

当 $x=3$ 或 $x=-3$ 时分子等于零，将 3 和 -3 分别代入分母得 $x=3$ 时分母为 0，可见 x 不能等于 3，所以，只有当 $x=-3$ 时，原分式的值等于零。

第七讲　亮亮预习——反比例函数

“明天就学习反比例函数了，不知好学不？”聪聪一边走一边问亮亮，亮亮：“我昨晚预习了，还行不算太难学，主要得知道以下几个方面内容：

一、理解好反比例函数概念

反比例函数式形式是 $y=\frac{k}{x}$（$k\neq0$ 常数），判别函数是否是反比例函数，可从以下两个方面判断：其一，如果两个变量 x、y 的积是一个常数，它是反比例函数，其二，把一个变量用另一个变量表示，符合 $y=\frac{k}{x}$（$k\neq0$ 常数）形式，它也是反比例函数。

1. 判断下列各题中两个变量之间哪是反比例函数，哪不是，并说明理由？

（1）某种商品每件价格为 x 元，100 元买了 y 件这样的商品。

（2）底边为 5，底边上的高为 x，三角形的面积为 S

解析：（1）由题意知 $xy=100$，即 $y=\frac{200}{x}$，它符合 xy 是常数，所以 y 是 x 的反比例函数。（2）$S=\frac{1}{2}\times5x$，它不符合 $y=\frac{k}{x}$（$k\neq0$ 常数）形式，所以它不是反比例函数。

二、正确把握反比例函数性质

反比例函数性质的应用与其图象紧密相连，借助图象，利用 $k>0k<0$ 解决问题。

例 2. 反比例函数 $y=\frac{-4}{x}$的图象大致是（　　）

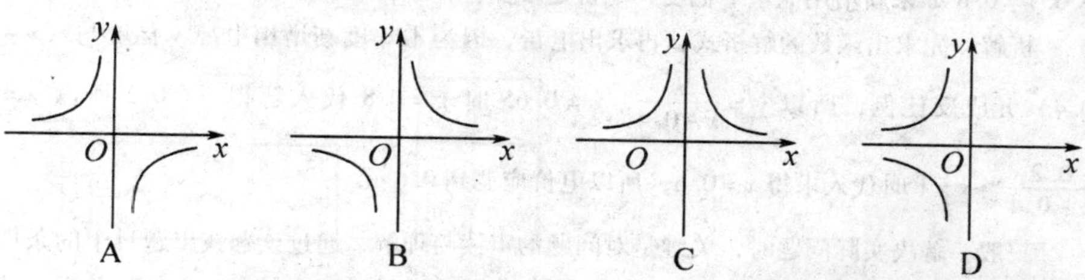

析解：解此题的关键是抓住 $y=\frac{-4}{x}$的常数 $k=-4<0$，利用性质，观察图形，得答案（A）

三、利用待定系数法求反比例函数解析式

例 3. 如图一个反比例函数与直线与直线 $y=-2x$ 相交于点 A，A 点的横坐标为 -1，求出反比例函数的解析式？

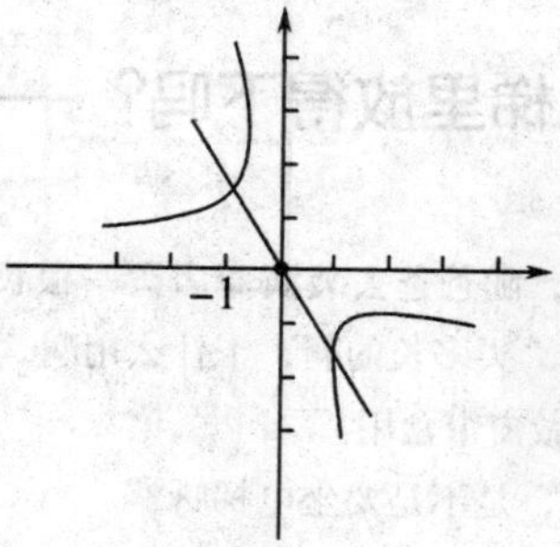

解析：设反比例函数解析式 $y=\frac{k}{x}$，

因为 A 点横着标为 -1，$y=\frac{k}{x}$与 $y=-2x$ 交于 A，所以 $y=(-2)\times(-1)=2$，

A（-1，2）K=（-1）（2）=-2　$y=-\frac{2}{x}$

一般：待定系数法确定反比例函数的一般步骤：第一先写出反比例函数的一般形式，第二再把自变量与函数值代入解析式中利用方程或方程组求得待定系数的值，最后代入解析式得到函数解析式。

四、用反比例函数知识解决实际问题

某市上年度电价为每度 0.8 元，年用电量为 1 亿度，本年度计划将电价调整，经测算若电价调到 x 元，则本年度新增用电量 y（亿度）与（$x-0.4$）元成反比例，当 $x=0.65$ $y=0.8$ 如果新增用电量 1 亿度，电价是多少？

析解：先求出函数的解析式，再求出电价，因为本年度新增用电凉 y 亿度与（$x-0.4$）元成反比例，所以 $y=\frac{k}{x-0.4}$，$x=0.65$ 时 $y=0.8$ 代入解得 $k=0.2$ 所以 $y=\frac{0.2}{x-0.4}$当 $y=1$ 时代入求得 $x=0.6$，所以电价应调到 0.6 元。

一般：解决实际问题时，关键是对问题的审读与理解，通过读题找出题目中的条件信息，把握其中的方程、函数思想，能用一个变量表示另一个变量，建立等量关系，从而把实际问题转化为数学问题，利用相关数学知识解决问题。”

聪聪：“还是预习好哇，能先了解要学的知识都有哪些，然后在上课时就可以专心听那些自己还不是十分明白的问题，以后我也预习。”

亮亮：“说得对，我一直坚持这样做，上课听课就不那么累了，有时还可以多想想一些概念给出的合理性，还可以多问自己几个为什么啦？”

第八讲　电梯里放得下吗？——勾股定理

一天家住 17 层楼的聪聪，随爸爸去装潢商店买一根长方木，准备将老式的窗帘盒换掉，在装潢商店，老板问：“买多长的啊，干什么用啊。”

聪聪爸：“2.5 米长的，做窗帘盒用。”

老板问：“家住高城楼吗，是不是要坐电梯呀？”

聪聪爸：“是呀，我家住 17 层。”

老板：“你买的长方木，电梯内能装下吗？要是知道电梯内的对角线长就好了。”

聪聪在一旁说：“我注意过电梯内的标签，1400mm×1400mm×2000mm”

聪聪爸："那还不是和不知道一样吗，人家说的是电梯里边的斜对角线的长。"

聪聪说："可以算一算。"

于是聪聪就算了起来，

聪聪说："可以的，电梯内的对角线长是2602mm，而我们长方木的长才2500mm"

老板："那好，我给你锯一根2500mm长的"

回家时，果真能把长方木放到电梯里，聪聪爸："聪聪你是咋算的？"

聪聪："我刚刚学过勾股定理呀，先算出电梯底面的对角线，然后再算出电梯的对角线长，如图"

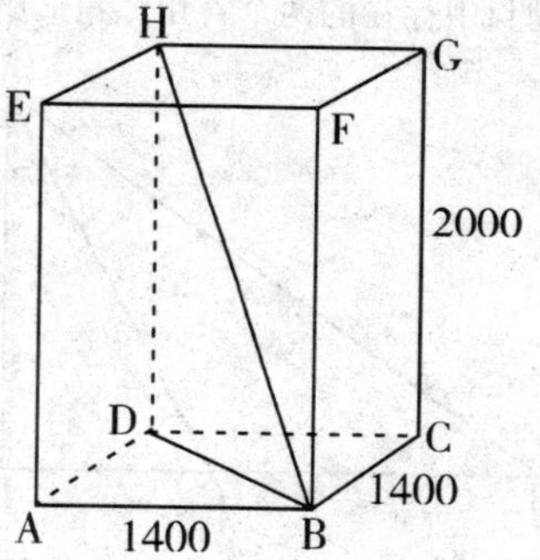

回到家，聪聪还个爸爸讲了一些勾股定理知识：

勾股定理：在Rt△ABC中，∠C=90°，有$a^2+b^2=c^2$，其中c是斜边，a、b是直角边，若已知a、b、c中的任意两个边长，可用勾股定理求得第三边。

就拿上面这个问题来说，电梯如图，在Rt△ADB中，$1400^2+1400^2=DB^2$，在Rt△HDB中$DH^2+DB^2=HB^2$，所以$HB^2=2000^2+DB^2=2000^2+1400^2+1400^2=2602^2$，所以HB=2602mm

另外勾股定理的条件与结论调换一下位置，勾股定理：在Rt△ABC中，若$a^2+b^2=c^2$，则∠C=90°。这个命题是勾股定理逆定理。

勾股定理用途还有：勾股定理的应用比较广泛，具体说来包含以下三方面：

（1）已知直角三角形的两条边，求第三边；

（2）已知直角三角形的一边，求另两条边的关系；

（3）用于推导线段平方关系的问题等。

聪聪举例说：已知直角三角形的斜边是12 cm，周长是30 cm，求此三角形的面积。

分析：本题要根据题意利用勾股定理，周长列出关系式，整体求解。

解：设直角三角形的两条直角边分别是a、b。则由题意，得

$$\begin{cases} a^2+b^2=12^2 & (1) \\ a+b+12=30 & (2) \end{cases}$$

由（1）式得 $(a+b)^2-2ab=144$（3）

把（2）代入（3）$18^2-2ab=144$，得 $ab=90$

所以 $S_{\triangle ABC}=\frac{1}{2}ab=45$（$cm^2$）。

聪聪又说：在钝角△ABC 中，CB = 9，AB = 17，AC = 10，AD ⊥ BC 于 D，求 AD 的长。

分析：从题目所给的条件看，不容易直接利用勾股定理计算 AD，必须先求出 CD 的长才能解决问题。要求出 CD 的长，可设 CD = x，设法找到关于 x 的方程，通过解方程的方法求出 CD 的长，而题目中存在的两个直角三角形给了我们解决问题的途径。

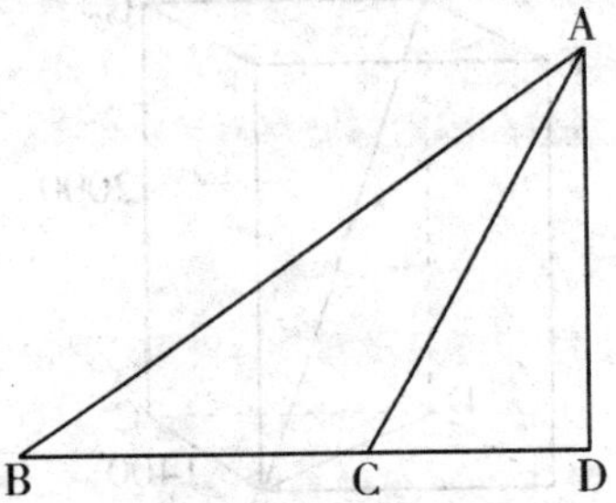

解：如图 4，设 CD = x，在△ADC 中，$AD^2=AC^2-CD^2=10^2-x^2$；

在△ABD 中，$AD^2=AB^2-BD^2=17^2-(9+x)^2$。

$\therefore 17^2-(9+x)^2=10^2-x^2$

解方程，得 $x=6$

$\therefore AD=\sqrt{10^2-6^2}=8$。

第九讲　如何确定全等三角形的对应关系

在说明三角形全等时，需要找出它们的对应边或对应角，那么，如何正确的找到全等三角形的对应边或角呢？下面介绍三种方法。希望对同学们有所帮助。

一、字母顺序确定法

由于在表示两个全等三角形时，通常是把表示对应顶点的字母写在对应的位置上（同学们在证明三角形全等时也要注意应这样写），所以可以利用字母的顺序确定对应元素。

例 1 已知△ABC≌△ADE，指出△ABC 和△ADE 的对应边、对应角。

分析：先把两个三角形顶点的字母按照同样的顺序排成一排：A→B→C，A→D→E，然后按同样的顺序找出对应元素：（1）点 A、A；B、D；C、E 分别是对应点；（2）线段 AB、AD；BC、DE；AC、AE 分别是对应线段；（3）∠ABC、∠ADE；∠ACB、∠AED；∠CAB、∠EAD 分别是对应角。

二、图形特征确定法

（1）有公共边的，公共部分一定是对应边。

如图 1，△ADB 和△ADC 全等，则 AD 一定是两个三角形的对应边。

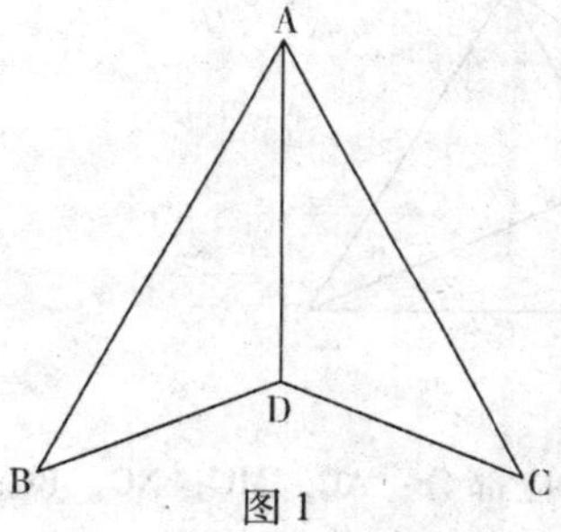

图 1

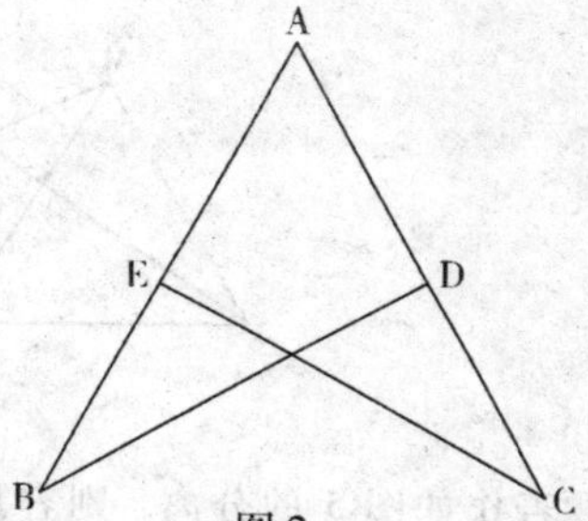

图 2

（2）有公共角的，公共角一定是对应角。

如图 2 中，△ABD 和△ACE 全等，∠DAB 和∠EAC 是对应角。

（3）有对顶角的，对顶角一定是对应角。

如图 3 中，∠1 和∠2 是对应角。

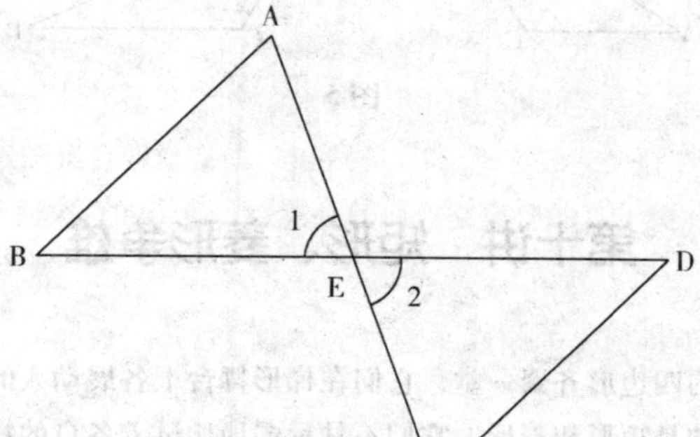

图 3

（4）两个全等三角形的最大边（角）是对应边（角）；最小的边（角）是对应边（角）。

三、图形分解法

从复杂的图形中，找出全等三角形的对应部分比较困难，这时可把要证全等的两个三角形从复杂图形中分离出来，用不同颜色标出或另画，图形简单了就容易找出对应元素。

如图4，点 C 是线段 AB 上一点，AC = MC = AM，BC = NC = BN，请说明：BM = AN。

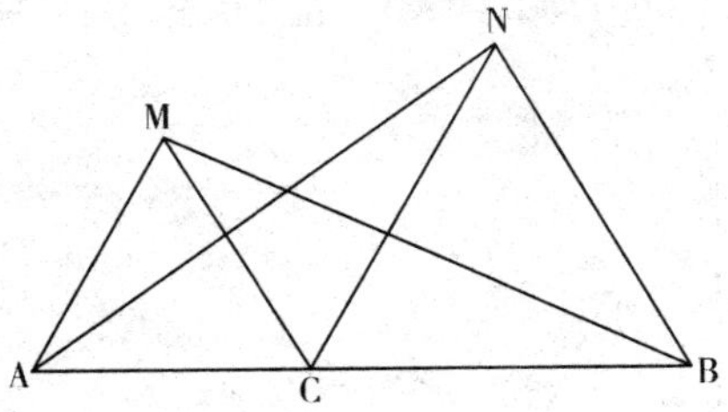

图4

此题若作如图 5 的分离，则容易找出对应部分：AC，MC；NC，BC；∠CAN，∠MCB 分别是△ACN 和△MCB 中的对应边和对应。

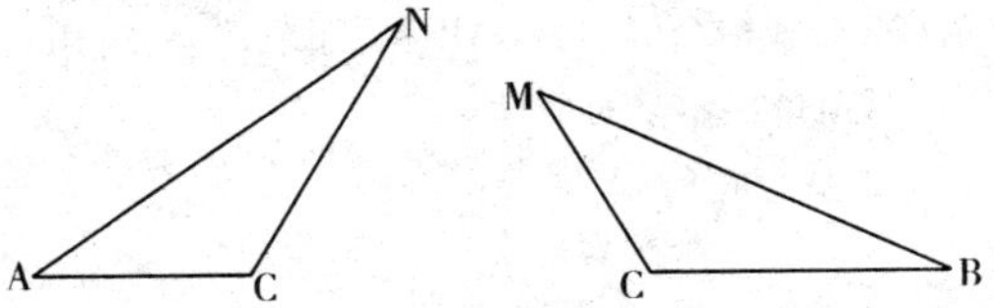

图5

第十讲　矩形、菱形争雄

一天各种各样的四边形齐聚一堂，它们在梯形舞台上各展动人的风采。

首先登台亮相的是矩形和菱形，它们不甘示弱地比试着各自的特长与作用。

矩形：我比平行四边形漂亮。

菱形：我比平行四边形美观。

矩形：我既是轴对称图形，又是中心对称图形。

菱形：我既是中心对称图形，也是轴对称图形。

矩形：我有两条对称轴，不偏不斜地经过两组对边的中点。

菱形：我的对称轴有两条，对角线所在的直线就是它俩。

矩形：我的四个角相等，你呢？

菱形：我的四条边相等，怎么样？

矩形：我的对角线相等，你有吗？

菱形：我的对角线互相垂直，比你逊色吗？

矩形：我是正方形的表姐。

菱形：正方形是我的表妹。

矩形：只要我的一组邻边相等，我就变成了美丽的正方形。

菱形：只要我的一个内角为直角，漂亮的正方形就是我了。

矩形：要是我的对角线互相垂直，我不让你羡慕才怪呢？

菱形：要是我的对角线相等，你唯恐羡慕还来不及呢？

矩形：判定一个四边形是不是我矩形，它的思路是：（1）有三个角是直角的四边形；（2）若是平行四边形，则要有一个角是直角或两条对角线相等。

菱形：判别我菱形的条件是平行四边形还是任意四边形。若是任意四边形，则需证四条边都相等；若是平行四边形，则需利用对角线互相垂直或一组邻边相等来证明。

矩形：四边形若是我矩形，则需再有一组邻边相等才是正方形。

菱形：四边形若是我菱形，再需要有一个角是直角才是正方形。

矩形：我的作用可大了。

菱形：我的作用也不小。

矩形：你说窗、门是矩形的吧？

菱形：你说窗、门上要不是菱形的图案点缀能显得那么美丽吗？

矩形：你见过菱形的床吗？

菱形：没见过。但你见过矩形的花吗？

矩形：也没见过。看来我俩不应各自分开。

菱形：是啊，我俩该好好合作。

矩形、菱形：只要我俩一合作，世界就会变成充满完美的正方形，那该多好啊！

第十一讲　小虎学“三数”

小虎：平均数是反映样本数据的平均水平的特征数，众数是反映样本数据的集中趋势的特征数，中位数是反映样本数据居中水平的特征数，在选择数据代表时随便选一个不行吗？

聪聪：不行。由于这“三数”的意义不同，因此它们在衡量样本数据的变化趋势中各负其责，在分析样本数据中要根据问题需要合理使用，否则将会出现令人啼笑皆非的尴尬局面。

小虎：会有这么严重吗？

聪聪：当然有啦，有时甚至有生命危险。

小虎：真的有这么严重？

聪聪：不信？那我问你：你说在河里学游泳，最应该注意的安全什么？

小虎：河水的深度。

聪聪：不错，但河水深度不可能是不变的，有深有浅是吗？

小虎：是的，此时考虑河深的平均数不就可以了？

聪聪：是吗？那我问你：假如一条河水的平均深度是 2 米，一个身高 1.6 米的人下去学游泳，是不是一定会被淹死？

小虎：平均河深 2 米，大于人的身高 1.6 米，我看必死无疑。

聪聪：不一定吧？

小虎：怎么可能呢？

聪聪：你想，要是这人下去的这段河深不足 1 米，他可能被淹死吗？

小虎：那是不可能的。

聪聪：是啊，此人要是想跳河自杀都是不可能的。

小虎：如此说来，要是河水平均深度小于人的身高，即使不会游泳的人下水也不会有危险了？

聪聪：河水平均深度小于人的高度能确保河水每一处的深度都小于人的高度吗？

小虎：不能。

聪聪：为什么呢？

小虎：因为平均数一般比最小的数据大，比最大的数据小。

聪聪：说得好。

小虎：如此说来在生活中不能滥用平均数，而在学习上是不是就可以了呢？

聪聪：不！平均数不仅在生活中不能滥用，在学习上也一样。

小虎：可是从小学开始，我记得老师衡量一个同学学习水平如何通常使用的是成绩的平均数呀！

聪聪：是吗？那我问你：在一次考试中小明的成绩是 69 分，全班平均分是 68 分，你能说小明这一次考试的成绩是中上水平吗？

小虎：小明的成绩已超过全班平均分，说他是中上水平一点也没错呀！

聪聪：可是小明的成绩却是倒数第四名啊！

小虎：这怎么可能呢？

聪聪：怎么不可能呢。下表就是那次考试的统计表，你略一估算一下就知道可不可能了。

分数	0～9	10～19	20～29	30～39	40～49	50～59	60～69	70～79	80～89	90～99
人数	0	2	1	0	0	0	1	43	2	1

小虎：啊，真有这回事。那此时该用什么数来衡量小明的水平呢？

聪聪：中位数。你看这50名同学的成绩从小到大依次排列，位于最中间的两个数是多少？

小虎：都是位于70～79之间的数。

聪聪：那它们的中位数是不是也位于70～79之间？

小虎：那当然了。

聪聪：由此可见这次考试50名同学的成绩的中位数是大于70分，而小明的成绩在中位数下，因此只能说小明的水平是下等水平。这种说法是不是比说小明是中上水平更确切？

小虎：从具体成绩来看当然是了，但说他是下等水平是不是太难听了点？

聪聪：哦，对不起，为了表示对小明的尊重，应该说他是中下水平。但不论怎么样说，此时说明了中位数比平均数更能发现问题、说明问题。

小虎：那如何使用众数呢？

聪聪：在销售同一种品牌不同型号的商品时，对于商店老板来说，他们所关心的就应该是众数，哪一种规格的销量多，哪一种型号的销量少，再根据众数来确定进货量。比如：小新的妈妈开了间鞋店，她对一个月来各种型号的鞋的销量进行了如下统计：

型号	29～30	31～32	33～34	35～36	37～38	39～40	41～42	43～44
销量（双）	20	28	32	26	21	56	12	2

你说小新他妈妈今后进货时什么型号的鞋可以多进？什么型号应该少进？

小虎：自然是39～40号的鞋可以多进，43～44号的少进。

聪聪：对，这就是根据众数的大小来确定的。下面一题供你练习。

为了普及环保知识，增强环保意识，某中学组织了环保知识竞赛活动。初中三个年级根据初赛成绩分别选出了10名同学参加决赛，这些选手的决赛成绩满分为100分）如下表所示：

	决赛成绩（单位：分）									
初一年级	80	86	88	80	88	99	80	74	91	89
初二年级	85	85	87	97	85	76	88	77	87	88
初三年级	82	80	78	78	81	96	97	88	89	86

（1）请你填写下表：

	平均数	众数	中位数
初一年级	85.5		87
初二年级	85.5	85	
初三年级			84

（2）请从以下两个不同的角度对三个年级的决赛成绩进行分析：

①从平均数和众数相结合看（分析哪个年级成绩好些）；

②2 从平均数和中位数相结合看（分析哪个年级成绩好些）；

（3）如果在每个年级参加决赛的选手中分别选出 3 人参加总决赛，你认为哪个年级的实力更强一些？并说明理由。

答案：（1）初一年级的众数是 80，初二年级的中位数是 86，初三年级的众数是 78，经计算，初三年级的平均数是 85.5；

（2）①由于三组的平均数相同，故只能从众数来看，由于初二年级的众数较大，故从平均数和众数来看，初二年级的成绩较好；

②从平均数和中位数来看，由于初一年级的中位数较大，故从平均数和中位数来看，初一年级的成绩较好；

（3）如果各年级各选出三人参加总决赛，那么各年级应选最高分的三人，他们的成绩如下表：

年级	初一年级			初二年级			初三年级		
成绩	99	91	89	97	88	88	97	96	89

显然，由于初三年级三人的平均数较高，因此，初三年级的实力较强。

第三节　九年级知识大讲堂

第一讲　对比同类项学习同类二次根式

小虎在做二次根式运算题时，遇到一些概念不是很清楚，于是放学后向聪聪请教。

小虎："聪聪你说我对二次根式概念的学习比较糊涂，帮我看看好吗？"

聪聪："好哇"

小虎："给看看我写的 $\sqrt{3a}-\sqrt{2a}=\sqrt{a}$对吗？"

聪聪："你写的不对，因为 $\sqrt{3a}-\sqrt{2a}=\sqrt{a}$与 $3a-2a=a$ 不同，因为 $3a-2a$ 是同类项，所以可以进行加减运算，而 $\sqrt{3a}-\sqrt{2a}=\sqrt{a}$中的 $\sqrt{3a}$与 $\sqrt{2a}$不是同类的，它们不是同类二次根式，所以与整式加减一样，也不能进行加减运算。"

小虎："哦，那啥样二次根式可以进行二次根式加减法运算啊？"

聪聪："二次根式运算的要求确实是很严的，简单的说两个根号内的数或式子经化简后留在根号里的必须是"一模一样"的，否则不是同类二次根式。比如 $\sqrt{2a}$和 $2\sqrt{2a}$就是同类的二次根式，可以进行加减运算，而 $\sqrt{3a}$与 $\sqrt{2a}$就不是，也就不能进行加减运算。"

小虎："那 $\sqrt{3a}$与 $\sqrt{2a}$与相乘可以吗？"

聪聪："当然可以，比如 $2x^2$ 与 $3x$ 虽说不是同类项，但可以进行乘法运算一样，$\sqrt{3a}$与 $\sqrt{2a}$相乘是可以进行的。"

小虎："哦，聪聪我有道题没想明白，你给看看我对这道题的想法对不？

下列计算正确的是（　　）

A. $\sqrt{8}-\sqrt{2}=\sqrt{2}$　　B. $\sqrt{3}-\sqrt{2}=1$　　C. $\sqrt{3}+\sqrt{2}=\sqrt{5}$　　D. $2\sqrt{3}=\sqrt{6}$

我想了好长时间都没找到正确选项，是不是这道题的选项里没有正确的答案啊，因为选项 A、B、C 中都不是同类的二次根式，故不能进行加减运算，而 D 中的 2 移进根号内是 4，此时 3 与 4 相乘得 12，与原根号里的数 6 不相等，所以没有正确的选项。"

聪聪："错了，选项 B 和 C 中确实不是同类的二次根式，故不能进行加减运算，所以是错的，而 A 中的根式你没有化成最间的二次根式，所以应该将$\sqrt{8}$化简，得 $2\sqrt{2}$它与$\sqrt{2}$是同类的，所以 2 个$\sqrt{2}$减去 1 个$\sqrt{2}$得$\sqrt{2}$是正确的，故正确的选项是 A。”

第二讲　小虎学二次根式

小虎在做一道识别最简二次根式题：由于不能确定下面题目的选项哪个是正确的，所以向聪聪请教

1. 下列二次根式中，属最简二次根式的是（　　）

A. $\sqrt{4a}$　　B. $\sqrt{\frac{a}{4}}$　　C. $\frac{\sqrt{a}}{4}$　　D. $\sqrt{a^4}$

聪聪：“根据二次根式的概念，即被开方数的因数是整数，因式是整式；被开方数中不含还能开得尽方的因数或因式。因此，A 中 4 还能开方，故不是最简二次根式，B 中分母 4 要设法去掉根号内的分母，所以它也不是最简二次根式；D 中 a 的此方数为 4，还能开方，所以它不是最简二次根式；本题的正确答案选 C。”

聪聪说：“你再试试这道题：下列根式中，不是最简二次根式的是（　　）

A. $\sqrt{7}$　　B. $\sqrt{3}$　　C. $\sqrt{\frac{1}{2}}$　　D. $\sqrt{2}$

小虎：“这个题很容易，只有 C 中的根号内含分母，所以它不是最简二次根式；”

聪聪：“对，说得对，在看一题：

$\sqrt{8}$化简的结果是（　　）

A. 2　　B. $2\sqrt{2}$　　C. $-2\sqrt{2}$　　D. $\pm 2\sqrt{2}$

小虎：“这个我也拿不准，选 B、C、D 中的哪一个，A 可以确定是不正确的”

聪聪：“我问你$\sqrt{8}$是什么”

小虎：“$\sqrt{8}$是 8 的算术平方根”

聪聪：“$\sqrt{8}$是正数还是负数”

小虎：“当然是正的”

聪聪：“这回，那你该选谁了？”

小虎：“哦，我明白了，选 B”

小虎：“聪聪，我从一本书上看到下面这道题，就是不明白我做的答案为啥不对：

把 $a\sqrt{-\frac{1}{a}}$中根号外的因式移到根号内后，得（　　）

A. $\sqrt{-a}$　　　　B. $-\sqrt{a}$　　　　C. $\sqrt{a}$　　　　D. $-\sqrt{-a}$

我是这样做的 $a\sqrt{-\frac{1}{a}}=\sqrt{a^2\left(-\frac{1}{a}\right)}=\sqrt{-a}$，故选 A，可是我一对答案我做的不对，不知错在哪里”

聪聪：“哦，你盲目的将 a 往根号内里移，你应该先看看已知的根式。利用根式定义，所以你忽略了 $-\frac{1}{a}\geqslant 0$ 的条件而造成错解，”

小虎：“是这样呀，接下来我就会了：由二次根式的定义 $-\frac{1}{a}\geqslant 0$，知 $a<0$。故当 a 移到根号内应在根号前面加负符号，即 $a\sqrt{-\frac{1}{a}}=-\sqrt{a^2\left(-\frac{1}{a}\right)}=-\sqrt{-a}$，应选 C。”

小虎：“聪聪，你再给我看看这道题：

$\sqrt{4\frac{1}{2}}=\sqrt{4}\times\sqrt{\frac{1}{2}}=2\times\frac{1}{2}\sqrt{2}=\sqrt{2}$，我给王蕊看，他说我做错了，可是我就是不知错在哪里。”

聪聪：“你误以为 $4\frac{1}{2}=4\times\frac{1}{2}$ 了，从而错误地运用积的算术平方根性质进行运算。”

小虎：“哦，是这样啊，多亏聪聪说得很明白，我真的懂了很多，谢谢聪聪。”

第三讲　配方法、公式法和因式分解法争雄

一元二次方的解法三位兄弟到一起谈论一个一元二次方程的解法的好坏时，争论的挺厉害。

配方法：我把一个式子或一个式子的某一部分化成完全平方式或几个完全平方式的和、差形式，这种方法叫“配方法”。利用此法时先把方程的常数项移到方程的右边，再把左边配成一个完全平方式，若右边是非负数，则可利用直接开平方法求得解。

公式法：你配方法，忙乎了半天，最后的结果我拿过来像公式那样直接用，

用公式法解一元二次方程的一般步骤：

①把一元二次方程化为一般形式；②确定 a，b，c 的值；③求出 b^2-4ac 的值（或代数式）；④若 $b^2-4ac\geqslant 0$，则把 a，b，c 及 b^2-4ac 的值代入求根公式，求出 x_1 和 x_2。若 $b^2-4ac<0$，则方程无解 $x=\frac{-b\pm\sqrt{b^2-4ac}}{2a}$（$b^2-4ac\geqslant 0$）。

因式分解法：我比较适用于方程左边易于分解，而右边是零的方程。

在解一元二次方程时，要注意根据方程的特点，选择适当的解法，使解题过程简捷些。一般先考虑直接开平方法，再考虑因式分解法，最后考虑公式法。

一番自我介绍之后，

因式分解法：我是大家都喜爱的，因为选我解方程过程简单，不易出错。

公式法：还是我好，对那些懒人来说我非常好用，因为不用太考虑，直接代入系数到公式中。

配方法：用明显构成完全平方公式的就可以用配方法。

在一旁的一元二次方程着急了："你们试试不就知道了吗"

你们三个别争了，看谁做得快有准：

解方程 $2x^2+x-1=0$。

配方法：方程两边都除以2，得 $x^2+\frac{x}{2}-\frac{1}{2}=0$，移项，得 $x^2+\frac{x}{2}=\frac{1}{2}$，

配方，得 $x^2+\frac{x}{2}+\frac{1}{16}=\frac{1}{2}+\frac{1}{16}$，即 $\left(x+\frac{1}{4}\right)^2=\frac{9}{16}$。开方，得 $x_1=\frac{1}{2}$，$x_2=-1$。

公式法：$a=2$，$b=1$，$c=-1$，所以代入 $x=\frac{-b\pm\sqrt{b^2-4ac}}{2a}$ $(b^2-4ac\geqslant0)$

得：$x=\frac{-1\pm\sqrt{1^2-4\times2\times(-1)}}{2\times2}=\frac{-1\pm3}{4}$

$x_1=\frac{1}{2}$，$x_2=-1$。

因式分解法：我想不出办法解。

还是公式法说：我先做完的，

话音刚落，配方法：我也做完了，说明还是公式法快，而因式分解法不会。

一元二次方程又说：在看一道题

解方程 $5x(x-3)=2(x-3)$。

因式分解法：原方程就变形为 $5x(x-3)-2(x-3)=0$

因式分解得 $(x-3)(5x-2)=0$。

所以 $x-3=0$，$5x-2=0$。

解得 $x_1=3$，$x_2=\frac{2}{5}$。

配方法：$5x^2-15x=2x-6$，$5x^2-15x-2x+6=0$，$5x^2-17x+6=0$，配方中，知道因式分解法说做完了

公式法：$5x^2-15x=2x-6$，$5x^2-15x-2x+6=0$，$5x^2-17x+6=0$，其中 $a=5$，b

$=-17$，$c=6$，代入公式 $x=\frac{-b\pm\sqrt{b^2-4ac}}{2a}$（$b^2-4ac\geqslant 0$），刚代入，就听道因式分解法说做完了。

一元二次方程说，你们三个为什么我都要啊，主要是你们三个各有千秋，在一定的条件下都各自有自己的优势，所以就别争论谁更重要了。

第四讲　竹竿进屋——一元二次方程应用

小虎问聪聪这题如何列方程呀："从前有一天，一个醉汉拿着竹竿进屋，如图 1，横拿竖拿都进不去，横着比门框宽 4 尺，竖着比门框高 2 尺，另一个醉汉教他沿着门的两个对角斜着拿竿，这个醉汉一试，不多不少刚好进去了。你知道竹竿有多长吗？请根据这一问题列出方程。"

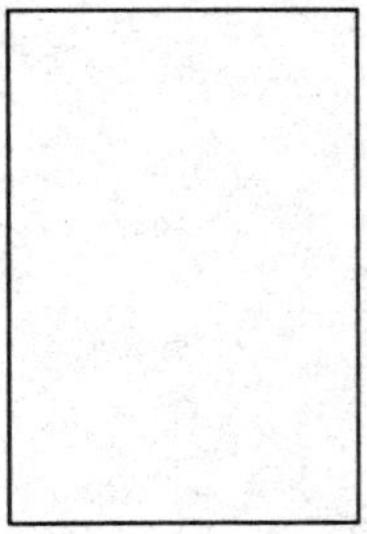

图 1

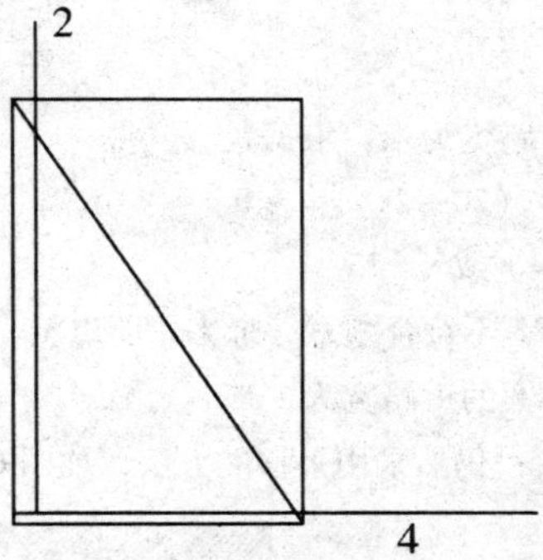

图 2

聪聪：如图 2，设竹竿长 x 尺，此时门宽 $x-4$，门高 $x-2$，根基勾股定理得：$(x-2)^2+(x-4)^2=x^2$"

小虎继续问聪聪：台门中学为美化校园，准备在长 32 米，宽 20 米的长方形场地上，修筑若干条道路，余下部分作草坪，并请全校学生参与图纸设计。现有三位学生各设计了一种方案（图纸如下所示），问三种设计方案中道路的宽分别为多少米？

（1）甲方案图纸为图 3，设计草坪总面积 540 平方米。

（2）乙方案图纸为图 5，设计草坪总面积 540 平方米。

（3）丙方案图纸为图 7，设计草坪总面积 570 平方米。

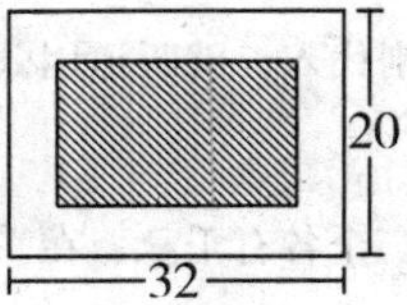

图 3

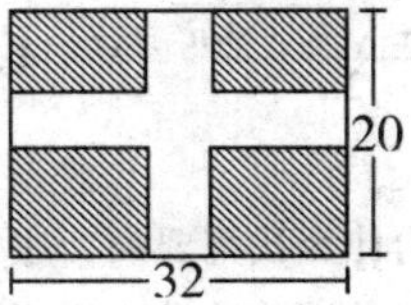

图 5

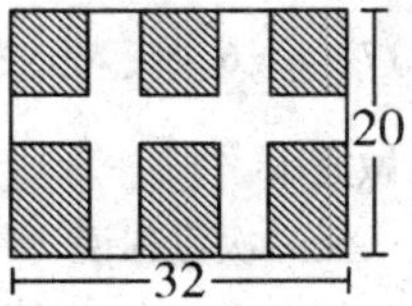

图 7

聪聪：（1）利用平移的方法，先把草坪平移到一侧，这样草坪的长和宽就容易了（如图 4）。

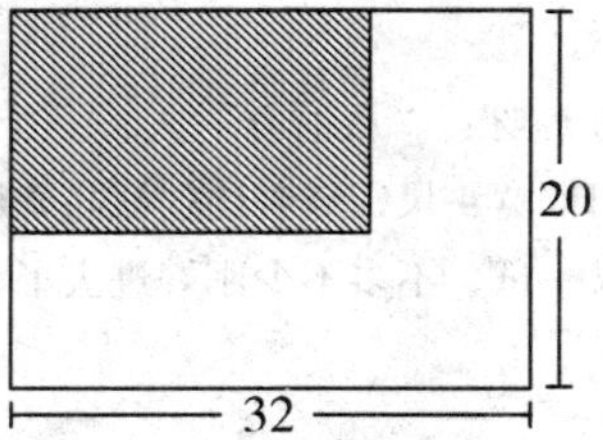

图 4

解：设道路宽为米，根据题意，得

$(32-2x)(20-2x)=540$

解得：$x=1$ 或 $x=25$

因为 $x=25$ 不符合题意，舍去。所以 $x=1$。

答：本方案的道路宽为 1 米。

（2）分析：仍然采用平移的方法，如图 6

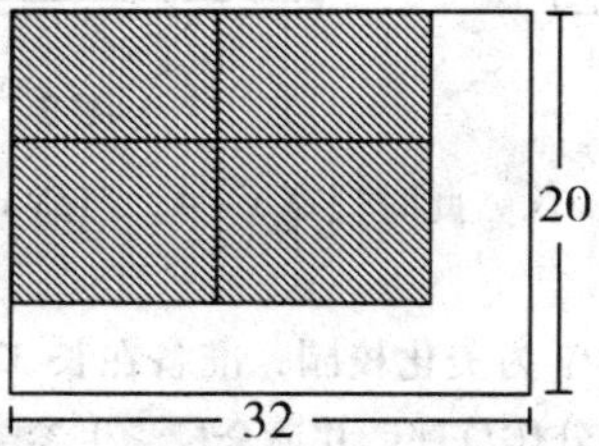

图 6

解：设道路宽为米，根据题意，得

$(32-2x)(20-2x)=540$

解得：$x=2$，$x=50$。

因为 $x=50$ 不符合题意，舍去。所以 $x=2$。

答：本方案的道路宽为 2 米。

（3）解：如图 8，设道路宽为 x 米，根据题意，得

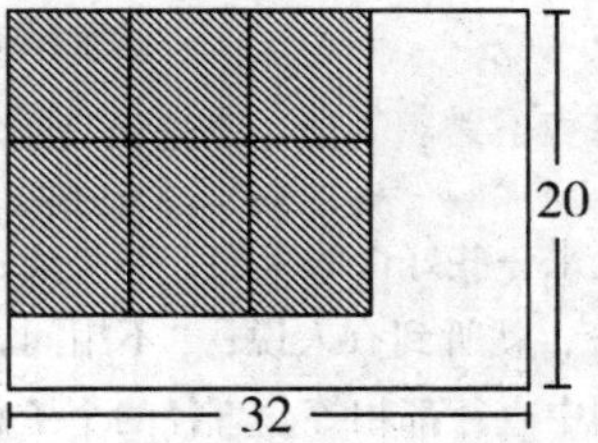

图 8

$(32-2x)(20-2x)=540$

$\therefore x=1$ 或 $x=35$。

因为 $x=35$ 不符合题意，舍去。所以 $x=1$。

答：本方案的道路宽为 1 米。

第五讲　小虎误入圆王国

周末小虎他们班准备明天去郊外春游，小虎没成想一觉睡过了集体活动出发的时间了，只好自己追赶了，可是走到山坳里，就不知要去的方向了，他沿着一条小路走着走着，看到一些长相奇怪的人，大多都是圆的，还有一些半圆的和弓形的，小虎正在纳闷，一个圆形脑袋的人对小虎有礼貌的说："先生，欢迎来到圆王国。"

小虎一听吓了一跳，这简直是在做梦吧。

小虎路过一个警示牌，才知道那些圆圆的人是长辈，而弦是长兄，弧是小弟弟，双胞胎的两个弧是等弧，长大后都成家了它们就是等圆了，衡量圆的大小要看它们的半径的大小，半径大的，岁数就大；同样衡量弧的大小，也要看半径的大小，但同时还要看弧所对的圆心角的大小，由它们俩共同决定。圆心角是姐姐，而圆周角是妹妹，在同一个家庭中（同圆）的圆心周角都是一样大的。同样在同一个家庭中（同圆）的圆周周角也是一样大的。

小虎又发现：

规矩 1. 经过圆心的弦是直径

2. 半圆：圆的任意一条直径的两个端点分圆成两条弧，每一条弧都叫做半圆。

优弧：大于半圆的弧（用三个字母表示，如图中的弧 ABC）

劣弧：小于半圆的弧（如图中的弧 AC）

3. 不在同一直线的三个点确定一个圆。

4. 若⊙O 的半径为 r，圆心 O 到直线 l 的距离为 d，则

$d > r$⇔直线 l 与⊙O 相离；

$d = r$⇔直线 l 与⊙O 相切；

$d < r$⇔直线 l 与⊙O 相交。

小虎看着看着，突然围上来一些好奇的人们，问小虎："你们的国家里的人长得都和你一样吗' 还没等小虎回答，就听到有人说："不用问，就知道真正的人长得都不好看，哪像咱们那么标准，同圆中直径都相等，直径的个子总是半径个子的 2 倍；直径是最大的弦；大人圆是轴对称图形，经过圆心的任一条直线都是对称轴，从哪个方向上看都是对称的；大人圆是中心对称图形，圆心是对称中心；具有旋转不变性。"

一个女士忙说："圆心角、圆周角姐妹俩的岁数总是（圆心角等于同（等）弧上的圆周角的）2 倍关系；直径（半圆）上的圆周角都是直角；90°的圆周角所对的弦是直径。"

垂径定理及其推论说："在我们家里，圆心角、圆周角、弧、弦、弦心距之间的关系更是依赖关系，等有时间到我家，我会慢慢讲给你听的。"

天不早了，再不走恐怕回不去家了，于是小虎往家走，可是他迷路了，因为圆王国里四周都一样，无法记住来时的地方，见状，圆周长跑过来，给小虎指明回家的路是现在所在的地方先面对圆心然后转 180°的方向走就是正确的方向了，小虎知道了回家的路，高兴地谢过圆周长转身沿着回家的路急匆匆地走了。

第六讲　聪聪观月

聪聪在图书管里。看到一张天象图片：如图 1 是 2004 年 5 月 5 日 2 时 48 分到 3 时 52 分在北京拍摄的从初亏到食既的月全食过程。给小虎看：

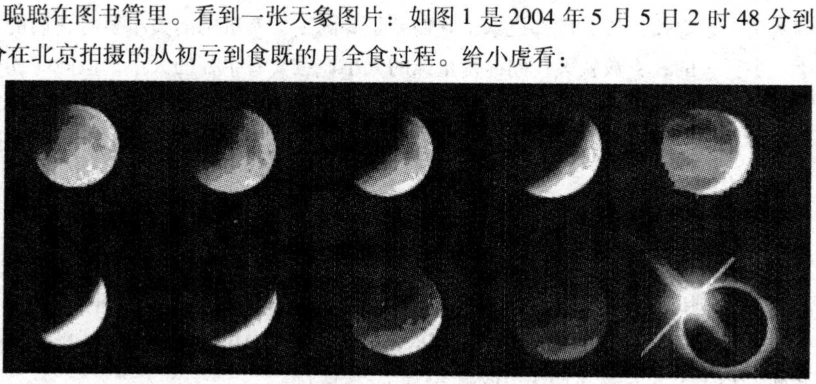

小虎：真是太美了，这是不是太阳被月亮挡上了。

聪聪说：是的，正如我们学习两圆位置关系，圆和圆的位置关系有五种：外离、外切、相交、内切、内含。

小虎：这几种关系如何判定？

聪聪：判断两圆的位置关系，可试用以下三种方法：

1. 利用定义，即用两圆公共点（交点）的个数来判定两圆的位置关系。

公共点的个数	0	1	2
两圆位置关系	外离或内含	外切或内切	相交

因为这个方法较易理解，所以不再举例。

2. 利用圆心距与两圆半径之间的关系来判断两圆的位置关系：

d 为圆心距，R 与 r 分别是两圆的半径，则有以下关系：

两圆外切⇔$d=R+r$；两圆外离⇔$d>R+r$；两圆内含⇔$d<R-r$（$R>r$）；两圆相交：⇔$R-r<d<R+r$；两圆内切⇔$d=R-r$（$R>r$）

3. 根据公切线的条数来确定两圆的位置关系

公切线条数	4	3	2	1	0
两圆位置关系	外离	外切	相交	内切	内含

小虎：具体给讲讲，举例说更好了。

聪聪：好吧；

1。如果两个半径不相等的圆有两个公共点，那么这两个圆的位置关系是________。

解析：根据题意和第一个表知，两圆相交。

2. 若两圆的公切线的条数是 3 条，则两圆的位置关系是________。

解析：由第二个表知，两圆外切。

3. 已知两圆半径分别为 2 和 3，圆心距为，若两圆没有公共点，则下列结论正确的是（　　）

A. 　　　　B. $d>d$

C. $0<d<1$ 或 $d>5$ 　　　　D. $0\leqslant d<1$ 或 $d>5$

解析：由于 $d<3-2<$，$d>2+3$，所以 $d<1$，$d>3+2$，而 d 非负，所以或 $0\leqslant d<1$ 或 $d>5$，选 D。

在一旁的慧慧也拿来一些照片，看：

小虎：这不是月亮初升或西落的情景吗

慧慧：是的，海平面相当于直线，月亮就好像一个圆，我问你，直线与圆有几种位置关系？

小虎：相离、相交和相切三种。

聪聪：对。是一共三种，

①直线 ι 和⊙O 相交 $d<r$

②直线 ι 和⊙O 相切 $d=r$

③直线 ι 和⊙O 相离 $d>r$

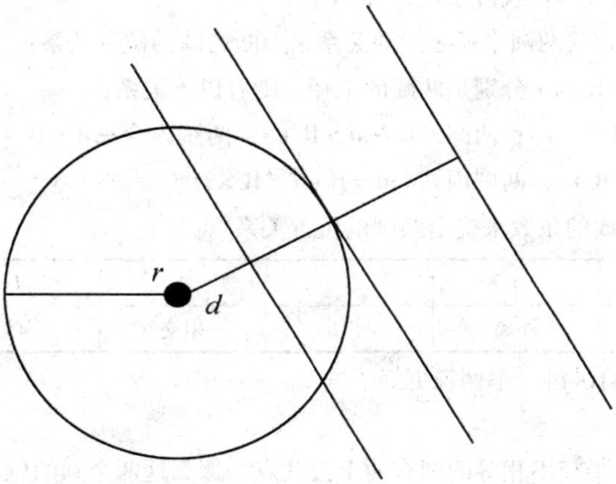

小虎：条件和结论能互换吗。

慧慧：可以

聪聪忙说：强调一点：定理中是圆心到直线的距离，这是容易出错的地方，要注意！

慧慧：可以看由圆心向直线做垂线垂足的位置来决定：

(1) 直线与圆相离⇔垂足 P 在圆 O 外⇔$d>r$

(2) 直线与圆相切⇔垂足 P 在圆 O 上⇔$d=r$

(3) 直线与圆相交⇔垂足 P 在圆 O 内⇔$d<r$

聪聪：看这道题：

已知圆的直径为 13cm，设直线和圆心的距离为 d：

(1) 若 d=4.5cm，则直线与圆________，直线与圆有________个公共点.

(2) 若 d=6.5cm，则直线与圆________，直线与圆有________个公共点

(3) 若 d=8cm，则直线与圆________，直线与圆有________个公共点。

小丽：我做，直径是 13，所以半径为 6.5，根据直线与圆的位置关系的判定方

法知，

（1）$d=4.5<6.5=r$，所以直线与圆相交，且直线与圆有两个交点

（2）$d=6.5=r$，所以直线与圆相切，并且只有一个公共点

（3）$d=8>6.5=r$，所以直线与圆相离，直线与圆有0个公共点。

聪聪：小虎，点和圆的位置关系点和圆的位置关系

①点在圆内⇔点到圆心的距离小于半径

②点在圆上⇔点到圆心的距离等于半径

③点在圆外⇔点到圆心的距离大于半径

小虎：这个我们是先学的，都记住了。并且还会应用。

第七讲　这……可能吗?

下午放学后，小虎急忙往家走，

聪聪叫住他："啥事这么急呀"，

小虎："我得回家好好算算，咱们班50人中两人同一天过生日的概率有多大。"

聪聪："慢点走，也不会耽误你的事。"

小虎："我与大明白打赌，我说两人生日相同的概率不会超过50%，他确说都超过90%。"

聪聪："哦，是这样啊，恐怕是你输了，因为前天我在书上看过这样的题目。"

小虎："你看啊，这怎么可能呢？一年365天，不同一天出生的，生日就不相同，而我们只有50人，要猜中哪有那么容易呀。要是有180多人，那猜中的概率才50%呢！"

聪聪："我给你看看这本书。"

小虎接过书，一看巧了，书中的举例人数也是50名学生。

只见书上写道：50个同学按号数1至50进行编号，365天按1月1日至12月31日依次记为第1天，第365天。假设1号是第1天出生的，那么2号与1号不同生日，他只能在余下的364天中选一天，因此，2号与1号不同生日的概率是$\frac{364}{365}$；假设2号是第2天出生的，那么3号和1，2号不同生日，她只能在余下的363天中选一天，因此，3号与2号，1号生日不同的概率是$\frac{363}{365}$；……；依此类推，50号与49，48，…，1号生日不同的概率是$\frac{316}{365}$。因此，50人生日全不相同的概率是$\frac{364}{365}\times\frac{363}{365}\times\cdots\cdots\times\frac{316}{365}$（今后

将会学到）<0.03，故50人中至少有两人生日相同的概率为 $1-\frac{364}{365}\times\frac{363}{365}\times\cdots\cdots\frac{316}{365}>$ 97%。这就表明老师猜中的概率占97%多些。

小虎："原来真的是他赢了，怪不得咱班，有两对同一天过生日的。真的奇怪了，本来是不可能的事，怎么变成可能的事了。"

聪聪："事情就是这样，人们往往认为可能性极小的事件不可能就发生在自己身上，所以才敢坐飞机，汽车。而对于出了车祸的人来说，概率极小却变成了100%了。"

小虎："是呀，聪聪，前几天听说咱这有人中大奖了，你说他该有多幸运，据说双色球玩法的概率是八百五十万分之一呀，简直是接近不可能了。"

聪聪："对了，可能与不可能往往不是那么绝对的，天气预报说昨天下雨，可是昨天跟本就没有雨，呵呵，天气预报有时也是出现不准的情况，毕竟推测与现实还有一定的差距。"

第八讲　一个大骰子能代替两个骰子吗?

有一天，聪聪在用两个骰子做抛掷游戏。小聪是个喜欢动手、动脑的孩子，他想摸索出掷出的点数的规律。

大家都知道，两个骰子掷出的点数之和最多可以是"12点"。聪聪不断地试验着，抛了一次又一次，并把结果记了下来。他发现，要抛到点数和为"12点"实在是太难了，有将近有一半的时候抛到的点数和都是"6点"、"7点"或"8点"。

这时小虎从外面急匆匆地走了进来，他看到小聪在不停地掷两个骰子，便不加思索地说："好啦！明天我做一个大骰子让你慢慢扔，怎么样？还不比你一次用两个小骰子强啊?!"

"一个大骰子?"聪聪一时没弄清小明的意思。

"用正十二面体，各面标上数字1到12不就得啦!"小虎得意洋洋地解释说，"用这样的大骰子替这两个小骰子嘛!"

聪聪陷入了沉思。他总感到小明的主意有点不对劲，但一时又找不出什么理由。

"怎么不行?!"小虎急忙分辩说，"正十二面体，各面机会均等，每个数字扔到的可能性都是十二分之一。"

小虎的话使聪聪感到眼前一亮，他想到了一个很重要的论据。于是他反问道："数字1！你的大骰子可以扔出'1点'，我的两个小骰子能扔出'1点'吗?!"

小虎语塞，但他很快又有了新的点子："我们不会改做一个正十一面体啊?! 各面标上数字 2 到 12!"

"可根本不可能有正十一面体!"聪聪说。

一旁的慧慧听到这两个人的对话，忙说："那不一样，两个骰子，每次掷出的点数和，出现机会是不均匀的，如图，

	1	2	3	4	5	6
1	2	3	4	5	6	7
2	3	4	5	6	7	8
3	4	5	6	7	8	9
4	5	6	7	8	9	10
5	6	7	8	9	10	11
6	7	8	9	10	11	12

出现和为 2 与 12 的概率最低，是三十六分之一；而一个大骰子，1 到 12 的机会均等，所以出现 12 点的概率是十二分之一，所以小虎让聪聪换成一个大骰子的做法是错误的。

另外也可以画树形图来解释同时掷两枚骰子，出现各种结果的概率。"

慧慧还给小虎出了一道题目：

甲、乙两人玩"石头、剪刀、布"的游戏，试求在一次比赛时两人做同种手势（石头、石头）的概率（要求用树状图或列表法求解）。

小虎认真的写道：

方法一（画树状图）如图 2 所示。

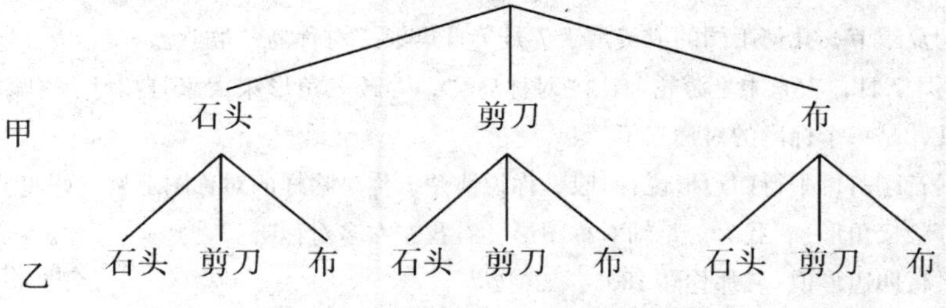

图2

所以，P（石头，石头）$=\frac{1}{9}$。

方法二（列表法）

	石头	剪刀	布
石头	（石头，石头）	（石头，剪刀）	（石头，布）
剪刀	（剪刀，石头）	（剪刀，剪刀）	（剪刀，布）
布	（布，石头）	（布，剪刀）	（布，布）

所以，P（石头，石头）$=\frac{1}{9}$。

慧慧说："小虎你做的不是挺好的吗，聪聪你也做道题。"

中央电视台"幸运52"栏目中的"百宝箱"互动环节，是一种竞猜游戏，游戏规则如下：在20个商标中，有5个商标牌的背面注明了一定的奖金额，其余商标的背面是一张苦脸，若翻到它就不得奖。参加这个游戏的观众有三次翻牌的机会。某观众前两次翻牌均得若干奖金，如果翻过的牌不能再翻，那么这位观众第三次翻牌获奖的概率是（　　）

A. $\frac{1}{4}$　　B. $\frac{1}{6}$　　C. $\frac{1}{5}$　　D. $\frac{3}{20}$

聪聪写出：依题意5个商标牌的背面有奖金额，已被翻过两个，剩下3个，第3次翻牌时，还剩18个没翻，所以第3次翻牌获奖的概率是$\frac{3}{18}=\frac{1}{6}$。故应选B。

慧慧说："挺好，行了，我该和你俩分手了，明天见！"

第九讲　几何图形漫游"对称岛"

初夏季节，几何王国的成员定于7月7日集聚"对称岛"联欢。

7月7日，大家乘坐游轮前往"对称岛"，等腰三角形跟大家打招呼："嗨，看我多标准，是一个标准的对称王子"

话音刚落，平行四边形说："哎，你说清楚，你是啥样的对称图形啊，好吗？"

等腰三角形："我呀，是轴对称图形，看我左右多对称呀。"

平行四边形说："那你转180°，如何？"

等腰三角形："转就转，哎呦、哎呦，我站不住。"

大家都笑了，因为等腰三角形旋转180°后，尖朝下，当然站不住了。

平行四边形说："看我的，是不是还是我呀？"

等腰梯形说："真的，它旋转180°后还是它。我就不行，我旋转180°就不是原来的我了。"

大家看到大头小尾的等腰梯形那个怪样，都忍不住笑了。

等腰三角形："我看，平行四边形，挺别扭，左右两边不一样，大家说是不是啊"

等腰梯形说："是，真是的，还是我们轴对称图形好看。"

菱形忙说："你们争啥呀，看我两样都可以，左右对称不、旋转 180°还是不是我自己吗?"

菱形就地旋转 180°，真的和没转一样。

正方形："这有啥难的"

正方形也做了翻转和旋转 180°，结果也和没动一样，大家鼓掌。

正五角星："我的左右挺均匀，可是我旋转 72°，不用转 180°，就可以与原来的图形一样，你们看看。"

平行四边形说："是呀，你只转 72°就和没动一样，而我必须旋转 180°才回到原来的位置。"

矩形说："五角是只是旋转对称图形，但不是中心对称的，平行四边形你是中心对称图形，而我不仅是轴对称图形，我还是中心对称图形，我也得旋转 180°才行。"

正方形："我不仅是轴对称图形，我还是中心对称图形，不过我旋转 90°也能回到原来的位置上，我不必旋转 180°。"

说说笑笑大家一起就到了"对称岛"，岛主安排：

等腰梯形、等腰三角形，五角星、正七边形……会议桌两旁坐好，平行四边形到转盘边上坐好；菱形、矩形、正方形……到会议中间桌前坐好。

岛主："我们今天是选美大会，看看谁是最美的图形"

话音刚落，大家就议论开了。

等腰三角形："轴对称图形比中心对称图形更美些。你看那大千世界中的许多生、植物的奇观、花鸟鱼虫的美观都与轴对称息息相关。"

平行四边形说："我的看法与你恰好相反，我认为中心对称图形比轴对称图形美。你看广袤宇宙中众多优美的造型、气势磅礴的建筑都与中心对称心心相连。"

等腰三角形："你看那不论是挺拔的大树，还是柔弱的小草，大多总是前后、左右对称地生长着，呈现出轴对称图形的优美。"

平行四边形说："你看那绚丽多彩的鲜花，阿娜多姿的喷泉无不显示出中心对称图形的典雅。"

等腰三角形："你说等边三角形为什么比一般三角形美？那不就是因为它是轴对称图形。"

在一旁的等边三角形乐得嘴都合不拢了。

平行四边形说："你说我为什么备受人们的青睐，因为我是中心对称图形。"

等腰三角形："美不美，要别人说才行。为什么人人认为正方形比正三角形美，圆比正方形美？原来它们一个比另一个的对称轴多。"

平行四边形说："不仅如此，还有一个更为重要的原因，那就是正方形和圆也都是中心对称图形。"

等腰三角形："为什么"吉"字人人喜欢，这不仅是因为"吉"字代表着"吉祥如意"，还有一点不就是因为它呈轴对称吗？"

平行四边形说："虎头上的"王"字，它之所以让人生畏，还不是中心对称的原因吗？"

等腰三角形："不管怎么说，轴对称的例子多。"

平行四边形说："无论怎么讲，中心对称的例子也不少。"

正方形："是啊，轴对称和中心对称两者要是能够合理、和谐地搭配，那世界将会变得更加的完美与美好啊！看看我，菱形和圆。"

岛主："我看，只要是对称图形，不管是旋转对称、中心对称还是轴对称，都是最美的，给大家看看下列图案；

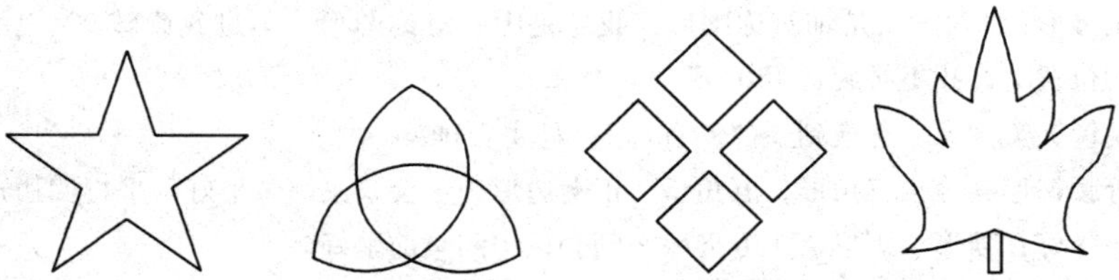

A. B. C. D.

谁能说因为它们有的是中心对称而不是轴对称、或相反就说它不美丽了，大自然造就了多种多样的美，有的图形既不是中心对称也不是轴对称，可它们聚到一起会拼出和谐美来，你们说对不对呀？"

大家都高兴的跳了起来。

第十讲　唐僧的三个徒弟a、b、c

二次函数唐僧收了三个徒弟，这三个徒弟中，a是孙悟空，b是猪八戒，c是沙和尚。对于二次函数唐僧的一般式来说，三个非未知数字母徒弟a、b、c，在去取经的路上各有各的任务，今天这不三个家伙凑到了一起。

a说："我是二次项系数，我让二次函数的图像站着它就不能倒立，我让它倒立时，它就不能站着。”

b：“我是一次项系数，我的作用他也不小，我让对称轴在左边，它就不能去右边。”

c：“我是常数项，我要是高兴了，就让二次函数图像路过 y 轴的正半轴，否则让它路过 y 的负半轴。”

唐僧：“你们仨说的都对，大徒弟 a 管前进方向，二徒弟 b 负责左右安全，三徒弟 c 负责挑行李。”

a：“我 a 高兴了，就是我是正数时，图像开口仰天笑，如图 1，否则如图 2，哈腰哭。”

b：“如果大师兄高兴，我也高兴 b 也是正数，$x=-\frac{b}{2a}<0$，没办法师傅就得在左面走。如图 3，如果我生气了，我 $b<0$，由于 $x=-\frac{b}{2a}>0$，没办法师傅就得在右面走，如图 4。”

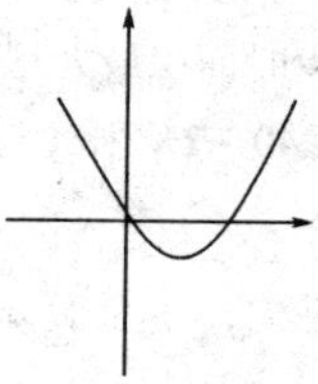
图 1

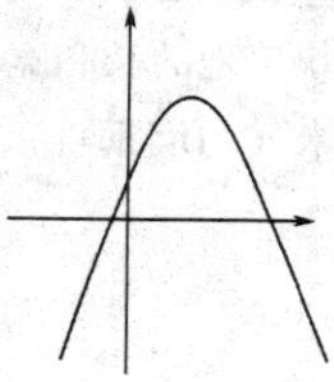
图 2

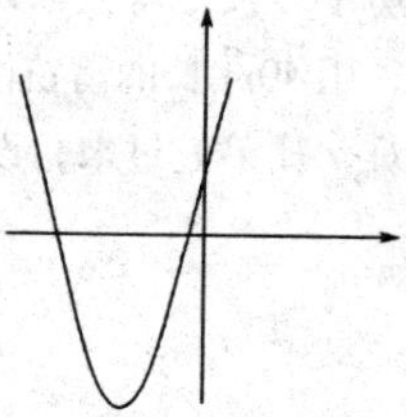
图 3

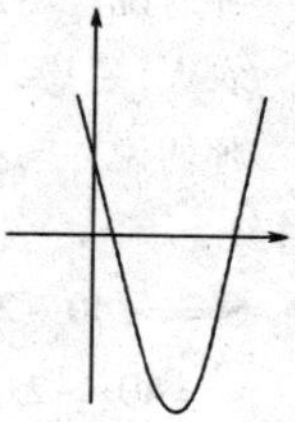
图 4

c：“我沙和尚有个性，不管两个师兄高不高兴，只要我高兴，就叫师傅上马，我要是不高兴就叫师傅下马。如图 5。

唐僧：“你们三个都很听话，只是大徒弟好惹麻烦，不过我一念咒语，他也的乖乖听话。”

孙悟空 a：“师傅，徒弟不敢了。”

唐僧：“只要你们仨齐心合力保护好师傅，等取回真经造福大唐，你们也就修成正果了。”

孙悟空 a：“是的，我们会认真完成任务的。”

师徒四人高高兴兴的走着，不了天下大雨，这里前不着村后不着店。

孙悟空 a：“变，$a<0$，于是就撑起一把大伞，如图 6”

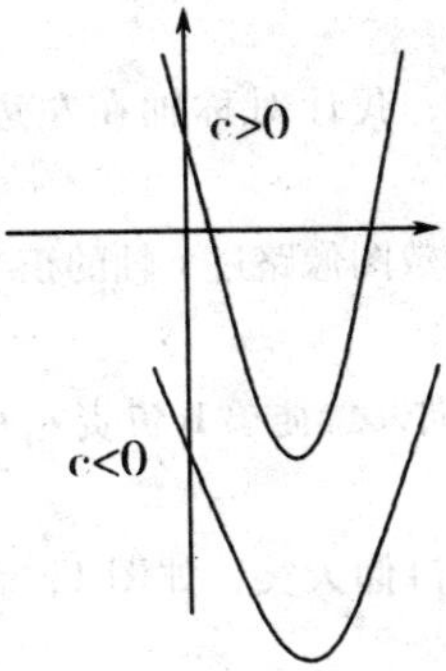

图 5

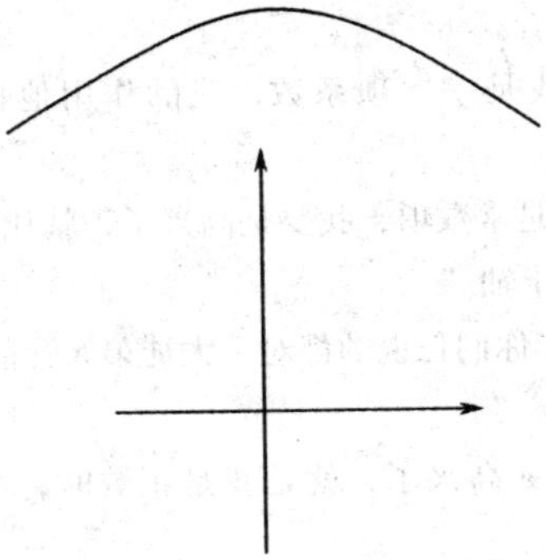

图 6

师徒四人来到一农舍，只见老汉在那里，扯着篱笆拉来拉去，看样是想围成院子，师傅见状，忙说：“老丈，忙啥那。”

农夫：“我在围院帐子，可是就是不知如何围，才能围成院子的面积最大。”

师傅说：“你家的房子多长，篱笆一共有多少啊。是不是靠墙这面不想用篱笆”

农夫：“恩，是的，用 40m 长的篱笆围，这块菜地的长和宽为多少时面积最大?”

师傅说：“这个不难，徒弟们过来，设宽 X 米（与墙垂直)，则长 40 – 2X 米（与墙平行)，

$S = (40-2x)x$

$= 40x-2x^2$

$= -2(x^{2^2}-20x)$

$= -2(x-10)^{2^2}+200$

因为大徒弟 $a=-2$，所以当 $x=10\text{m}$ 时，长为 $2x=20\text{m}$ 其面积最大值为 200 平方米。

师父说：老丈，你让篱笆长为 20m，宽 10m 就可以了，这时能围出最大面积来的。”

农夫：“谢谢师傅!”

到了西京，看到远道来的和尚从大唐而来，围上来不少人，三个徒弟也都高兴的玩耍起来。

第十一讲　小虎学找对应关系

学过相似三角形，小虎感到对应关系还不会找，于是找同学慧慧帮忙。

恰好慧慧和聪聪也正在讨论这个问题：

聪聪说："如果两个三角形相似，只要正确写出来，即使没有画出图形也能找出边、角对应关系，因为书写是严格按对应关系写的，所以它的对应关系就好找了，

例如：若 ΔDEF∽ΔABC，则其对应关系是 DE 与 AB，DF 与 AC，EF 与 BC 对应，角∠D = ∠A，∠E = ∠B，∠F = ∠C 对应且相等。"

聪聪又说：如果有图形的话，可以从图形里的最特殊的地方入手：

如图 1，小正方形的边长均为 1，则下列图中的三角形（阴影部分）与△ABC 相似的是（　　）

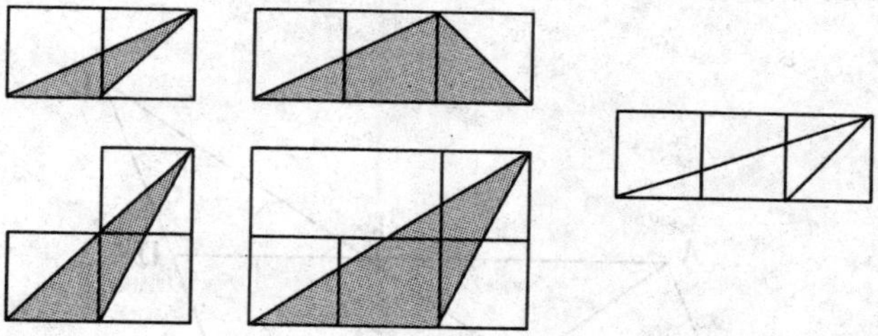

图 1

这个题先看 ΔABC 图中是否有特殊的边角，实际上相似图形对应边一般不相等，所以要从角入手，三个角中∠ACB = 90° + 45° = 135°是特殊角，好，我们就从这里找，就找 135°角的图形，发现只有 A 图的角中有 135°角，所以它是。"

慧慧说："两个三角形相似，对应边、对应角必须要分的清、看的准，有一个非常容易理解的规律就是：最大边（角）与最大边（角）是对应边（角）。道理不证自明，举例共同分析：

一个钢筋三角架三边长分别为 cm，cm，cm，现要再做一个与其相似的钢筋三角架，而只有长为 cm 和 cm 的两根钢筋，要求以其中的一根为一边，从另一根截下两段（允许有余料）作为另两边，则不同的截法有（　　）

A. 一种　　B. 两种　　C. 三种　　D. 四种

慧慧慢慢的讲解：我是从大边开始确定对应关系

已知三角形的三边长固定为 20，50，60 而要制作的三角形边长不确定，要分情况讨论：

若以 30 的一根为最大边，另两边为 x，y，则对应关系为 $\frac{20}{x} = \frac{50}{y} = \frac{60}{30}$，即 $x = 10$，$y = 25$，$10 + 25 < 50$，这种截法符合要求；

若以 30 的一根为中间的一条边，最小边、最大边分别为 x，y，则对应关系为 $\frac{20}{x} =$

$\frac{50}{30}=\frac{60}{y}$，求得 $x=12$，$y=36$，$12+36<50$，这种截法也符合要求；

若以 30 的一根为最小边，则有 $\frac{20}{30}=\frac{50}{x}=\frac{60}{y}$，显然 $x>50$，这种方法不存在。若以 50 的一根为最大边，则有 $\frac{20}{x}=\frac{50}{y}=\frac{60}{50}$，$y=41\frac{2}{3}>30$，这种方法不存在，以为一边都不可能。综合以上，应选 B。"

聪聪又归纳一种方法，看图形中有没有基本图形，如平行线造成的 X 形，A 形等。

例 2. 如图 2，四边形 ABCD 是平行四边形，则图中与△DEF 相似的三角形共有（　　）。

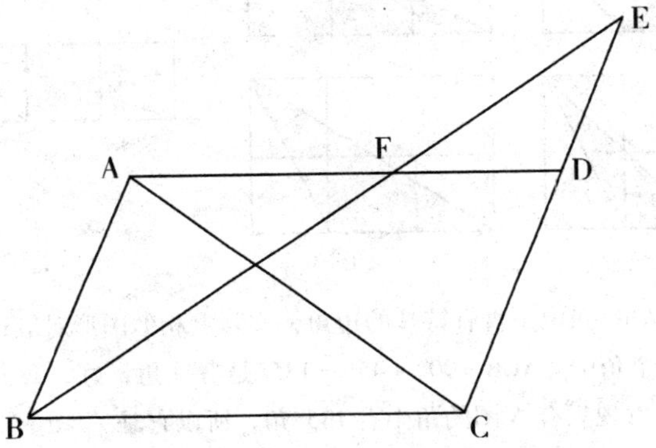

图 2

A. 1 个　　B. 2 个　　C. 3 个　　D. 4 个

聪聪说："由平行四边形 ABCD 的意义知，DA∥CB，可推出△DEF∽△CEB，（符合 A 形）又由 AB∥EC，可推出△DEF∽△ABF。（符合 X 形）故图中与△DEF 相似的三角形共有 2 个。故选 B。"

小虎："好哇，今天学到了好几种方法来确定相似三角形的对应关系，谢谢你们。"

聪聪、慧慧："客气啥呀！"

第十二讲　小虎喜欢"三角函数"

下课了小虎很高兴，因为自己感觉都学会了，这不想找个同学白话白话；

"小丽，你学会这节课的三角函数了吗，可难了！"

小丽："恩，是呀，我还真的没有听懂，等放学后我找聪聪给我讲讲。"

小虎高兴地说："嗨，这节课我学的最好，我帮你，你看啊。"

小虎："在 Rt△ABC 中，∠C＝90°，∠A 的对边是哪一边？

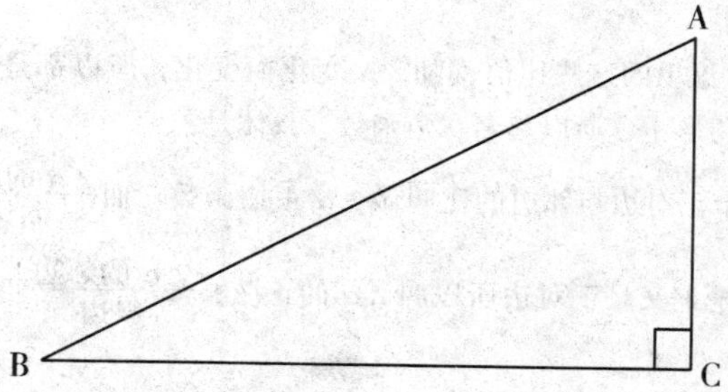

图 1

它的两条边分别是什么？"

小丽："这不是明摆着吗？∠A 的对边是 BC，∠A 的两边是 AB 和 AC。"

小虎："不错，为了定义引入的需要，从现在开始我们仍然把 BC 叫做∠A 的对边，AB 叫做斜边，而 AC 则叫做∠A 的邻边。根据这一规定，你知道∠B 的对边和邻边吗？"

小丽："哪能不知道呢！∠B 的对边和邻边不就是 AC 和 BC 吗？"

小虎："一点也没错，这说明直角三角形中，除了斜边不变外，对边和邻边都是相对于某个锐角而言的，而不是固定的某条边。比如在图 2 中，设∠α 是直角三角形的一个锐角，则∠α 的对边、邻边和斜边分别如图 2 所示。"

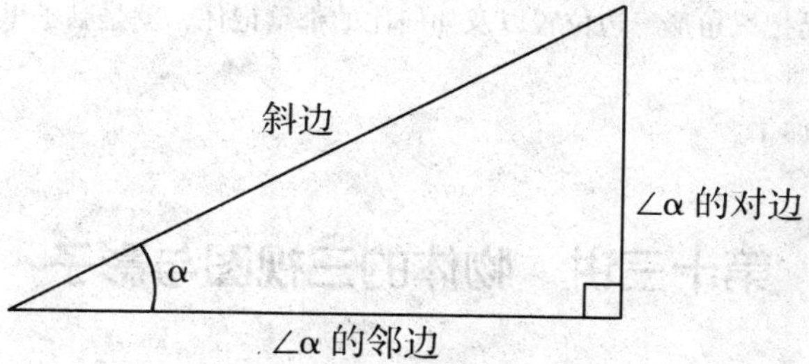

图 2

小丽："了解这些到底有什么用呢？"

小虎："我问你：在图 2 的直角三角形中，如果给出三边的长，你能求$\frac{\angle\alpha\text{的对边}}{\angle\alpha\text{的邻边}}$，$\frac{\angle\alpha\text{的对边}}{\text{斜边}}$，$\frac{\angle\alpha\text{的邻边}}{\text{斜边}}$的值吗？"

小丽：“能啊。”

小虎：“这些比值会随着∠α 变化而变化这句话你能想到什么？。”

小丽：“函数啊”

小虎：“对了，这里的这些比值都随∠α 变化而变化，所以都是∠α 的函数，由于它们专门在直角三角形中，所以起名三角函数，具体是：

$\frac{\angle\alpha\text{的对边}}{\angle\alpha\text{的邻边}}$这个正对边与邻边的比叫做∠$\alpha$ 正切函数，而$\frac{\angle\alpha\text{的对边}}{\text{斜边}}$中的斜边有点像弓箭上的弦，分子上又是正对边所以叫∠α 的正弦；$\frac{\angle\alpha\text{的邻边}}{\text{斜边}}$叫∠$\alpha$ 的余弦。还有就是记作……。”

小丽打断话题说：“记作啥，老师讲的我都记住了，谢谢啊。”

小虎正讲得起劲，小丽要走开，很不是滋味。

小虎又看到聪聪，跑过去说：“聪聪，你能记住那些特殊角三角函数值吗？”

聪聪：“差不多吧。”

小虎：“30°角的正弦值是多少？”

聪聪：“$\frac{1}{2}$。”

小虎：“60°角的三个三角函数值分别是多少？”

聪聪：“正弦是$\frac{\sqrt{3}}{2}$，正切是$\sqrt{3}$，余弦是$\frac{1}{2}$。”

小虎：“呵呵，考不住你。你是如何记住的？”

聪聪：“我是把三角形三边位置以及如何比的都给记住，就是脑子里有形。”

小虎：“哦，……”

铃铃……上课了。

第十三讲　物体的三视图与影子

学完视图与影子后，小虎总觉得物体的视图好像就是该物体的影子，是不是这样呢？聪聪帮他解释；

聪聪：影子通常是说太阳光下物体在地面上的影子，由于太阳在运动，物体的影子在变化，如图

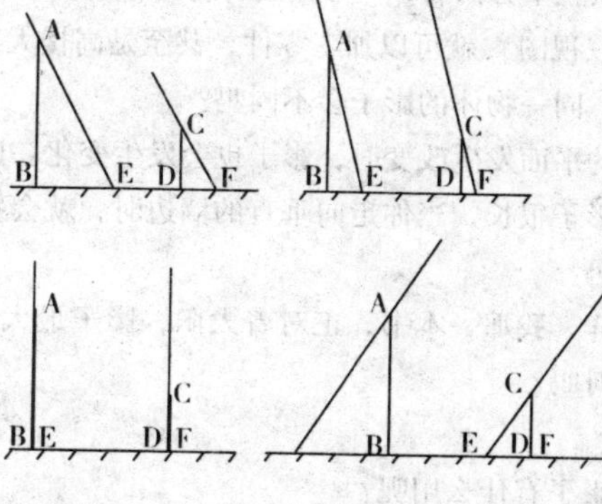

这是自然现象，而三视图是人们为了刻画物体，一种记录办法，从三个方向看，基本上能再现原物体，如图它所反映的是啥物体呀？

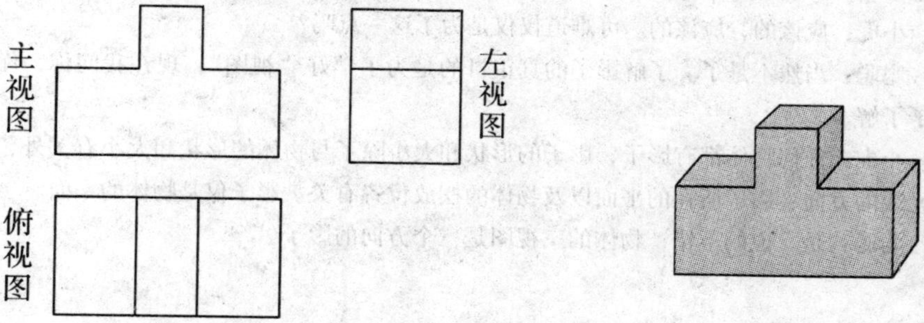

小虎：先画正面，然后在画侧棱，连结即可，看是这个，对吗？

聪聪：是的，就应该是这个物体。再看一个三视图，你想想它所反映的物体。

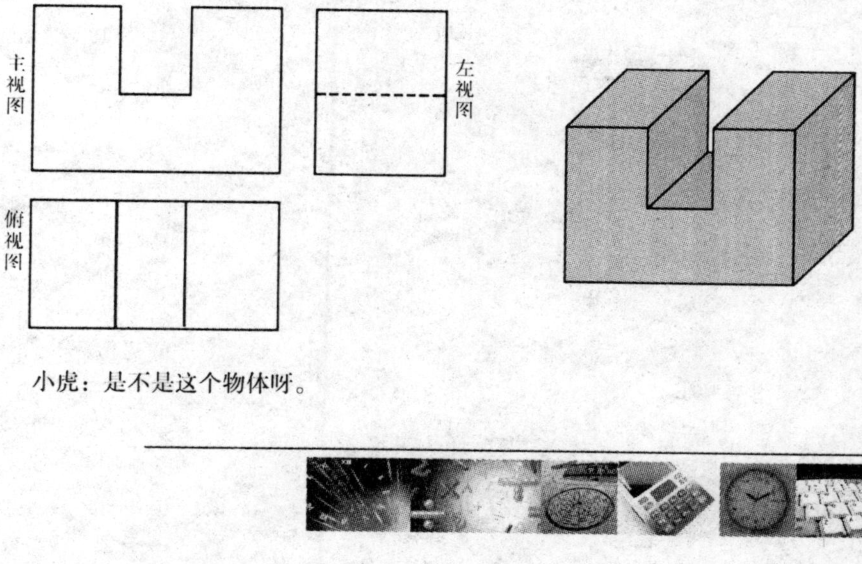

小虎：是不是这个物体呀。

聪聪：三视图只是从三个方向看，一般的物体都可以有自己的三视图，正是如此工厂里，工人按照图纸（三视图）就可以加工零件，甚至是高楼大厦。

小虎：在同一时刻，同一物体的影子会不同吗？

聪聪：当影子所在的平面发生改变时，影子也会发生变化。比如：日落时分，你如果站在操场上，会发现影子很长，当你走向垂直的墙边时，就会发现影子变成和你的实际身高一样长，是这样吗？

小虎：对呀，是这样。我那一本书，正对着太阳，影子最大，旋转90°时，影子会变成一条线段。我说的对吗？

聪聪：是这样的。

小虎：那学习这些影子有什么用呢？

聪聪：当然有用了。首先，影子和我们形影相随，难道不应该好好地了解它、善待它？

小虎：应该的，应该的。可难道仅仅是为了这一点吗？

聪聪：当然不是了。了解影子的真正目的是为了学好“视图”，现在我问你，你对影子了解了多少？

小虎：任何物体都有影子，影子的形状和大小除了与物体的形状和大小有关外，还与光线的方向、影子所在的平面以及物体的摆放位置有关。影子仅是物体的一面。

聪聪：是，说的不错，物体的三视图是三个方向的影子。

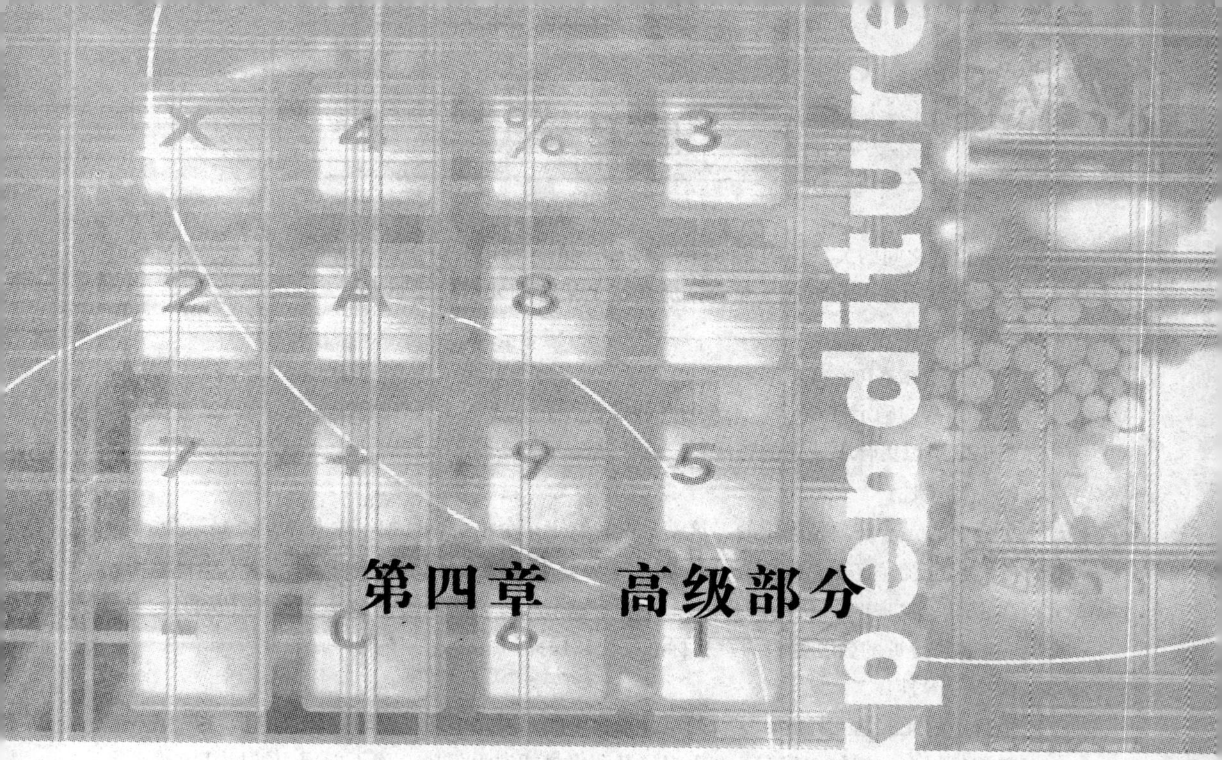

第四章　高级部分

第一节　高一数学知识大讲堂

第一讲　衔接初高级的桥梁——集合

初、高中数学教学有着截然不同的区别。初中课堂教学里，学生相对比较被动，思维也是跟着老师的方向走，但是高中数学在思维方式与学习方法上都与初中数学有很大的区别，所以初高中数学衔接的第一章就尤为重要，本章集合的表示既能把初中个章节内容都囊括到，又能起到一个承上启下的衔接作用

一、集合有关概念

1. 集合的含义：某些指定的对象集在一起就成为一个集合，其中每一个对象叫元素。

注：要辩证理解集合和元素这两个概念：

（1）集合和元素是两个不同的概念，符号和是表示元素和集合之间关系的，不能用来表示集合之间的关系。例如的写法就是错误的，而的写法就是正确的。

(2) 一些对象一旦组成了集合，那么这个集合的元素就是这些对象的全体，而非个别现象。

2. 集合中元素的三个特性：

(1) 元素的确定性；(2) 元素的互异性；(3) 元素的无序性

要正确认识集合中元素的特性：

(1) 确定性：

集合中的元素必须是确定的。这就是说，给定一个集合，任何一个对象是不是这个集合的元素也就确定了。例如，给出集合｛地球上的四大洋｝，它的元素是：太平洋、大西洋、印度洋、北冰洋。其他对象都不用于这个集合。如果说“由接近的数组成的集合”，这里“接近的数”是没有严格标准、比较模糊的概念，它不能构成集合。

(2) 互异性：

集合中的元素是互异的。这就是说，集合中的元素是不能重复的，集合中相同的元素只能算是一个。例如方程有两个重根，其解集只能记为｛1｝，而不能记为｛1，1｝。

(3) 无序性：$\{a, b\}$ 和 $\{b, a\}$ 表示同一个集合。

集合中的元素是不分顺序的。集合和点的坐标是不同的概念，在平面直角坐标系中，点（1，0）和点（0，1）表示不同的两个点，而集合｛1，0｝和｛0，1｝表示同一个集

强调说明：

(1) 对于一个给定的集合，集合中的元素是确定的，任何一个对象或者是或者不是这个给定的集合的元素。

(2) 任何一个给定的集合中，任何两个元素都是不同的对象，相同的对象归入一个集合时，仅算一个元素。

(3) 集合中的元素是平等的，没有先后顺序，因此判定两个集合是否一样，仅需比较它们的元素是否一样，不需考查排列顺序是否一样。

(4) 集合元素的三个特性使集合本身具有了确定性和整体性。

3. 集合的表示：｛…｝ 如｛我校的篮球队员｝，｛太平洋大西洋印度洋北冰洋｝

1. 用拉丁字母表示集合：A =｛我校的篮球队员｝ B =｛1，2，3，4，5｝

2. 集合的表示方法：列举法与描述法。

注意：常用数集及其记法：

非负整数集（即自然数集）记作：N

正整数集 N * 或 N +，整数集 Z，有理数集 Q，实数集 R

关于“属于”的概念

集合的元素通常用小写的拉丁字母表示，如：a是集合A的元素，就说a属于集合A记作 $a\in A$，相反，a不属于集合A记作 $a\notin A$

列举法：把集合中的元素一一列举出来，然后用一个大括号括上。

描述法：将集合中的元素的公共属性描述出来，写在大括号内表示集合的方法。用确定的条件表示某些对象是否属于这个集合的方法。

①语言描述法：例：{不是直角三角形的三角形}

②数学式子描述法：例：不等式 $x-3>2$ 的解集是 $\{x\in R \mid x-3>2\}$ 或 $\{x \mid x-3>2\}$

4. 集合的分类：

1. 有限集含有有限个元素的集合

2. 无限集含有无限个元素的集合

3. 空集不含任何元素的集合例：$\{x \mid x^2=-5\}$

注：空集的性质：

a. 空集是任何集合的子集；

b. 空集是任何非空集合的真子集

二、集合间的基本关系

1. “包含”关系子集

注意：有两种可能（1）A是B的一部分，；（2）A与B是同一集合。

2. “相等”关系（$5\geqslant5$，且 $5\leqslant5$，则 $5=5$）

结论：对于两个集合A与B，如果集合A的任何一个元素都是集合B的元素，同时集合B的任何一个元素都是集合A的元素，我们就说集合A等于集合B，即：$A=B$

3. 不含任何元素的集合叫做空集，记为 Φ

规定：空集是任何集合的子集，空集是任何非空集合的真子集。

三、集合的运算

1. 交集的定义：一般地，由所有属于A且属于B的元素所组成的集合叫做A与B的交集。

记作 $A\cap B$（读作”A交B”），即 $A\cap B=\{x \mid x\in A，且 x\in B\}$。

2. 并集的定义：一般地，由所有属于集合A或属于集合B的元素所组成的集合，叫做A与B的并集。记作：$A\cup B$（读作”A并B”），即 $A\cup B=\{x \mid x\in A，或 x\in B\}$。

3. 交集与并集的性质：$A\cap A=AA\cap\varphi=\varphi A\cap B=B\cap A$，$A\cup A=A$

$A\cup\varphi=AA\cup B=B\cup A$。

4. 全集与补集

(1) 补集：设S是一个集合，A是S的一个子集（即），由S中所有不属于A的元素组成的集合，叫做S中子集A的补集（或余集）

记作：C_SA

(2) 全集：如果集合S含有我们所要研究的各个集合的全部元素，这个集合就可以看作一个全集。通常用U来表示。

例1. 下列各组对象能否构成一个集合？指出其中的集合是无限集还是有限集？并用适当的方法表示出来。

(1) 直角坐标平面内横坐标与纵坐标互为相反数的点；

(2) 高一数学课本中所有的难题；

(3) 方程 $x^4+x^2+2=0$ 的实数根；

解：(1) 是无限集合。其中元素是点，这些点要满足横坐标和纵坐标互为相反数。

可用两种方法表示这个集合：

描述法：$\{(x, y) \mid y=-x\}$；

图示法：如图乙中直线l上的点。

(2) 不是集合。难题的概念是模糊的不确定的，实际上一道数学题是“难者不会，会者不难”。因而这些难题不能构成集合。

(3) 是空集。其中元素是实数，这些实数应是方程 $x^4+x^2+2=0$ 的根，这个方程没有实数根，它的解集是空集。可用描述法表示为：或者 $\{x \in R \mid x^4+x^2+2=0\}$

四、牛刀小试

用另一种形式表示下列集合

(1) {绝对值不大于3的整数}

(2) {所有被3整除的数}

(3) $\{x \mid x=|x|, x \in Z 且 x<5\}$

(4) $\{x \mid (3x-5)(x+2)(x2+3)=0, x \in Z\}$

(5) $\{(x, y)\} \mid x+y=6, x \in N+, y \in N+\}$

第二讲 使不少同学感到有些棘手的——函数

映射与函数

1. 映射：设A、B是两个非空集合。如果按照某种对应法则f，对于集合A中的任一个元素，在集合B中都有唯一的元素和它对应。这样的对应叫做从A到B的映射。A

中的元素 x 称为原像，B 中的元素 y 称为 x 的像

映射的特点：

（1）多对一；一对一是映射；一对多不是映射

（2）A 中不能有剩余，B 中可以有剩余

2. 函数：（1）初中定义：如果在某个变化过程中有两个变量 x，y，并且对于 x 在某个范围内的每一个确定的值，按照某一个对应法则 f，y 都有唯一确定的值和它对应，那么 y 就是 x 的函数。

（2）高中定义：对于两个非空的数集 A、B，存在一个从 A 到 B 的映射 f：A ┌B，且，这个映射就叫做从 A 到 B 的函数，A 叫做函数的定义域，B 叫做函数的值域

3. 函数定义的实质：是从一个非空集合到另一个非空集合的映射，即函数是一种特殊的映射

4. 映射与函数的区别于联系：

（1）映射只要两个集合是非空集即可，而函数要求两个集合不但非空而且必须是数集

映射是是两个集合的元素与元素的对应关系的一个基本概念映射中涉及的“原象的集合 A”“象的集合 B”以及“从集合 A 到集合 B 的对应法则 f”可以更广泛的理解集合 A、B 不仅仅是数集，还可以是点集、向量的集合等，初学时主要是指数的集合随着内容的增多和深入，可以逐渐加深对映射概念的理解，例如实数对与平面点集的对应，曲线与方程的对应等都是映射的例子映射是现代数学的一个基本概念

（2）函数一定是映射，但映射不一定是函数。

5. 定义域：原像的集合，值域：像的集合

6. 函数的三要素：定义域，值域，对应法则

7. 函数的表示：f（x）含义：f（x）是一个整体，一个函数，而记号 f 可以看做是对 x 施加的某种法则或运算

习题巩固

1. 设是 f ： A→B 集合 A 到 B 的映射，下列说法正确的是（　　）

A. A 中每一个元素在 B 中必有象

B. B 中每一个元素在 A 中必有原象

C. B 中每一个元素在 A 中的原象是唯一的

D. B 是 A 中所在元素的象的集合

2. 下列各对函数中，相同的是（　　）

A. $f(x)=\lg x^2$，$g(x)=2\lg x$

B. $f(x)=\lg\frac{x+1}{x-1}$，$g(x)=\lg(x+1)-\lg(x-1)$

C. $f(u)=\sqrt{\frac{1+u}{1-u}}$, $g(v)=\sqrt{\frac{1+v}{1-v}}$

D. $f(x)=x$, $f(x)=\sqrt{x^2}$

函数的表示法

函数有三种表示法：列表法、图象法、解析法

1. 列表法：用表格的形式表示两个变量之间函数关系的方法

特点：

①函数关系清楚、精确

①容易从自变量的值求出其对应的函数值

②便于研究函数的性质。

2. 图像法：用图像把两个变量间的函数关系表示出来的方法

特点：

①直观形象地表示函数的变化趋势，此函数的解析式不易得到，列表法也不能形象地表示其变化趋势。

②函数的图象既可以是连续的曲线，也可以是直线、折线、离散的点等

图像法能形象直观的表示出函数的变化趋势，是今后利用数形结合思想解题的基础

3. 解析法：用自变量的解析式表示出来

特点：关系明确，便于求解

4. 三者之间的区别于联系

解析法是中学研究函数的主要表达方法。也可用图象法表示，但解析式不明确。

图像法能形象直观的表示出函数的变化趋势，是今后利用数形结合思想解题的基础

列表法不必通过计算就知道当自变量取某些值时函数的对应值，当自变量的值的个数较少时使用，列表法在实际生产和生活中有广泛的应用，描点法一般适用于那些复杂的函数，而对于一些结构比较简单的函数，则通常借助于一些基本函数的图象来变换的应用。所以说不同的函数应选取不同的表达形式，现在就通过实例体会分段函数的概念并了解分段函数在解决实际问题中的应用

例：国内跨省之间的邮寄信函，没封信函的质量和对应的邮资按下列规则制定

（1）20 克以内，每封 1.20 元

（2）20 克以上 100 克以内，每增加 20 克，票价邮资就增加增加 1.20 元（不足 20 克的按 20 克计算）。

请根据题意，写出信函质量和与邮资的对应关系函数解析式，并画出函数的图象。

分析：①自变量的范围是怎样得到的？②自变量的范围为什么分成了国内五个区间？区间端点是怎样确定的？③每段上的函数解析式是怎样求出的？

解析式为

$$f(x)=\begin{cases}1.20,\ (0<M<<20)\\ 2,\ 40,\ (20<M<<40)\\ 3,\ 60\ (40<M<<60)\\ 4.80\ (60<M<<80)\\ 6.00\ (80<M<<100)\end{cases}$$

函数的定义域

定义域就是使函数有意义的自变量的取值范围，定义域作为函数的三要素之一，在函数的学习中起着非常重要的作用。求函数值域，考查函数的单调性，奇偶性，周期性等都离不开定义域。毫不夸张地说，在函数学习中离开了定义域将寸步难行，高考对函数定义域一般不单独考查，而常常是通过函数性质或函数应用来体现，具有一定的隐蔽性。因此，在研究函数问题时，必须树立"定义域优先"的观点，牢牢把握定义域是解决所有函数问题要考虑的先决条件。故而掌握函数定义域的求解方法就尤为重要，现就几种类型做一小结

1. 掌握基本初等函数的定义域是求函数定义域的关键

首先函数的定义域为非空数集，故定义域不能为空集

其次解法是由解析式有意义列出关于自变量的不等式或不等式组，解此不等式（或组）即得原函数的定义域。即已知函数 $y=f(x)$ 的解析式，求函数定义域如果只给出函数解析式，而没有指明定义域，则函数的定义域就是使 $y=f(x)$ 有意义的实数 x 的集合。一般来说，要使函数 $y=f(x)$ 有意义，须满足：

（1）偶此根式的被开方数大于等于零；

（2）分式的分母不能为零；

（3）零指数幂的指数不等于零；

（4）对数的真数大于零，底数大于零且不等于 1；

（5）指数式的底数大于零且不等于一；

（6）正切函数 $y=\tan x\left(x\in R 且 x\neq k\pi+\frac{\pi}{2}\right)$

（7）余切函数 $y=\cot x(x\in R，且 x\neq k\pi，k\in Z)$

当以上几个方面有两个或两个以上同时出现时，先分别求出满足每一个条件的自变量的范围，再取他们的交集，就得到函数的定义域

如果列出的是不等式组，则应取他们的交集

例：（1）$y=\log_2\frac{2x-1}{3-x}$

(2) $y=\sqrt{1-2x}$

解：(1) 依题意知：$\frac{2x-1}{3-x}>0$

即　　$(2x-1)(3-x)>0$

解之，得　$\frac{1}{2}<x<3$

∴ 函数的定义域为$\left\{x \mid \frac{1}{2} \mid <x<3\right\}$

解：(2) 依题意知$1-2x>0$

即　　$2x<1$

解之，得$x<0$

∴ 函数的定义域为$\left\{x \mid \frac{1}{2} \mid <x<3\right\}$

2. 复合函数的定义域

复合函数是指没有给出解析式的函数，不能用常规方法求解，一般表示为已知一个抽象函数的定义域求另一个抽象函数的解析式，一般有两种情况。

(1) 已知$y=f(x)$的定义域，求$y=f[g(x)]$的定义域。

其解法是：已知$y=f(x)$的定义域是$[a, b]$求$y=f[g(x)]$的定义域是解$a<<g(x)<<b$求出x即为所求的定义域。

(2) 已知$y=f[g(x)]$的定义域，求$f(x)$的定义域。

其解法是：已知$y=f[g(x)]$的定义域是$[a, b]$，求$f(x)$定义域的方法是：由$a<<x<<b$，求$g(x)$的值域，即所求$f(x)$的定义域。

①若函数$y=f(x)$的定义域为$\left[\frac{1}{2}, 2\right]$，则$f(\log_2 x)$的定义域为________

分析：由函数$y=f(x)$的定义域为$\left[\frac{1}{2}, 2\right]$可知：$\frac{1}{2}\leqslant x\leqslant 2$；所以$y=f(\log_2 x)$中有$\frac{1}{2}\leqslant \log_2 x\leqslant 2$。

解：依题意知：$\frac{1}{2}\leqslant \log_2 x\leqslant 2$且$x>0$

解之，得$\sqrt{2}\leqslant x\leqslant 4$

∴$f(\log_2 x)$的定义域为$\{x \mid \sqrt{2}\leqslant x\leqslant 4\}$

②若函数$y=f(2x)$的定义域为$[1, 2]$，则$f(x)$的定义域为

解：依题意知$1\leqslant 2x\leqslant 2$解得，$\frac{1}{2}\leqslant x\leqslant 1$

3. 对含参数的方程求定义域要分类讨论

例．已知 $y=f(x)$ 的定义域为 $[0,1]$ =，求 $g(x)=f(x+a)+f(x-a)$ 的定义域

分析 g（x 的定义域应为两个定义域的交集，由于所得不等式的不等式的四个端点都含有字母所以既要分别判断它们左右端点的大小还得交叉判断它们左右端点值的大小

解；$0<x+a<1$

$0<<x-a<<1$ 得 $-a<<x<<1-a$ 且 $a<x<1+a$

当 $-\frac{1}{2}<a<0$ 解集：$[-a, 1+a]$

当 $\frac{1}{2}>a>0$ 解集：$[a, 1-a]$

4. 应用题中的定义域除了要使解析式有意义外，还需考虑实际上的有效范围。

实际上的有效范围，即实际问题要有意义，一般来说有以下几中常见情况：

（1）面积问题中，要考虑部分的面积小于整体的面积；

（2）销售问题中，要考虑日期只能是自然数，价格不能小于0也不能大于题设中规定的值（有的题没有规定）；

（3）生产问题中，要考虑日期、月份、年份等只能是自然数，增长率要满足题设；

（4）路程问题中，要考虑路程的范围。

1. 函数的值域的定义在函数 $y=f(x)$ 中，与自变量 x 的值对应的 y 的值叫做函数值，函数值的集合叫做函数的值域。

2. 确定函数的值域的原则①当函数 $y=f(x)$ 用表格给出时，函数的值域是指表格中实数 y 的集合；②当函数 $y=f(x)$ 用图象给出时，函数的值域是指图象在 y 轴上的投影所覆盖的实数 y 的集合；③当函数 $y=f(x)$ 用解析式给出时，函数的值域由函数的定义域及其对应法则唯一确定；④当函数 $y=f(x)$ 由实际问题给出时，函数的值域应结合实际情况的需要而定

3. 求函数值域的类型与方法，常用方法有：配方法、分离变量法、单调性法、图象法、换元法、不等式法等。无论用什么方法求函数的值域，都必须考虑函数的定义域。

（1）型如 $y=ax^2+bx+C$，方法：配方法

求函数 $y=f(x)=x^2-6x+10$　当① $x\in R$，② $x\in R$ $[1,4]$ 时的最值。

解：$y=(x-3)^2+1$

① $x\in R$，$y\in[1,\infty]$

② $x\in[1,4]$，$y\in[1,5]$

引申题（一）（1）$\frac{y=1}{x^2-6x+10}$　$x\in[1,4]$　还得考虑分母不为零

（2）$y=4-\sqrt{x^2-6x+10}$　$x\in[1,4]$　结合被开方数大于等于零

（3）$y=(x^2-6x+10)^{-\frac{1}{2}}$　$x\in[1,4]$　还得考虑分母不为零

（4）$y=(\frac{1}{2})^{x^2-6x+10}$　$x\in[1,4]$　结合指数函数的单调性

（5）$y=\log\frac{1}{\sqrt{5}}(x^2-6x+10)+2$　$x\in[1,4]$　对数函数的单调性及性质真数大于零

（6）$y=\text{ctg}(x^2-6x+10)$　$x\in[1,4]$　得考虑 $x^2+6x+10\neq K\pi$

引申（二）求函数 $y=\sin^2x+a\cos x-\frac{5}{4}$ 的最大值"，怎么求？

换元配方得 $y=f(x)=-(t-\frac{a}{2})^2+\frac{a^2-1}{4}\cdot t=\cos x\in[-1,1]$，画图分析（定区间、动函数）易得解。指出：数形结合有助于分类讨论

（变题）"a 的值"，怎么求？（同上）？指出：要学会逆向思维，培养自己的逆向思维的能力。

2. 型如 $y=ax+b+\sqrt{cx+d}$，方法：换元法

例（1）$y=2x+4\sqrt{1-x}$

解：令 $t=\sqrt{1-x}$ 则 $x=1-t^2$

$\therefore y=2(1-t^2)+4(t^2>>0)$

练：$y=2x-3-\sqrt{13-4x}$

3. 型如 $y=ax+b+\sqrt{c-x^2}$（$c>0$），方法：三角代换法。

例．$y=x+\sqrt{1-x^2}$ 解：令 $x=$

4. 形如 $y=\frac{a_1x^2+b_1x+C_1}{a_2x^2+b_2x+C_2}$ 方法：判别式法

（1）$y=\frac{5}{2x^2}-4x+3$

（2）$y=x^2-x-\frac{2}{x^2}+3x+1$

解：①$2yx^2-4yx+3y-5=0$，$\because y=$ 时 $-5\neq0\therefore y\neq0$　$\triangle=(-4y)^2-4\times2(3y-5)>0$

$\therefore 0<Y<5$

②$yx^2+3yx+y=x^2-x-2$，$(y-1)x^2+(3y+1)x+(y+2)=0$

当 $y=1$ 时 $x=-\frac{3}{4}$

当 $y\neq 1$ 时 $\Delta=(3y+1)^2-4(y-1)(y+2)>0$ 恒成立

$\therefore y\in R$

4. 形如 $y=\frac{Cx+D}{Ax+B}$，方法：分离系数法

例．（1）$y=\frac{2x+1}{x-3}$；（2）$y=\frac{2x}{5x+1}$

解：（1）$y=2(x-3)+\frac{7}{x}-3=2+\frac{7}{x}-3\therefore y\neq 2$

（2）$y=2(x+1-\frac{1}{5})-\frac{\frac{2}{5}}{x}+\frac{1}{5}=\frac{2}{5}-\frac{2}{25(x+\frac{1}{5})}\therefore y\neq\frac{2}{5}$

5. 形如 $y=x+\sqrt{x-1}$，方法：单调性法

析：$x>1$ 时函数递增 $\therefore y\in[1,\infty]$

6. 形如 $y=x+\frac{a}{x}$ $(a>0)$；方法：不等式法

总之求函数值域是较为复杂的事，而且灵活多变，除了上述几种方法外还有很多种方法还有好多，每年高考都考，必须加强巩固

1. 增函数的定义：设函数 $f(x)$ 的定义域为 I，如果对于属于定义域 I 内

某个区间 D 上的任意两个自变量的值，当 $x_1<x_2$ 时都有 $y_1<y_2$，则称 $f(x)$ 在这个区间 D 上为增函数

2. 减函数的定义：设函数 $f(x)$ 的定义域为 I，如果对于属于定义域 I 内某个区间 D 上的任意两个自变量的值，当 $x_1<x_2$ 时都有 $y_1>y_2$ 则称 $f(x)$ 在这个区间 D 上为减函数。

3. 强调几点加深对定义的理解：

（1）注意是"定义域 I 内某个区间 D"，因为对于某些函数来说（如 $f(x)=\frac{1}{x}$）

在整个定义域上既不是增函数也不是减函数，从而说明增函数（减函数）是某区间上的性质。

（2）强调是"任意两个"，如果在区间 D 上的某些特殊的值满足当 $x_1<x_2$ 时都有 $y_1<y_2$（或当 $x_1<x_2$ 时都 $y_1>y_2$）不能说明是增函数（减函数）

（3）注意增函数和减函数概念中的不同之处，不要把两个概念混淆，增函数是当 $x_1<x_2$ 时都有 $y_1<y_2$，减函数是当 $x_1<x_2$ 时都有 $y_1>y_2$。

4. 函数单调性与单调区间的定义：如果函数 $y=f(x)$ 在某个区间上是增函数或减函数，那么就说函数 $y=f(x)$

在这个区间上具有（严格的）单调性，这个区间叫做 $y=f(x)$ 的单调区间。说明几点：

（1）严格的含义

单调性揭示的是一种严格的不等关系；

（2）图像的特点

函数的单调性是对定义域内某个区间而言的；

（3）讨论函数的单调性必须在定义域内进行，奇函数单调性增减区间是其定义域的子集

因此函数的单调性，必须先确定函数的定义域

（二）判断函数单调性常用的方法

（1）定义法：x_1，$x_2 \in$ 区间且 $x_1 < x_2$ 作差若 $f(x_1) - f(x_2) < 0$ 即 $f(x_1) < f(x_2)$，$f(x)$ 为增函数

若 $f(x_1 - f(x_2) > 0$ 即 $f(x_1) > f(x_2)$，$f(x)$ 为减函数

例：判断函数 $f(x) = x_2 + 2x$ $(x > > -1)$ 的单调性

步骤：a，任取 x_1，$x_2 \in$ 区间且 $x_1 < x_2$

b，作差 $f(x_1) - f(x_2)$ 变形，变到几个因式的积或平方的和为止

c，判断差的正负号，得出结论

解：x_1，$x_2 \in [-1, \infty]$ 且 $x_1 < x_2 \because f(x) = f(x_1) - f(x_2) = (x_1 - x_2)(x_1 + x_2 + 2)$

又 $\because x_1 < x_2$，x_1，$x_2 \in [-1, \infty = \therefore x_1 - x_2 < 0$，$x_1 + x_2 + 2 > 0 \therefore \mathrm{f}(x_1) - \mathrm{f}(x_2) < 0$，$f(x_1) < f(x_2)$

$\therefore$ 函数 $f(x)$ 在 $[-1, \infty]$ 是增函数

（2）和差函数单调性：两个增（减）函数的和仍为增（减）函数一个增（减）函数与一个减（增）函数的差是增（减）函数即增＋增＝增，减＋减＝减，增－减＝增，减－增＝减

如 a，$f(x) = x + \sqrt{x+1}$，两个均增故 $f(x)$ 为增

b，$f(x) = x - \sqrt{-2x+1}$ 前一个增后一个减，$f(x)$ 仍为增

（3）奇偶函数，反函数的单调性

奇函数在对称的两个区间上有相同的单调性，偶函数在对称的区间上有相反的单调性，

互为反函数的两个函数有相同的单调性

函数的奇偶性

1. 奇函数偶函数的定义：

奇函数：设函数的定义域为D，如果对于D内的任意一个，都有$f(-x)=-f(x)$，则这个函数叫奇函数

偶函数：设函数的定义域为D，如果对D内的任意一个，都有$f(-x)=f(x)$，则这个函数叫做偶函数

2. 注意事项强调：

（1）强调定义中任意二字。说明函数的奇偶性是函数在定义域上的一个整体性质。

它不同于函数的单调性。

（2）奇函数和偶函数的定义域的特征是关于原点对称。定义域关于原点对称是函数具有奇偶性的必备条件

（3）奇函数和偶函数图象的对称性：

如果一个函数是奇函数，则这个函数的图象是以坐标原点为对称中心的中心对称图形。反之，如果一个函数的图象是以坐标原点为对称中心的中心对称图形，则这个函数是奇函数。

如果一个函数是偶函数，则它的图象是以y轴为对称轴的轴对称图形，反之，如果一个函数的图象关于y轴对称，则这个函数是偶函数

3. 判断函数奇偶性的方法

（1）定义法：根据定义判断一个函数是奇函数还是偶函数的方法和步骤是：第一步先判断函数的定义域是否关于原点对称，第二步判断$f(x)$与$f(-x)$的关系，若$f(-x)=-f(x)$则奇，若$f(-x)=f(x)$则偶，否则非奇非偶

（2）图像法：利用奇偶函数的对称性判断

对于一个函数来说，它的奇偶性有四种可能：是奇函但不是偶函数，是偶函数不是奇函数，既是奇函数又是偶函数，既不是奇函数又不偶函数

例1 判断下列函数的奇偶性：

（1）$f(x)=\lg(4+x)-\lg(4-x)$；

（2）$g(x)=\begin{cases} x^2+1 & (x>0) \\ -\dfrac{1}{2}x^2-1 & (x<0) \end{cases}$

分析：先验证函数定义域的对称性，再考察$f(-x)$是否等于$f(x)$或$-f(x)$。

解　（1）$f(x)$的定义域是$\{x\mid 4+x>0且4-x>0\}=\{x\mid -4<x<4\}$，它具有对称性。

因为

$f(-x)=\lg(4-x)+\lg(4+x)=f(x)$，

所以 $f(x)$ 是偶函数，不是奇函数。

（2）解法一：当 $x>0$ 时，$-x<0$，于是

$g(-x)=-\frac{1}{2}(-x)^2-1=-\frac{1}{2}x^2-1=-(\frac{1}{2}x^2+1)=-g(x)$；

当 $x<0$ 时，$-x>0$，于是

$g(-x)=\frac{1}{2}(-x)^2+1=\frac{1}{2}x^2+1=-(-\frac{1}{2}x^2-1)=-g(x)$；

综上可知，在 $R^-\cup R^+$ 上，$g(x)$ 是奇函数。

解法二：画出函数 $y=g(x)$ 的图像，当 $x>0$ 时，$y=\frac{1}{2}x^2+1$ 的图象是抛物线 $y=\frac{1}{2}x^{+}1$ 的右半支；当 $x<0$ 时，$g(x)$ 的图象是抛物线 $y=-\frac{1}{2}x^2-1$ 的左半支。显然，这两条曲线（图4）关于原点对称，因此数 $g(x)$ 在 $R^-\cup R^+$ 上是奇函数。

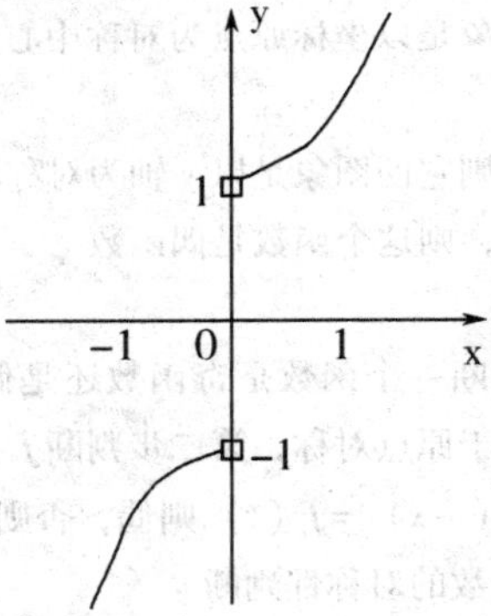

图4

第三讲　指数函数与对数函数

函数是高中数学的核心，而指数函数与对数函数是高中阶段所要研究的重要的基本初等函数之一。指数、对数以及指数函数与对数函数，是高中代数非常重要的内容。无论在高考及数学竞赛中，都具有重要地位。熟练掌握指数对数概念及其运算性质，熟练掌握指数函数与对数函数这一对反函数的性质、图象及其相互关系，对学习好高中函数

知识，意义重大。

一、指数概念与对数概念：

指数的概念是由乘方概念推广而来的。相同因数相乘 $a \cdot a \cdots\cdots a$（n个）$=a^n$ 导出乘方，这里的 n 为正整数。从初中开始，首先将 n 推广为全体整数；然后把乘方、开方统一起来，推广为有理指数；最后，在实数范围内建立起指数概念。

对数概念：一般地，如果 a（$a>0$，$a\neq1$）的 b 次幂等于 N，就是 $a^b=N$，那么数 b 叫做以 a 为底 N 的对数，记作：$\log aN=b$ 其中 a 叫做对数的底数，N 叫做真数。

$a^b=N$ 与 $b=\log aN$ 是一对等价的式子，这里 a 是给定的不等于 1 的正常数。当给出 b 求 N 时，是指数运算，当给出 N 求 b 时，是对数运算。指数运算与对数运算互逆的运算

二、指数运算与对数运算的性质

1. 指数运算性质主要有 3 条：

$a^x \cdot a^y=a^{x+y}$，$(a^x)^y=a^{xy}$，$(ab)^x=a^x \cdot b^x$（$a>0$，$a\neq1$，$b>0$，$b\neq1$）

2. 对数运算法则（性质）也有 3 条：

（1）$\log a(MN)=\log aM+\log aN$

（2）$\log a\dfrac{M}{N}=\log aM-\log aN$

（3）$\log aM^n=n\log aM$（$n\in R$）

（$a>0$，$a\neq1$，$M>0$，$N>0$）

3. 指数运算与对数运算的关系：$X=a^{\log ax}$；

4. 负数和零没有对数；1 的对数是零，即 $\log a1=0$；底的对数是 1，即 $\log a^a=1$

5. 对数换底公式及其推论：换底公式：$\log aN=\log_b N/\log_b a$

推论 1：$\log a^m N^n=\left(\dfrac{n}{m}\right)\log aN$

推论 2：$\log \dfrac{\sqrt[n]{N}}{\sqrt[m]{a}}=\dfrac{\frac{1}{n}}{\frac{1}{m}}\log_a N=\dfrac{m}{n}\log_a N$

三、指数函数与对数函数

1. 函数 $y=a^x$（$a>0$，且 $a\neq1$）叫做指数函数。它的基本情况是：

（1）定义域为全体实数（$-\infty$，$+\infty$）

（2）值域为正实数（0，$+\infty$），从而函数没有最大值与最小值，有下界，$y>0$

（3）对应关系为一一映射，从而存在反函数——对数函数。

(4) 单调性是：当 $a>1$ 时为增函数；当 $0<a<1$ 时，为减函数。

(5) 无奇偶性，是非奇非偶函数，但 $y=a^x$ 与 $y=a^{-x}$ 的图象关于 y 轴对称，$y=a^x$ 与 $y=-a^x$ 的图象关于 x 轴对称；$y=a^x$ 与 $y=\log_a x$ 的图象关于直线 $y=x$ 对称。

(6) 有两个特殊点：零点（0，1），不变点（1，a）

(7) 抽象性质：$f(x)=a^x$（$a>0$，$a\neq1$），

$$f(x+y)=f(x)\cdot f(y),\ f(x-y)=\frac{f(x)}{f(y)}$$

2. 函数 $y=\log_a x$（$a>0$，$a\neq1$，$x>0$）叫做对数函数，它的基本情况是：

(1) 定义域为正实数（0，$+\infty$）

(2) 值域为全体实数（$-\infty$，$+\infty$）

(3) 对应关系为一一映射，因而有反函数——指数函数。

(4) 单调性是：当 $a>1$ 时是增函数，当 $0<a<1$ 时是减函数。

(5) 无奇偶性。但 $y=\log_a x$ 与 $y=\log_{(\frac{1}{a})}x$ 关于 x 轴对称，$y=\log a x$ 与 $y=\log a(-x)$ 图象关于 y 轴对称，$y=\log a x$ 与 $y=a^x$ 图象关于直线 $y=x$ 对称。

(6) 有特殊点（1，0），（a，1）

(7) 抽象运算性质 $f(x)=\log_a x$（$a>0$，$a\neq1$），

$$f(x\cdot y)=f(x)+f(y),$$

$$f\left(\frac{x}{y}\right)=f(x)-f(y)$$

例题分析：

例 1. 求下列函数的定义域：

(1) $y=\log_a x^2$；

(2) $y=\log_a(4-x)$；

(3) $y=\log_a(-x^2+4x-3)$；

(4) $y=\log_a(x^2-2x+3)$。

分析：真数大于零，依次来解答。

第四讲　三角函数的图像和性质

近几年高考降低了对三角变换的考查要求，而加强了对三角函数的图象与性质的考查，因为函数的性质是研究函数的一个重要内容，是学习高等数学和应用技术学科的基础，又是解决生产实际问题的工具，因此三角函数的性质是本章复习的重点。在复习时要充分运用数形结合的思想，把图象与性质结合起来，即利用图象的直观性得出函数的

性质，或由单位圆上线段表示的三角函数值来获得函数的性质，同时也要能利用函数的性质来描绘函数的图象，这样既有利于掌握函数的图象与性质，又能熟练地运用数形结合的思想方法。

（一）图像：正弦函数、余弦函数、正切函数的图像

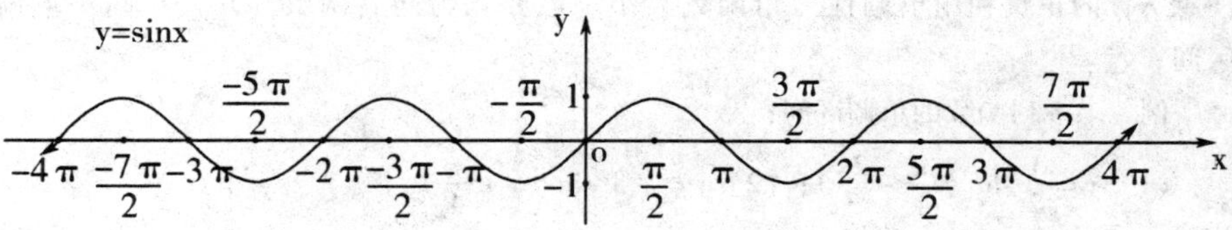

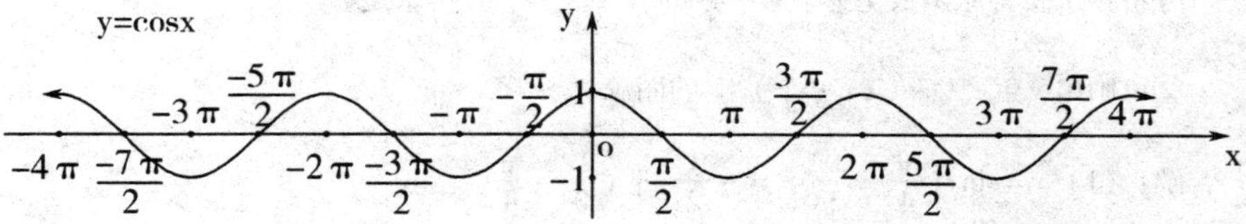

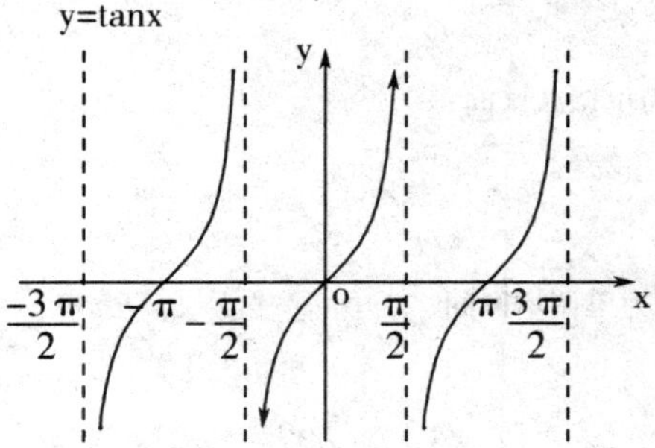

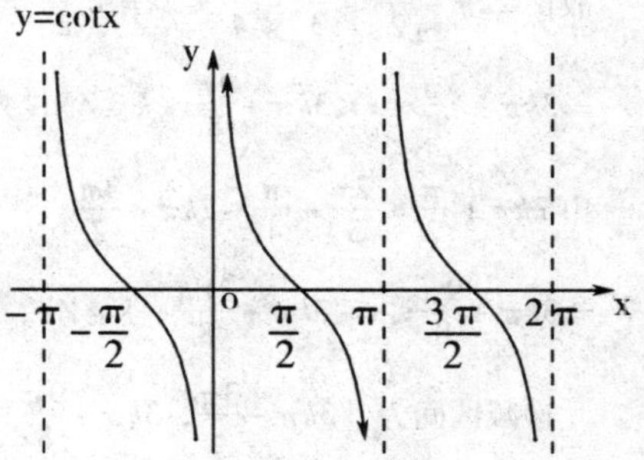

（二）性质

1. 定义域：$y=\sin x$ 为 R，$y=\cos x$ 为 R，$y=\tan x$ 为 $X\in\left(k\pi-\frac{\pi}{2},\ k\pi+\frac{\pi}{2}\right)$（$\pi\in$ Z）

2. 值域：$y=\sin x$ 为 $[-1,\ 1]$，$y=\cos x$ 为 $[-1,\ 1]$，$y=\tan x$ 为 R

3. 奇偶性：$y=\sin x$ 为奇函数，$y=\cos x$ 为偶函数，$y=\tan x$ 为奇函数

4. 单调性

$y=\sin x$ 的递增区间是 $\left[2k\pi-\frac{\pi}{2},\ 2k\pi+\frac{\pi}{2}\right]$（$k\in Z$），

递减区间是 $\left[2k\pi+\frac{\pi}{2},\ 2k\pi+\frac{3\pi}{2}\right]$（$k\in Z$）；

$y=\cos x$ 的递增区间是 $[2k\pi-\pi,\ 2k\pi]$（$k\in Z$），

递减区间是 $[2k\pi,\ 2k\pi+\pi]$（$k\in Z$），

$y=\tan x$ 的递增区间是 $\left(k\pi-\frac{\pi}{2},\ k\pi+\frac{\pi}{2}\right)$（$k\in Z$）

求三角函数的单调区间：一般先将函数式化为基本三角函数的标准式，要特别注意 A、的正负利用单调性三角函数大小一般要化为同名函数，并且在同一单调区间；

例．求下列函数的单调区间：

（1）$y=\frac{1}{2}\sin\left(\frac{\pi}{4}-\frac{2x}{3}\right)$；（2）$y=-|\sin\left(x+\frac{\pi}{4}\right)|$。

分析：①要将原函数化为 $y=-\frac{1}{2}\sin\left(\frac{2}{3}x-\frac{\pi}{4}\right)$ 再求之。

②可画出 $y=-|\sin\left(x+\frac{\pi}{4}\right)|$ 的图象。

解：（1）$y=\sin\left(\frac{\pi}{4}-\frac{2x}{3}\right)=-\frac{1}{2}\sin\left(\frac{2x}{3}-\frac{\pi}{4}\right)$。

故由 $2k\pi-\frac{\pi}{2}\leqslant\frac{2x}{3}-\frac{\pi}{4}\leqslant 2k\pi+\frac{\pi}{2}$。

$\Rightarrow 3k\pi-\frac{3\pi}{8}\leqslant x\leqslant 3k\pi+\frac{9\pi}{8}$（$k\in Z$），为单调减区间；

由 $2k\pi+\frac{\pi}{2}\leqslant\frac{2x}{3}-\frac{\pi}{4}\leqslant 2k\pi+\frac{3\pi}{2}$。

$\Rightarrow 3k\pi+\frac{9\pi}{8}\leqslant x\leqslant 3k\pi+\frac{21\pi}{8}$（$k\in Z$），为单调增区间。

$\therefore$ 递减区间为 $\left[3k\pi-\frac{3\pi}{8},\ 3k\pi+\frac{9\pi}{8}\right]$，

递增区间为 $\left[3k\pi+\frac{9\pi}{8},\ 3k\pi+\frac{21\pi}{8}\right]$（$k\in Z$）。

（2）$y=-|\sin\left(x+\frac{\pi}{4}\right)|$ 的图象的增区间为 $\left[k\pi+\frac{\pi}{4},\ k\pi+\frac{3\pi}{4}\right]$，减区间为 $\left[k\pi-\frac{\pi}{4},\ k\pi+=\frac{\pi}{4}\right]$。

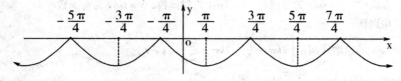

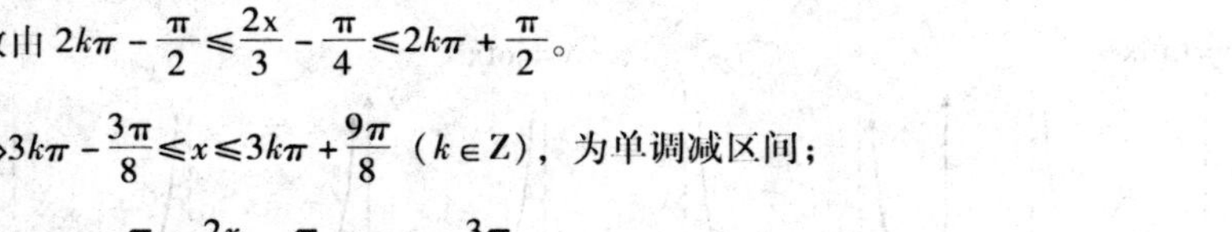

5. 周期性：$y=\sin x$ 为 2π，$y=\cos x$ 为 2π，$y=\tan x$ 为 π

6. 对称轴与对称中心：

$y=\sin x$ 的对称轴为 $x=k\pi+\frac{\pi}{2}$，对称中心为（$k\pi$，0）　（$k\in Z$）；

$y=\cos x$ 的对称轴为 $x=k\pi$，对称中心为（$k\pi+\frac{\pi}{2}$，0）；

对于 $y=A\sin(wx+\varphi)$ 和 $y=A\cos(wx+\varphi)$ 来说，对称中心与零点相联系，对称轴与最值点联系

反思：三角函数的周期性、对称性是三角函数的特有性质，要切实掌握，并注意结合三角函数的图像，从而达到解决问题的目的。

7. 函数 $y=A\sin(wx+\varphi)+B$（其中 $A>0$，$w>0$）的最值与周期

最大值是 $A+B$，最小值是 $B-A$，周期是 $T=\frac{2\pi}{w}$，频率是 $\frac{w}{2\pi}$，相位是 $wx+\varphi$，初相是 φ；其图象的对称轴是直线 $wx+\varphi=k\pi+\frac{\pi}{2}$（$k\in z$），凡是该图象与直线 $y=B$ 的交点都是该图象的对称中心。

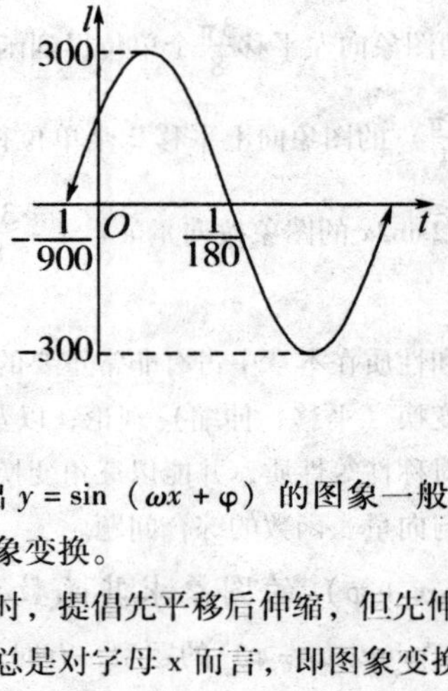

（三）图像变换

由 $y=\sin x$ 的图象变换出 $y=\sin(\omega x+\varphi)$ 的图象一般有两个途径，只有区别开这两个途径，才能灵活进行图象变换。

利用图象的变换作图象时，提倡先平移后伸缩，但先伸缩后平移也经常出现无论哪种变形，请切记每一个变换总是对字母 x 而言，即图象变换要看“变量”起多大变化，而不是“角变化”多少。

途径一：先平移变换再周期变换（伸缩变换）

先将 $y=\sin x$ 的图象向左（$\varphi>0$）或向右（$\varphi<0$ = 平移 $|\varphi|$ 个单位，再将图象上各点的横坐标变为原来的 $\frac{1}{\omega}$ 倍（$\omega>0$），使得 $y=\sin(\omega x+\varphi)$ 的图象。

途径二：先周期变换（伸缩变换）再平移变换。

先将 y = sinx 的图象上各点的横坐标变为原来的$\frac{1}{\omega}$倍（$\omega>0$），再沿 x 轴向左（$\varphi>0$）或向右（$\varphi<0=\frac{|\varphi|}{\omega}$平移个单位，便得 $y=\sin(\omega x+\varphi)$ 的图象。

例：已知函数 $f(x)=(\sin x-\cos x)\sin x+(3\cos x-\sin x)\cos x$（$x\in R$）。

（Ⅰ）求函数 $f(x)$ 的周期；

（Ⅱ）函数 $f(x)$ 的图象是由函数 $y=\sqrt{2}\sin 2x$ 的图象经过怎样的变换得到？

分析：三角函数周期性的题目是命题者送给考生的见面礼物！就像考虑三角函数的其它性质一样，把三角函数式化作只含一个三角符号的一次式是求解此类题的决定性步骤，然后套用正弦（或余弦、正切、余切）型函数 $y=A\sin(\omega x+\varphi)+k$ 的最小正周期公式 $T=\frac{2\pi}{|\omega|}$即可。另外三角函数的图像变换是重点也是难点，要求学生切实掌握平移和伸缩变换的规律。

解：$f(x)=\sin^2x+3\cos^2x-2\sin x\cos x=2-\sin 2x+\cos 2x=2+\sqrt{2}\sin(2x+\frac{3\pi}{4})$

（Ⅰ）函数 $f(x)$ 的最小正周期为 π。

（Ⅱ）函数 $y=\sqrt{2}\sin 2x$ 的图象向左平移$\frac{3\pi}{8}$个单位得到函数 $y=\sqrt{2}\sin(2x+\frac{3\pi}{4})$ 的图象；将函数 $y=\sqrt{2}\sin(2x+\frac{3\pi}{4})$ 的图象向上平移 2 个单位得到函数 $y=2+\sqrt{2}\sin(2x+\frac{\pi}{4})$ 的图象。即将函数 $y=\sqrt{2}\sin 2x$ 的图象按向量 $\vec{a}=(-\frac{3\pi}{8},2)$ 平移得到函数 $f(x)$ 的图象。

反思：三角函数的图象和性质在本章中占有非常重要的地位，因此，必须认真掌握三角函数的图象特征，图象变换（平移、伸缩）理论；以及三角函数的定义域、值域、单调性、奇偶性、周期性、对称性等性质，并能以三角变换为手段，以其中的数学思想和方法为依托解决三角函数与向量、函数的综合问题。

（四）由 $y=A\sin(\omega x+\varphi)$ 的图象求其函数式的方法

给出图象确定解析式 $y=A\sin(\omega x+\varphi)$ 的题型，有时从寻找“五点”中的第一零点（$-\frac{\varphi}{\omega}$，0）作为突破口，要从图象的升降情况找准第一个零点的位置。

9）两角和与差的三角函数

一、（理解）和（差）角公式

①$\sin(\alpha\pm\beta)=\sin\alpha\cos\beta\pm\cos\alpha\sin\beta$

②$\cos(\alpha\pm\beta)=\cos\alpha\cos\beta\mp\sin\alpha\sin\beta$

③$tb(\alpha \pm \beta) = \dfrac{tg\alpha \pm tb\beta}{1 \mp tg\alpha \cdot tg\beta} \Rightarrow tg\alpha \pm tg\beta = tg(\alpha \pm \beta)(1 \mp tg\alpha \cdot gt\beta)$

二、（熟记）二倍角公式：（含万能公式）

①$\sin 2\theta = 2\sin\theta\cos\theta = \dfrac{2tg\theta}{1 + tg^2\theta}$

②$\cos 2\theta = \cos^2\theta - \sin^2\theta = 2\cos^2\theta - 1 = 1 - 2\sin^2\theta = \dfrac{1 - tg^2\theta}{1 + tg^2\theta}$

③$tg 2\theta = \dfrac{2gt\theta}{1 - tg^2\theta}$

④$\sin^2\theta = \dfrac{1 - \cos 2\theta}{2} = \dfrac{tg^2\theta}{1 + tg^2\theta}$；$\cos^2\theta = \dfrac{1 + \cos 2\theta}{2} = \dfrac{1}{1 + \tan^2\theta}$；$\tan^2\theta = \dfrac{1 - \cos^2\theta}{\cos^2\theta} = \dfrac{\sin^2\theta}{1 - \sin^2\theta}$ ⇒（了解）三倍角公式：

①$\sin 3\theta = 3\sin\theta - 4\sin^3\theta = 4\sin\theta\sin(60° - \theta)\sin(60° + \theta)$

②$\cos 3\theta = 4\cos^3\theta - 3\cos\theta = 4\cos\theta\cos(60° - \theta)\cos(60° + \theta)$

③$tg 3\theta = \dfrac{3tg\theta - tg^3\theta}{1 - 3tg^2\theta} = tg\theta \cdot tg(60 - \theta) \cdot tg(60 + \theta)$

三、（能推）半角公式：（符号的选择由$\dfrac{\theta}{2}$所在的象限确定）

①$\sin\dfrac{\theta}{2} = \pm\sqrt{\dfrac{1 - \cos\theta}{2}}$

②$\cos\dfrac{\theta}{2} = \pm\sqrt{\dfrac{1 + \cos\theta}{2}}$

※③$tg\dfrac{\theta}{2} = \dfrac{\sin\theta}{1 + \cos\theta} = \dfrac{1 - \cos\theta}{\sin\theta} = \pm\sqrt{\dfrac{1 - \cos\theta}{1 + \cos\theta}}$

※④$\sin^2\dfrac{\theta}{2} = \dfrac{1 - \cos\theta}{2}$；$\dfrac{\cos^2\theta}{2} = \dfrac{1 + \cos\theta}{2}$

※⑤$1 - \cos\theta = 2\sin^2\dfrac{\theta}{2}$；$1 + \cos\theta = 2\cos^2\dfrac{\theta}{2}$

※ ⑥ $1 \pm \sin\alpha = \left(\sin\dfrac{\alpha}{2} \pm \cos\dfrac{\alpha}{2}\right)^2$　$\sqrt{1 \pm \sin\theta} = \sqrt{(\cos\dfrac{\theta}{2} \pm \sin\dfrac{\theta}{2})^2} = \left|\cos\dfrac{\theta}{2} + \sin\dfrac{\theta}{2}\right|$

四、（了解）积化和差公式

①$\sin\alpha\cos\beta = \dfrac{1}{2}[\sin(\alpha + \beta) + \sin(\alpha - \beta)]$

②$\cos\alpha\sin\beta=\frac{1}{2}[\sin(\alpha+\beta)-\sin(\alpha-\beta)]$

③$\cos\alpha\cos\beta=\frac{1}{2}[\cos(\alpha+\beta)+\cos(\alpha-\beta)]$

④$\sin\alpha\sin\beta=-\frac{1}{2}[\cos(\alpha+\beta)-\cos(\alpha-\beta)]$

五、（了解）和差化积公式

①$\sin\alpha+\sin\beta=2\sin\frac{\alpha+\beta}{2}\cos\frac{\alpha-\beta}{2}$

②$\sin\alpha-\sin\beta=2\cos\frac{\alpha+\beta}{2}\sin\frac{\alpha-\beta}{2}$

③$\cos\alpha+\cos\beta=2\cos\frac{\alpha+\beta}{2}\cos\frac{\alpha-\beta}{2}$

④$\cos\alpha-\cos\beta=-2\sin\frac{\alpha+\beta}{2}\sin\frac{\alpha-\beta}{2}$

六、（运用）辅角公式：（其中 φ 与点（a，b）在同一象限，且 $tg\varphi=\frac{b}{a}$）

$a\sin\alpha+b\cos\alpha=\sqrt{a^2+b^2}\left(\frac{a}{\sqrt{a^2+b^2}}\sin a+\frac{b}{\sqrt{a^2+b^2}}\cos\alpha\right)=\sqrt{a^2+b^2}\sin(\alpha+\varphi)$

※$a\sin^2\alpha+b\sin\alpha\cos\alpha+c\cos^2\alpha=a\frac{1-\cos2\alpha}{2}+b\frac{\sin2\alpha}{2}+c\frac{1+\cos2\alpha}{2}=\frac{b}{2}\sin2\alpha=\left(\frac{c}{2}-\frac{a}{2}\right)\cos2\alpha+\left(\frac{c}{2}+\frac{a}{2}\right)$

$a\sin^2\alpha+b\sin\alpha\cos\alpha+c\cos^2\alpha=\frac{a\sin^2\alpha+b\sin\alpha\cos\alpha+c\cos^2\alpha}{\sin^2\alpha+\cos^2\alpha}=\frac{a\tan^2\alpha+b\tan\alpha+1}{\tan^2\alpha+1}$

注意：无论是化简、求值还是证明都要注意：角度的特点、函数名称的特点；其中切弦互化是常用手段；升幂、降幂公式要灵活应用，注意角的范围对解题的影响。

七、例题解析

例 1.（1）$\tan20^0+\tan40^0+\sqrt{3}\tan20^0\tan40^0$；（2）已知 $270°<\alpha<360°$，化简$\sqrt{\frac{1}{2}+\frac{1}{2}\sqrt{\frac{1}{2}+\frac{1}{2}\cos2\alpha}}$。

解：（1）原式 $=\tan60^0\times(1-\tan20^0\cdot\tan60^0)+\sqrt{3}\tan20^0\cdot\tan40^0=\sqrt{3}$。

(2) $\because 270° < \alpha < 360°$，$\therefore \cos\alpha > 0$，$\cos\dfrac{\alpha}{2} < 0$

$\therefore$ 原式 $= \sqrt{\dfrac{1}{2} + \dfrac{1}{2}\sqrt{\dfrac{1+\cos 2\alpha}{2}}} = \sqrt{\dfrac{1}{2} + \dfrac{1}{2}\sqrt{\cos^2\alpha}} = \sqrt{\dfrac{1+\cos\alpha}{2}} = \sqrt{\cos^2\dfrac{\alpha}{2}} = -\cos\dfrac{\alpha}{2}$。

例 2. (1) 计算 $\cos 20^0 \cos 40^0 \cos 80^0$ 的值。(2) 计算 $\sin 40^0$ $(\tan 10^0 - \sqrt{3})$ 的值。

解：(1) 原式 $= \dfrac{8\sin 20^0 \cos 20^0 \cos 40^0 \cos 80^0}{8\sin 20^0} = \dfrac{1}{8}$。

(2) 原式 $= \sin 40^0 \left(\dfrac{\sin 10^0}{\cos 10^0} - \dfrac{\sin 60^0}{\cos 60^0}\right) = \sin 40^0$。

$\dfrac{-\sin 50^0}{\cos 10^0 \cos 60^0} = -\dfrac{2\sin 40^0 \cdot \sin 50^0}{\cos 10^0} = -\dfrac{\sin 80^0}{\cos 10^0} = -1$

例 3. 求 $\dfrac{2\cos 10^0 - \sin 20^0}{\cos 20^0}$ 的值

解：原式 $= \dfrac{2\cos(30° - 20°) - \sin 20^0}{\cos 20°} = \dfrac{2(\cos 30° \quad \cos 20° + \sin 30° \quad \sin 20°)}{\cos 20°} = \dfrac{\sqrt{3}\cos 30°}{\cos 20°} = \sqrt{3}$

例 4. 设 $\cos\left(\alpha - \dfrac{\beta}{2}\right) = -\dfrac{1}{9}$，$\sin\left(\dfrac{\alpha}{2} - \beta\right) = \dfrac{2}{3}$，$\dfrac{\pi}{2} < \alpha < \pi$，$0 < \beta < \dfrac{\pi}{2}$，求 $\cos(\alpha + \beta)$

解：$\because \dfrac{\pi}{2} < \alpha < \pi$，$0 < \beta < \dfrac{\pi}{2}$

$\therefore \dfrac{\pi}{4} < \alpha - \dfrac{\beta}{2} < \pi$，$-\dfrac{\pi}{4} < \dfrac{\alpha}{2} - \beta < \dfrac{\pi}{2}$

$\therefore \sin\left(\alpha - \dfrac{\beta}{2}\right) = \dfrac{4\sqrt{5}}{9}$，$\cos\left(\dfrac{\alpha}{2} - \beta\right) = \dfrac{\sqrt{5}}{3}$，

$\therefore \cos\left(\dfrac{\alpha+\beta}{2}\right) = \cos\left[\left(\alpha - \dfrac{\beta}{2}\right) - \left(\dfrac{\alpha}{2} - \beta\right)\right] = \dfrac{7\sqrt{5}}{27}$

$\therefore \cos(\alpha + \beta) = 2\cos^2\left(\dfrac{\alpha+\beta}{2}\right) - 1 = -\dfrac{239}{729}$

注：观察条件、结论中的角的关系，配角及角的范围尤为重要。

例 5. 若 α，$\beta \in (0, \pi)$，$\cos\alpha = -\dfrac{7}{\sqrt{50}}$，$\tan\beta = -\dfrac{1}{3}$，求 $\alpha + 2\beta$。

解：$\because \alpha$，$\beta \in (0, \pi)$，$\cos\alpha = -\dfrac{7}{\sqrt{50}}$

$\therefore \tan\alpha = -\frac{1}{7} \in \left(-\frac{\sqrt{3}}{3}, 0\right)$，$\tan\beta = -\frac{1}{3} \in \left(-\frac{\sqrt{3}}{3}, 0\right)$，

$\therefore \alpha, \beta \in \left(\frac{5\pi}{6}, \pi\right)$，$\alpha + 2\beta \in \left(\frac{5\pi}{2}, 3\pi\right)$。

又 $\tan 2\beta = \frac{2\tan\beta}{1-\tan^2\beta} = -\frac{3}{4}$，$\tan(\alpha+2\beta) = \frac{\tan\alpha + \tan 2\beta}{1-\tan\alpha\tan 2\beta} = -1$，$\therefore \alpha + 2\beta = \frac{11\pi}{4}$

例 6. 证明 $\frac{\sin 2\alpha + 1}{1+\cos 2\alpha + \sin 2\alpha} = \frac{1}{2}\tan\alpha + \frac{1}{2}$

证明：$\because$ 左 $= \frac{(\sin\alpha + \cos\alpha)^2}{2\cos^2\alpha + 2\sin\alpha \cdot \cos\alpha} = \frac{\sin\alpha + \cos\alpha}{2\cos\alpha} = \frac{1}{2}\tan\alpha + \frac{1}{2} =$ 右　$\therefore$ 命题得证。

例 7. 求 $\frac{1}{\sin 10°} - \frac{\sqrt{3}}{\cos 10°}$ 的值。

解：原式 $= \frac{\cos 10° - \sqrt{3}\sin 10°}{\sin 10° \cos 10°} = \frac{4\left(\frac{1}{2}\cos 10° - \frac{\sqrt{3}}{2}\sin 10°\right)}{2\sin 10° \cos 10°} = \frac{4(\sin 30° \cos 10° - \cos 30° \sin 10°)}{2\sin 10° \cos 10°} = \frac{4\sin(30° - 10°)}{\sin 20°} = \frac{4\sin 20°}{\sin 20°} = 4$

第五讲　浅谈利用二分法求方程的近似解的学习

用二分法求方程的近似解是紧跟在“函数的零点”之后的教学内容。从联系的角度看，前面一节，学生已经学习了方程的根与函数的零点之间存在着对立统一的关系，这一节则是介绍一种具体的方法来运用这一关系解决问题。

从整个教材来分析，这一部分的内容是在“函数的应用”这一大章节之下。新课程标准中强调函数的应用性，这里包括两个方面：一方面是函数在生活实践中的应用，函数建模等内容属于这个范畴；另一方面则是函数在数学自身范围内的应用，“二分法”即是其中的代表。

基于以上的分析，笔者给出了以下的一些教学建议，与读者朋友们分享。

一、为什么要用二分法

就通过试验缩小搜索区间来讲，试验点不一定取中点，取其他的点也可以，那么为什么取中点呢？

下面以搜索区间为 [0，1] 的情况作讨论。

一种对所有搜索区间为 [0，1] 的方程 $f(x)=0$ 都适用的方法，即对集合 $G=\{f(x)=0, f(x)$ 连续，且 $f(0)\cdot f(1)<\}$ 中的所有方程都适用的方法。一个

合理的假设是：G 中所有方程 $f(x)=0$ 的根在 $[0,1]$ 上均匀分布。设试验点是 c，那么 c 将 $[0,1]$ 分成 $[0,c]$ 和 $[c,1]$ 两部分，它们的长度分别是 c 和 $1-c$。由假设，通过试验保留的搜索区间是 $[0,c]$（即方程 $f(x)=0$ 的根在 $[0,c=$中）的概率是 c，通过试验保留的搜索区间是 $[c,1]$ 的概率是 $1-c$。因此，通过一次试验保留的搜索区间的期望长度为 $c^2+(1-c)^2=2c^2-2c+1=2\left(c-\frac{1}{2}\right)^2+\frac{1}{2}$，容易看出，当 $c=\frac{1}{2}$ 的时候，通过一次试验保留的搜索区间的期望长度最小。这就是取中点作为试验点的原因。

二、引入方法

方法 1：已知商店里一件商品的利润 y 与它的价格 x 之间满足函数关系 $y=x^2-4x+3$，请画出这个函数的图像，并思考当价格为多少元的时候商店不盈也不亏。

方法 2：创设问题情景：蹦极运动。设下落的时间 t 秒。人离开参照点“礁石尖端”的位移为 S（S=0 表示人在礁石点处，向下取负，向上取正），开始下落时，时间 $t=0$，在 $t\in[4,6]$ 时的变化如下表：

t	4.0	4.3	4.6	4.9	5.2	5.5	6.0
S	-5	10	1	-10	1	8	-3

问：这段时间内人有几次通过礁石尖端处？

方法 3：使用“幸运 52”猜测商品价格的游戏作情景。

方法 4：(1) 请同学们思考下面的问题：能否解下列的方程①$x^2-2x-1=0$ ②$\lg x=3-x$ ③$x^4-3x-1=0$

(2) 特殊入手：不解方程求方程 $x^2-2x-1=0$ 的近似解（精确到 0.01）。

方法 1、2、3 都是以“实际问题”为情境引入。

方法 4 以学生已有的认知水平：会求一元二次方程的实数解，对应二次函数的图像与二轴的交点坐标。让学生探究具体的一元二次方程的根与其对应的一元二次函数的图像与二轴的交点的横坐标的关系，再探究一般的一元二次方程的根与其对应的一元二次函数的图像与 x 轴的交点的横坐标的关系。

三、函数零点的处理

用二分法求方程近似解的理论基础是零点存在定理。下面我们来看看教材上描述的零点存在定理。如果函数 $y=f(x)$ 在区间 $[a,b]$ 上的图像是连续不断的一条曲线，并且有 $f(a)f(b)<0$，那么函数 $y=f(x)$ 在区间 $[a,b]$ 内有零点即存在 $c\in(a,b)$，使 $f(c)=0$。

由此可见，定理的题设部分有两个条件：

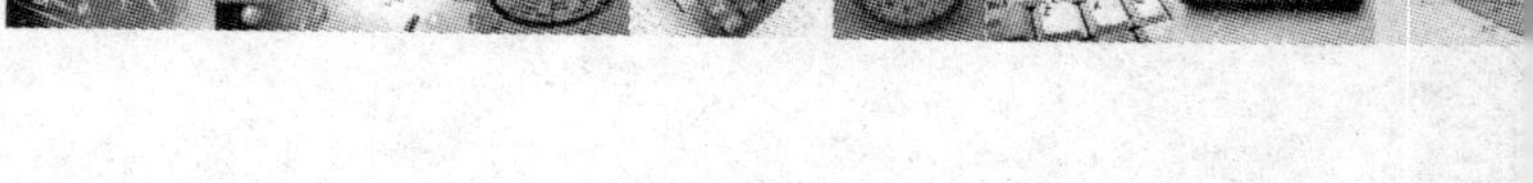

(1) $y=f(x)$ 在区间 [a，b] 上的图象是连续不断的一条曲线；

(2) $f(a)f(b)<0$。

学生在运用这个定理时往往会存在以下疑问：

①我怎样去判断某一函数的图像在某一区间是连续不断的呢？

②$y=f(x)$ 满足条件（1）（2）就一定存在零点，那么是否只存在一个零点呢？

③若把条件（2）改为 $f(a)f(b)>0$，则 $y=f(x)$ 在 (a,b) 是否就不存在零点呢？

对于问题①，我们可以告诉学生我们前面所学的一次函数、二次函数、指数函数、对数函数、幂函数在它们各自的定义域内图像都是连续的。这些函数经过加减乘除或经过复合而成的新的函数在各自的定义域内图像仍然是连续的。

对于问题②，主要通过观察函数图像来总结。

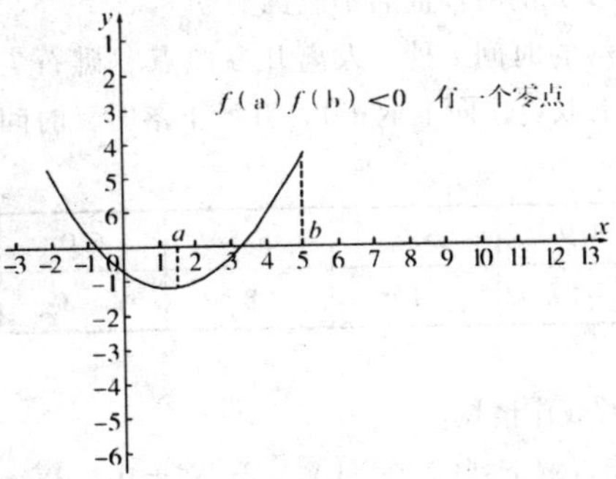

图 1

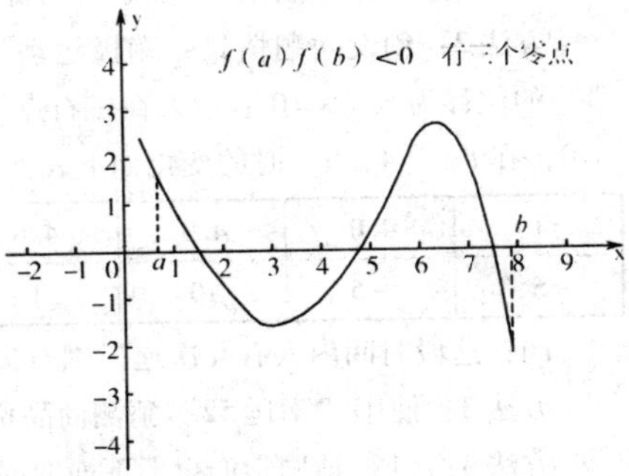

图 2

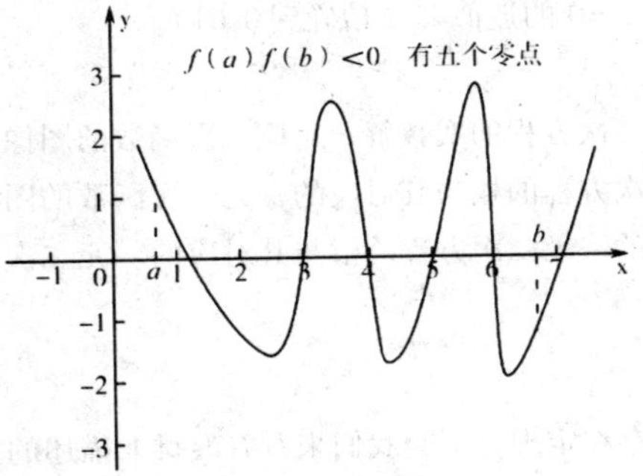

图 3

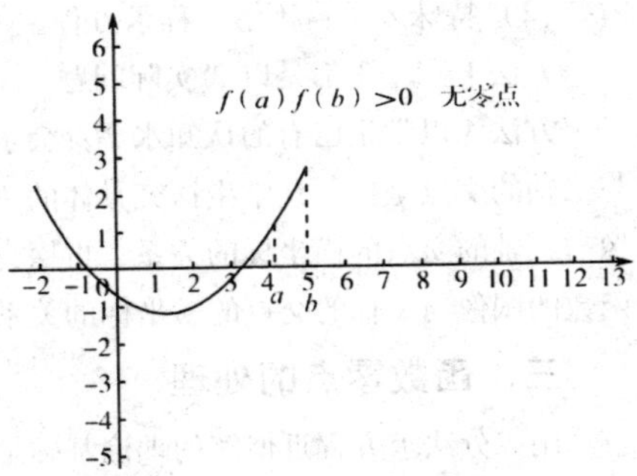

图 4

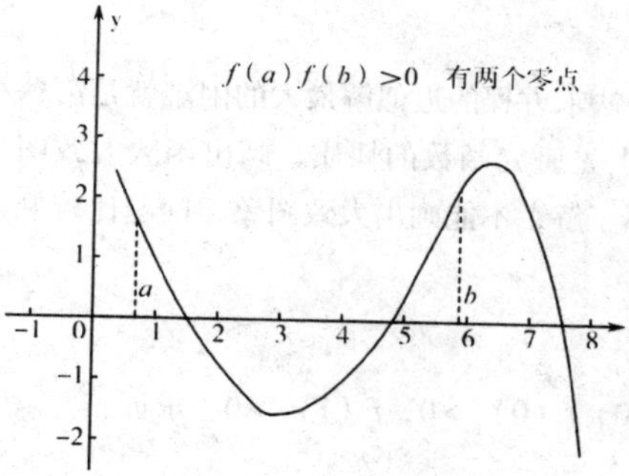

图 5

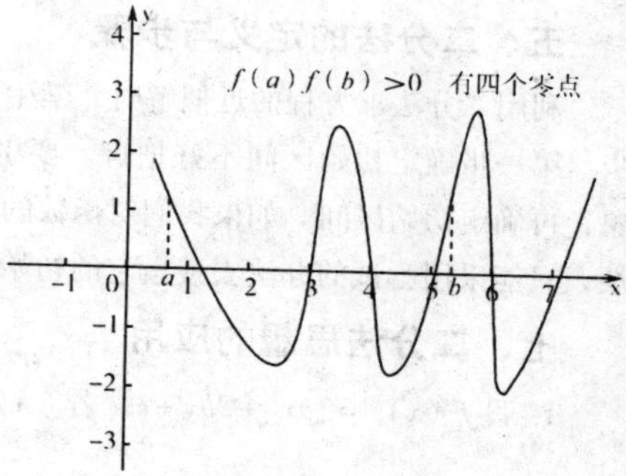

图 6

（1）对全部零点为单重零点既对应方程无重根的情况。

$y=f(x)$ 在区间 $[a, b]$ 上的图象是连续不断的一条曲线且 $f(a)f(b)<0$，则 $y=f(x)$ 在 (a, b) 上有奇数个零点。若 $y=f(x)$ 在区间 $[a, b]$ 上单调则 $y=f(x)$ 在 (a, b) 上有唯一零点。

$y=f(x)$ 在区间 $[a, b]$ 上的图象是连续不断的一条曲线且 $f(a)f(b)>0$，则 $y=f(x)$ 在 (a, b) 上有偶数个零点。若 $y=f(x)$ 在区间 $[a, b]$ 上单调则 $y=f(x)$ 在 (a, b) 上有无零点。

可以看出连续函数的零点具有一个很重要的性质：函数的图象如果是连续的，当它通过零点时，函数的值变号，也就是图象要经过该点要穿越 x 轴。

（2）对多重零点的情况

从图 7、图 8 可以看出偶数重零点不穿过 x 轴；奇数重零点穿过 x 轴。函数若有一零点为多重零点，当该零点为偶重零点时，图象通过该零点时，函数值不变号，也就是图象经过该零点而不穿越 x 轴。当该零点为奇重零点时，图象经过该点时函数值要变号，也就是图象经过该零点且穿越 x 轴。处理好这个问题是本节课的关键。

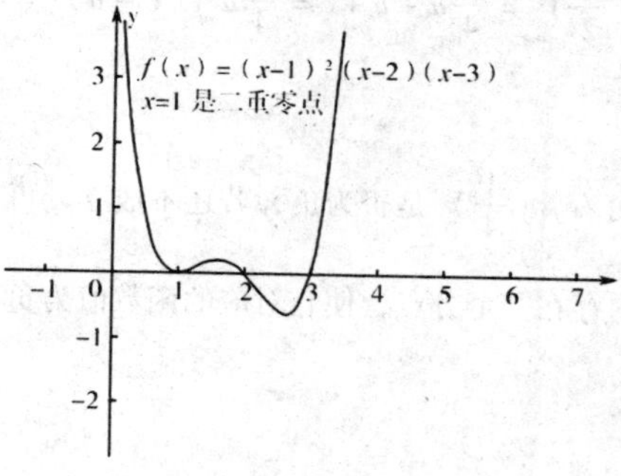

图 7

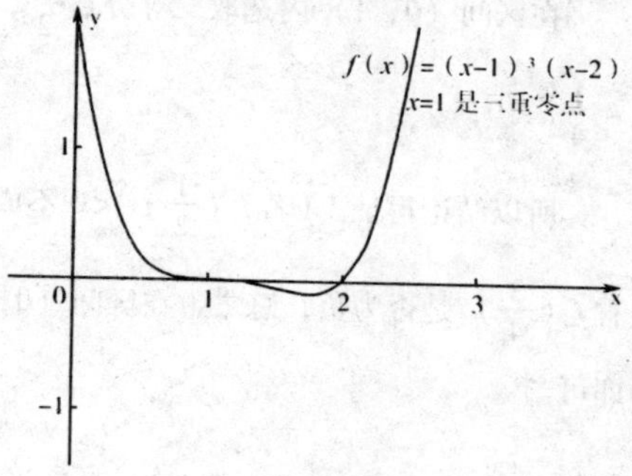

图 8

五、二分法的定义与步骤

利用二分法求方程的近似解时，学生用二分法求方程的近似解最大的困难就是第一步。第一步确定初始区间不好把握。要引导学生先研究函数的性质，画出函数大致图象，再确定初始区间。如果我们对函数的性质不了解，不能画出大致图象，问题比较麻烦，只能采用尝试的办法去搜索它的初始区间。

七、二分法思想的应用

1. 设 $f(x)=3ax^2+2bx+c$。若 $a+b+c=0$，$f(0)>0$，$f(1)>0$，求证：

（Ⅰ）$a>0$ 且 $-2<\frac{a}{b}<-1$；

（Ⅱ）方程 $f(x)=0$ 在（0，1）内有两个实根。

证明：（Ⅰ）（略）

（Ⅱ）解法 1：抛物线 $f=(x)=3ax^2+2bx+c$ 的顶点坐标为 $\left(-\frac{b}{3a}, \frac{3ac-b^2}{3a}\right)$，

利用二分法思想在 $-2<\frac{b}{a}<-1$ 的两边乘以 $-\frac{1}{3}$，得

$\frac{1}{3}<-\frac{b}{3a}<\frac{2}{3}$ 又因为而 $f(0)>0$，$f(1)>0$，而 $f\left(-\frac{b}{3a}\right)=-\frac{a^2+c^2-ac}{3a}<0$，

所以方程 $f(x)=0$ 在区间 $\left(0, -\frac{b}{3a}\right)$ 与 $\left(-\frac{b}{3a}, 1\right)$ 内分别有一实根。

故方程 $f(x)=0$ 在（0，1）内有两个实根。

解法 2 采用“二分法”，只需证：①区间（0，1）两个端点处 $f(0)$，$f(1)$ 的符号都为正；②在区间（0，1）内寻找一个二分点，使这个二分点所对应的函数值小于 0，它保证抛物线与 x 轴有两个不同的交点（因 $a>0$ 抛物线开口方向向上）。综合①、②，由函数的图象可知：方程 $f(x)=0$ 在（0，1）内必有两个不同实根。

在区间（0，1）内选取二等分点 $\frac{1}{2}$，因 $f\left(\frac{1}{2}\right)=\frac{3}{4}a+b+c=\frac{3}{4}a+(-a)=-\frac{1}{4}a<0$，

所以结论得证。（若 $f\left(\frac{1}{2}\right)<0$ 不成立，可看 $f\left(\frac{1}{4}\right)$ 是否为负，若还不成立，再看 $f\left(\frac{3}{4}\right)$ 是否为负，总之，在区间（0，1）内存在一个分点，使它对应的函数值为负即可。）

第二节　高二知识展示

第一讲　丰富有趣的数列

等差数列

等差数列是学生探究特殊数列的开始，它对后续内容的学习，无论在知识上，还是在方法上都具有积极的意义。

1. 等差数列定义：一般的，一个数列从第二项起每一项与它前一项的差值总是同一个常数，这样的数列为等差数列

注意：(1) 公差 d 一定是由后项减前项所得，而不能用前项减后项来求；

(2) 对于数列 $\{a_n\}$，若 $a_n - a_{n-1} = d$（与 n 无关的数或字母），$n \geqslant 2$，$n \in N^+$，则此数列是等差数列，d 为公差。

2. 重要公式：

(1) 通项公式 $a_n = a_1 + (n-1)d$（或 $a_n = a_m + (n-m)d$）

等差数列定义是由一数列相邻两项之间关系而得，若一等差数列 $\{a_n\}$ 的首项是 a_1，公差是 d，则据其定义可得：

$a_2 - a_1 = d$ 即：$a_2 = a_1 + d$

$a_4 - a_3 = d$ 即：$a_4 = a_3 + d = a_1 + 3d$

……

由此归纳等差数列的通项公式可得：$a_n = a_1 + (n-1)d$

(2) 求和公 $S_n = \frac{n(a_1 + a_n)}{2} = na_1 + \frac{n(n-1)}{2d}$

(3) 公差计算：$d = a_n - a_{n-1} = \frac{a_n - 1}{n-1}$

3. 性质：设数列 $\{a_n\}$ 是等差数列，它有下列性质

(1) $a_n = a_m + (n-m)d$　（其中 m、$n \in N^*$）

(2) m、n、p、$q \in N^*$ 且 $m+n=p+q$，则有：$a_m + a_n = a_p + a_q$

(3) $a_1 + a_n = a_2 + a_{n-1} = \cdots = a_i + a_{n-l} = \cdots$

（4）$a_{m+l}-a_1=a_{m+k}-a_k=md$（其中 m、k、$l\in N^*$）

（5）若 $\{b_n\}$ 也为等差数列，则 $\{a_n\pm b_n\}$ 与 $\{ka_n+b_n\}$（k、b 为非零实数）也是等差数列。

4. 等差数列性质的应用

例 1. 在等差数列 $\{a_n\}$ 中，d 为公差，若 m，n，p，$q\in N_+$ 且 $m+n=p+q$

求证：$1°a_m+a_n=a_p+a_q$　　$2°$　$a_p=a_q+(p-q)d$

证明：$1°$设首项为 a_1，

$a_m+a_n=a_1+(m-1)d+a_1+(n-1)d=2a_1+(m+n-2)d$

$a_p+a_q=a_1(p-1)d+a_1+(q-1)d=2a_1+(p+q-2)d$

$\because m+n=p+q$　$\therefore a_m+a_n=a_p+a_q$

$2°\because a_p=a_1+(p-1)d$

$a_q+(p-q)d=a_1+(q-1)d+(p-q)d=a_1+(p-1)d$

$\therefore a_p=a_q+(p-q)d$

注意：由此可以证明一个定理：设成 AP，则与首末两项距离相等的两项和等于首末两项的和，即：$a_1+a_n=a_2+a_{n-1}=a_3+a_{n-2}=\cdots\cdots$

同样：若 $m+n=2p$ 则 $a_m+a_n=2a_p$

例 2. 在等差数列 $\{a_n\}$ 中，若 $a_3+a_4+a_5+a_6+a_7=450$，则 $a_2+a_8=$（　　）

分析：利用等差数列的性质：距首、末两项距离相等的两个项的和都相等，即若 $m+n=p+q$，则 $a_m+a_n=a_p+a_q$ 比较容量解出。

解：$\because a_3+a_4+a_5+a_6+a_7=450$，而 $a_3+a_7=a_4+a_6=2a_5$

$\therefore 5a_5=450$，$\therefore a_5=90$ $\therefore a_2+a_8=2a_5=180$。

例 4. 设数列 $\{a_n\}$，$\{b_n\}$ 都是等差数列，且 $a_1=25$，$b_1=75$，$a_2+b_2=100$，那么由 a_n+b_n 所组成的数列的第 37 项为（　　）

分析：利用等差数列的性质求解十分方便。

解：由 $\{a_n\}$，$\{b_n\}$ 都是等差数列，可知 $\{a_n+b_n\}$ 也为等差数列。设 $C_n=a_n+b_n$

$c_1=a_1+b_1=100$，$c_2=a_2+b_2=100$

$\therefore d=c_2-c_1=0$ 故 $c_n=100$（$n\in N^*$）从而 $c_{37}=100$

等比数列

1. 定义

等比数列：一般地，如果一个数列从第二项起，每一项与它的前一项的比等于同一个常数，那么这个数列就叫做等比数列。这个常数叫做等比数列数列的公比；公比通常用字母 q 表示（$q\neq0$），即：a_n ：$a_{n-1}=q$

2. 重要公式：

（1）等比数列的通项公 $an = a_1 q^{n-1}$

由定义式可得

$a_2 = a_1 q$

$a_3 = a_2 q = (a_1 q)\ q = a_1 q^2$

$a_4 = a_3 q = (a_2 q)\ q = ((a_1 q)\ q)\ q = a_1 q^3$

……

$a_n = a_{n-1} q = a_1 q^{n-1}$（$q \neq 0$），$n = 1$ 时，等式也成立，即对一切 $n \in N*$ 成立）。求和公式

（2）求和公式 $Sn = S_n = \begin{cases} na_1 & (q = 1) \\ \dfrac{a_1\ (1 - q^n)}{1 - q} & (q \neq 1) \end{cases}$

（3）公比

（4）等比中项：$a_q \cdot a_p = a_r^2$，a_r 则为 a_p，a_q 等比中项。

等比中项定义：从第二项起，每一项（有穷数列和末项除外）都是它的前一项与后一项的等比中项。

（5）无穷递缩等比数列各项和公式：

无穷递缩等比数列各项和公式：对于等比数列的前 n 项和，当 n 无限增大时的极限，叫做这个无穷递缩数列的各项和。判断一个数列是等比数列的方法：定义法、中项法、通项公式法；

3. 性质：（1）若 m、n、p、$q \in N*$，且 $m + n = p + q$，则 $a_m * a_n = a_p * a_q$；

（2）在等比数列中，依次每 k 项之和仍成等比数列。

“G 是 a、b 的等比中项”“G^2 = ab（G≠0）”。

（3）若（a_n）是等比数列，公比为 q_1，（bn）也是等比数列，公比是 q^2。（4）按原来顺序抽取间隔相等的项，仍然是等比数列。

（5）等比数列中，连续的，等长的，间隔相等的片段和为等比。

4. 应用

等比数列在生活中也是常常运用的。

如：银行有一种支付利息的方式——复利。

即把前一期的利息和本金加在一起算作本金，

在计算下一期的利息，也就是人们通常说的利滚利。

按照复利计算本利和的公式：本利和 = 本金 *（1 + 利率）^存期

5. 例题：【例 1】在等比数列 $\{a_n\}$（$n \in N^*$）中，$a_1 > 1$，公比 $q > 0$。设 $b_n =$

$\log_2 a_n$，且 $b_1+b_3+b_5=6$，$b_1b_3b_5=0$。

（1）求证：数列 $\{b_n\}$ 是等差数列；

（2）求 $\{b_n\}$ 的前 n 项和 S_n 及 $\{a_n\}$ 的通项 a_n；

（3）试比较 a_n 与 S_n 的大小。

剖析：（1）定义法即可解决。（2）先求首项和公差及公比。（3）分情况讨论。

（1）证明：$\because b_n=\log_2 a_n$，$\therefore b_{n+1}-b_n=\log_2\frac{a_{n+1}}{a_n}=\log_2 q$ 为常数。$\therefore$ 数列 $\{b_n\}$ 为等差数列且公差 $d=\log_2 q$。

（2）解：$\because b_1+b_3+b_5=6$，$\therefore b_3=2$。

$\because a_1>1$，$\therefore b_1=\log_2 a_1>0$。$\because b_1b_3b_5=0$，$\therefore b_5=0$。$\therefore \begin{cases}b_1+2d=2,\\ b_1+4d=0。\end{cases}$ 解得 $\begin{cases}b_1=4,\\ d=-1。\end{cases}$

$\therefore S_n=4_n+\frac{n(n-1)}{2}\times(-1)=\frac{9n-n^2}{2}$。

$\because \begin{cases}\log_2 q=-1,\\ \log_2 a_1=4,\end{cases}$ $\therefore \begin{cases}q=\frac{1}{2},\\ a_1=16。\end{cases}$

$\therefore a_n=2^{5-n}$（$n\in N^*$）。

（3）解：显然 $a_n=2^{5-n}>0$，当 $n\geqslant 9$ 时，$S_n=\frac{n(9-n)}{2}\leqslant 0$。

$\therefore n\geqslant 9$ 时，$a_n>S_n$。

$\because a_1=16$，$a_2=8$，$a_3=4$，$a_4=2$，$a_5=1$，$a_6=\frac{1}{2}$，$a_7=\frac{1}{4}$，$a_8=\frac{1}{8}$，$S_1=4$，$S_2=7$，$S_3=9$，$S_4=10$，$S_5=10$，$S_6=9$，$S_7=7$，$S_8=4$，

$\therefore$ 当 $n=3, 4, 5, 6, 7, 8$ 时，$a_n<S_n$；

当 $n=1$，2 或 $n\geqslant 9$ 时，$a_n>S_n$。

评述：本题主要考查了数列的基本知识和分类讨论的思想。

数列求和公式

1. 等差数列：（倒叙相加法）设 {an} 为等差数列，公差为 d，首项为 a1，则 $Sn=n(a_1+a_n)/2$ 或 $Sn=na_1+n(n-1)d/2$

2. 等比数列（错位相减法）（1）等比数列：$a_{n+1}/an=q$，n 为自然数。

（2）通项公式：$an=a_1*q^{\wedge(n-1)}$；推广式：$an=am\cdot q^{\wedge(n-m)}$；

（3）求和公式：$Sn=[a_1(1-q)^{\wedge n}]=/(1-q)$

3. 特殊数列前 n 项和

（1）$1+2+3+\cdots\cdots+n=n(n+1)\div 2$

(2) $1^2+2^2+3^2+\cdots\cdots+n^2=n(n+1)(2n+1)\div 6$

(3) $1^3+2^3+3^3+\cdots\cdots+n^3=(1+2+3+\cdots\cdots+n)^2=n^2*(n+1)^2\div 4$

(4) $1*2+2*3+3*4+\cdots\cdots+n(n+1)=n(n+1)(n+2)\div 3$

(5) $1*2*3+2*3*4+3*4*5+\cdots\cdots+n(n+1)(n+2)=n(n+1)(n+2)(n+3)\div 4$

(6) $1+3+6+10+15+\cdots\cdots=1+(1+2)+(1+2+3)+(1+2+3+4)+\cdots\cdots+(1+2+3+\cdots\cdots+n)$

$=[1*2+2*3+3*4+\cdots\cdots+n(n+1)]/2=n(n+1)(n+2)\div 6$

(7) $1+2+4+7+11+\cdots\cdots=1+(1+1)+(1+1+2)+(1+1+2+3)+\cdots\cdots+(1+1+2+3+\cdots\cdots+n)$

$=(n+1)*1+[1*2+2*3+3*4+\cdots\cdots+n(n+1)]/2=(n+1)+n(n+1)(n+2)\div 6$

(8) $1/2+1/2*3+1/3*4+\cdots\cdots+1/n(n+1)=1-1/(n+1)=n\div(n+1)$

(9) $1/(1+2)+1/(1+2+3)+1/(1+2+3+4)+\cdots\cdots+1/1+2+3+\cdots+n)=2/2*3+2/3*4+2/4*5+\cdots\cdots+2/n(n+1)=(n-1)\div(n+1)$

(10) $1/1*2+2/2*3+3/2*3*4+\cdots\cdots+(n-1)/2*3*4*\cdots*n=(2*3*4\cdots*n-1)/2*3*4*\cdots*n$

(11) $1^2+3^2+5^2+\cdots\cdots(2n-1)^2=n(4n^2-1)\div 3$

(12) $1^3+3^3+5^3+\cdots\cdots(2n-1)^3=n^2(2n^2-1)$

(13) $1^4+2^4+3^4+\cdots\cdots+n^4=n(n+1)(2n+1)(3n^2+3n-1)\div 30$

(14) $1^5+2^5+3^5+\cdots\cdots+n^5=n^2(n+1)^2(2n^2+2n-1)\div 12$

(15) $1+2+2^2+2^3+\cdots\cdots+2^n=2^{(n+1)}-1$

第二讲　不等式问题

不等式的性质定理的证明大搜索

一、判断两个实数大小的充要条件（不等式的最基本定理）

对于任意两个实数 a、b，在 $a>b$，$a=b$，$a<b$ 三种关系中有且仅有一种成立。判断两个实数大小的充要条件是：

$a>b\Leftrightarrow a-b>0$

$a=b\Leftrightarrow a-b=0$

$a<b\Leftrightarrow a-b<0$

由此可见，要比较两个实数的大小，只要考察它们的差的符号就可以了，这好比站在同一水平面上的两个人，只要看一下他们的差距，就可以判断他们的高矮了。

点评：（1）这个定理不需要证明被公认是正确的，不需要加以证明。

（2）这是比较两个量的大小的依据。比较两个实数的大小，其具体解题步骤可归纳为：

第一步：作差并化简，其目标应是 n 个因式之积或完全平方式或常数的形式

第二步：判断差值与零的大小关系，必要时须进行讨论

第三步：得出结论

二、不等式的性质

定理1：如果 $a>b$，那么 $b<a$，如果 $b<a$，那么 $a>b$。（对称性）

即：$a>b \Leftrightarrow b<a$；$b<a \Leftrightarrow a>b$

证明：$\because a>b \therefore a-b>0$

由正数的相反数是负数，得 $-(a-b)<0$ 即 $b-a<0 \therefore b<a$（定理的后半部分略）。

点评：可能个别学生认为定理1没有必要证明，那么问题：若 $a>b$，则 $\frac{1}{a}$ 和 $\frac{1}{b}$ 谁大？根据学生的错误来说明证明的必要性"实数 a、b 的大小"与"$a-b$ 与零的关系"是证明不等式性质的基础，本定理也称不等式的对称性。

定理2：如果 $a>b$，且 $b>c$，那么 $a>c$。（传递性）即 $a>b$，$b>c \Rightarrow a>c$

证明：$\because a>b$，$b>c \therefore a-b>0$，$b-c>0$

根据两个正数的和仍是正数，得 $(a-b)+(b-c)>0$ 即 $a-c>0 \therefore a>c$

根据定理1，定理2还可以表示为：$c<b$，$b<a \Rightarrow c<a$

点评：这是不等式的传递性、这种传递性可以推广到 n 个的情形。

定理3：如果 $a>b$，那么 $a+c>b+c$。

即 $a>b \Rightarrow a+c>b+c$

证明：$\because a>b$，$\therefore a-b>0$，$\therefore (a+c)-(b+c)>0$ 即 $a+c>b+c$

点评：（1）定理3的逆命题也成立；

（2）利用定理3可以得出：如果 $a+b>c$，那么 $a>c-b$，也就是说，不等式中任何一项改变符号后，可以把它从一边移到另一边。

推论：如果 $a>b$，且 $c>d$，那么 $a+c>b+d$。（相加法则）

即 $a>b$，$c>d \Rightarrow a+c>b+d$。

证法一：

$$\left.\begin{array}{l}a>b \Rightarrow a+c>b+c \\ c>d \Rightarrow b+c>b+d\end{array}\right\} \Rightarrow a+c>b+d$$

证法二：

$$\left.\begin{array}{l}a>b \Rightarrow a-b>0 \\ c>d \Rightarrow c-d>0\end{array}\right\} \Rightarrow a-b+c-d>0 \Rightarrow a+c>b+d$$

点评：（1）这一推论可以推广到任意有限个同向不等式两边分别相加，即：两个或者更多个同向不等式两边分别相加，所得不等式与原不等式同向；

（2）两个同向不等式的两边分别相减时，不能作出一般的结论；

定理4：如果 $a>b$，且 $c>0$，那么 $ac>bc$；

如果 $a>b$，且 $c<0$，那么 $ac<bc$。

证明：$\because ac-bc=(a-b)c \because a>b \therefore a-b>0$

当 $c>0$ 时，$(a-b)c>0$ 即 $ac>bc$。

当 $c<0$ 时，$(a-b)c<0$ 即 $ac<bc$。

类比定理3推论，设想同向不等式相乘，不等号方向是否改变？即如果 $a>b$，$c>d$ 是否一定能得出 $ac>bd$？（举例说明）

能否加强条件得出 $ac>bd$ 呢？（引导学生探索，得出推论）。

推论1 如果 $a>b>0$，且 $c>d>0$，那么 $ac>bd$。（相乘法则）

证明：$\because a>b$，$c>0$ $\therefore ac>bc$①

又 $\because c>d$，$b>0$， $\therefore bc>bd$②由①、②可得 $ac>bd$。

说明：（1）上述证明是两次运用定理4，再用定理2证出的；

（2）所有的字母都表示正数，如果仅有 $a>b$，$c>d$，就推不出 $ac>bd$ 的结论。

（3）这一推论可以推广到任意有限个两边都是正数的同向不等式两边分别相乘这就是说，两个或者更多个两边都是正数的同向不等式两边分别相乘，所得不等式与原不等式同向

推论2 若 $a>b>0$，则 $a^n>b^n$（$n\in \mathrm{N}$ 且 $n>1$）

说明：（1）推论2是推论1的特殊情形；

（2）应强调学生注意 $n\in \mathrm{N}$ 且 $n>1$ 的条件

如果 $a>b>0$，那么 $a^n>b^n$（$n\in \mathrm{N}$，且 $n>1$）

定理5 若 $a>b>0$，则 $\sqrt[n]{a}>\sqrt[n]{b}$（$n\in \mathrm{N}$ 且 $n>1$）

点拨：遇到困难时，可从问题的反面入手，即所谓的“正难则反”。我们用反证法来证明定理5，因为反面有两种情形，即 $\sqrt[n]{a}<\sqrt[n]{b}$ 和 $\sqrt[n]{a}=\sqrt[n]{b}$，所以不能仅仅否定了 $\sqrt[n]{a}<\sqrt[n]{b}$，就“归谬”了事，而必须进行“穷举”。

证明：假定$\sqrt[n]{a}$不大于$\sqrt[n]{b}$，这有两种情况：$\sqrt[n]{a}<\sqrt[n]{b}$，或者$\sqrt[n]{a}=\sqrt[n]{b}$。

由推论2和定理1，当$\sqrt[n]{a}<\sqrt[n]{b}$时，有$a<b$；当$\sqrt[n]{a}=\sqrt[n]{b}$时，显然有 a = b

这些都同已知条件$a>b>0$矛盾所以$\sqrt[n]{a}>\sqrt[n]{b}$

点评：反证法证题思路是：反设结论→找出矛盾→肯定结论。

均值不等式的奇妙解读

均值不等式是几个正数和与积转化的依据，不但可以直接解决和与积的不等问题，而且通过结合不等式的性质、函数的单调性等还可以解决其他形式的不等式问题。均值不等式是不等式的重要内容之一，常常用来求函数的最值。在应用其求最值的时候必须注意成立的条件，否则就会走入种种误区从而导致解题错误不等式是历年高考中必不可少的内容，而均值不等式是不等式中的重要内容之一，由于均值不等式在解决一些最值及（证明）问题中的功能，其地位格外引人注目。

注意问题：在应用均值不等式时，需注意同时满足以下三个条件：（1）各项均为正数；（2）和或积为定值；（3）具有等号成立的条件；（即一正二定三等）。忽视以上条件必然导致解题的错误。现举例加以说明：1. 忽视了均值不等式成立的前提条件，导致解题错误

例1 求函数 $y=\dfrac{3x}{x^2+4}$的最值

［错解］当$x=0$时，$y=0$当$x\neq0$时，$y=\dfrac{3}{x+\dfrac{4}{x}}\leqslant\dfrac{3}{2\sqrt{x\cdot\dfrac{4}{x}}}=\dfrac{3}{4}$（即当$x=\pm2$时）

$\therefore y_{max}=\dfrac{3}{4}$，$y$没有最小值

［分析］$x\neq0$时，x可能大于零，也可能小于零，则x，$\dfrac{4}{x}$可能同正，也可能同负，而此解法只考虑了x大于零的情况，即忽视了均值不等式成立的前提条件——各项均为正数，从而导致解题错误。

［正解］当$x=0$时，$y=0$

当$x\neq0$时，$|y|=\dfrac{3}{\left|x+\dfrac{4}{x}\right|}=\dfrac{3}{|x|+\left|\dfrac{4}{x}\right|}\leqslant\dfrac{3}{2\sqrt{|x|\cdot\dfrac{4}{|x|}}}=\dfrac{3}{4}$

当且仅当$|x|=\dfrac{4}{|x|}$即$x=\pm2$时等号成立

$\because y_{min}=-\dfrac{3}{4}\quad y_{max}=\dfrac{3}{4}$

2. 忽视了均值不等式定值的选取，造成解题

用均值不等式求函数的最值时要注意构造出定值关系，首先应分清楚是求和式的最值还是求积式的最值，然后构造出相应积（和）的定值。若未构造出定值来，则容易造成解题的错误。同时还应记住，若和为定值，则积有最大值，若积为定值，则和有最小值。

例 2. 求函数 $y=x+\frac{8}{x^2}$（x 大于零）的最小值

[错解] $\because x+\frac{8}{x^2}\geqslant 2\sqrt{x\cdot\frac{8}{x^2}}=2\sqrt{\frac{8}{x}}$

当且仅当 $x=\frac{8}{x^2}$ 即当 $x=2$ 时上式中等号成立 $\therefore x+\frac{8}{x^2}\geqslant 2\sqrt{\frac{8}{2}}=4$ $\therefore$ 当 $x=2$ 时，$y_{min}=4$

[分析] $x\frac{8}{x^2}=\frac{8}{x}$ 不是定值，所以不能直接应用均值不等式。

[正解] 为了利用均值不等式，就要出现定植，所以要先进行适当的"凑，配"：

$y=x+\frac{8}{x^2}=\frac{x}{2}+\frac{x}{2}+\frac{8}{x^2}\geqslant 3\sqrt[3]{\frac{x}{2}\cdot\frac{x}{2}\cdot\frac{8}{x^2}}=3\sqrt[3]{2}$

当且仅当 $\frac{x}{2}=\frac{8}{x^2}$ 即当 $x=2\sqrt[3]{2}$ 时，$y_{min}=3\sqrt[3]{2}$

3. 忽视了等号成立的条件，导致解题错误

第三讲　把图形与数联系起来的纽带——向量问题

平面向量知识早知道

——平面概念、方法、题型、易误点及应试技巧总结

1. 向量有关概念：

（1）向量的概念：既有大小又有方向的量，注意向量和数量的区别。向量常用有向线段来表示，注意不能说向量就是有向线段，为什么？（向量可以平移）。如已知 A（1，2），B（4，2），则把向量 $\overrightarrow{AB}$ 按向量 $\vec{a}=(-1, 3)$ 平移后得到的向量是________（答：(3，0)）

（2）零向量：长度为 0 的向量叫零向量，记作：$\vec{0}$，注意零向量的方向是任意的；

（3）单位向量：长度为一个单位长度的向量叫做单位向量（与 AB 共线的单位向量

是 $\pm\frac{\overrightarrow{AB}}{|\overrightarrow{AB}|}$）；

（4）相等向量：长度相等且方向相同的两个向量叫相等向量，相等向量有传递性；

（5）平行向量（也叫共线向量）：方向相同或相反的非零向量 $\vec{a}$、$\vec{b}$ 叫做平行向量，记作：$\vec{a}/\!/\vec{b}$，规定零向量和任何向量平行。提醒：①相等向量一定是共线向量，但共线向量不一定相等；②两个向量平行与与两条直线平行是不同的两个概念：两个向量平行包含两个向量共线，但两条直线平行不包含两条直线重合；③平行向量无传递性！（因为有 $\vec{0}$）；④三点 A、B、C 共线⇔$\overrightarrow{AB}$、$\overrightarrow{AC}$ 共线；

（6）相反向量：长度相等方向相反的向量叫做相反向量。$\vec{a}$ 的相反向量是 $-\vec{a}$。

如下列命题：（1）若 $|\vec{a}|=|\vec{b}|$，则 $\vec{a}=\vec{b}$。（2）两个向量相等的充要条件是它们的起点相同，终点相同。（3）若 $\overrightarrow{AB}=\overrightarrow{DC}$，则是 ABCD 平行四边形。（4）若 ABCD 是平行四边形，则 $\overrightarrow{AB}=\overrightarrow{DC}$。（5）若 $\vec{a}=\vec{b}$，$\vec{b}=\vec{c}$，则 $\vec{a}=\vec{c}$。（6）若 $\vec{a}/\!/\vec{b}$，$\vec{b}/\!/\vec{c}$，则 $\vec{a}/\!/\vec{c}$。其中正确的是________（答：（4）（5））

2. 向量的表示方法：（1）几何表示法：用带箭头的有向线段表示，如 $\overrightarrow{AB}$，注意起点在前，终点在后；（2）符号表示法：用一个小写的英文字母来表示，如 $\vec{a}$，$\vec{b}$，$\vec{c}$ 等；（3）坐标表示法：在平面内建立直角坐标系，以与 x 轴、y 轴方向相同的两个单位向量 $\vec{i}$，$\vec{j}$ 为基底，则平面内的任一向量 $\vec{a}$ 可表示为 $\vec{a}=\overrightarrow{xi}+y\vec{j}=(x, y)$，称 (x, y) 为向量 $\vec{a}$ 的坐标，$\vec{a}=(x, y)$ 叫做向量 $\vec{a}$ 的坐标表示。如果向量的起点在原点，那么向量的坐标与向量的终点坐标相同。

3. 平面向量的基本定理：如果 e_1 和 e_2 是同一平面内的两个不共线向量，那么对该平面内的任一向量 a，有且只有一对实数 λ_1、λ_2，使 $a=\lambda_1e_1+\lambda_2e_2$。如（1）若 $\vec{a}=(1, 1)$，$\vec{b}=(1, -1)$，$\vec{c}=(-1, 2)$，则 $\vec{c}=$________（答：$\frac{1}{2}\vec{a}-\frac{3}{2}\vec{b}$）；（2）下列向量组中，能作为平面内所有向量基底的是 A. $\vec{e_1}=(0, 0)$，$\vec{e_2}=(1, -2)$ B. $\vec{e_1}=(-1, 2)$，$\vec{e_1}=(5, 7)$ C. $\vec{e_1}=(3, 5)$，$\vec{e_2}=(6, 10)$ D. $\vec{e_1}=(2, -3)$，$\vec{e_2}=(\frac{1}{2}, -\frac{3}{4})$（答：B）；（3）已知 $\overrightarrow{AD}$，$\overrightarrow{BE}$ 分别是△ABC 的边 BC，AC 上的中线，且 $\overrightarrow{AD}=\vec{a}$，$\overrightarrow{BE}=\vec{b}$，则 $\overrightarrow{BC}$ 可用向量 $\vec{a}$，$\vec{b}$ 表示为________（答：$\frac{2}{3}\vec{a}+\frac{4}{3}\vec{b}$）；（4）已知△ABC 中，点 D 在 BC 边上，且 $\overrightarrow{CD}=2\overrightarrow{DB}$，$\overrightarrow{CD}=r\overrightarrow{AB}+s\overrightarrow{AC}$，则 $r+s$ 的值是________（答：0）

4. 实数与向量的积：实数 λ 与向量 $\vec{a}$ 的积是一个向量，记作 $\lambda\vec{a}$，它的长度和方向规定如下：（1）$|\lambda\vec{a}|=|\lambda||\vec{a}|$，（2）当 $\lambda>0$ 时，$\lambda\vec{a}$ 的方向与 $\vec{a}$ 的方向相同，当 $\lambda<0$ 时，$\lambda\vec{a}$ 的方向与 $\vec{a}$ 的方向相反，当 $\lambda=0$ 时，$\lambda\vec{a}=\vec{0}$，注意：$\lambda\vec{a}\neq0$。

5. 平面向量的数量积：

（1）两个向量的夹角：对于非零向量 $\vec{a}$，$\vec{b}$，作 $\overrightarrow{OA}=\vec{a}$，$\overrightarrow{OB}=\vec{b}$，$\angle AOB=\theta$（$0\leq\theta\leq\pi$）称为向量 $\vec{a}$，$\vec{b}$ 的夹角，当 $\theta=0$ 时，$\vec{a}$，$\vec{b}$ 同向，当 $\theta=\pi$ 时，$\vec{a}$，$\vec{b}$ 反向，当 $\theta=\frac{\pi}{2}$ 时，$\vec{a}$，$\vec{b}$ 垂直。

（2）平面向量的数量积：如果两个非零向量 $\vec{a}$，$\vec{b}$，它们的夹角为 θ，我们把数量 $|\vec{a}||\vec{b}|\cos\theta$ 叫做 $\vec{a}$ 与 $\vec{b}$ 的数量积（或内积或点积），记作：$\vec{a}\cdot\vec{b}$，即 $\vec{a}\cdot\vec{b}=|\vec{a}||\vec{b}|\cos\theta$。规定：零向量与任一向量的数量积是0，注意数量积是一个实数，不再是一个向量。如（1）△ABC 中，$|\overrightarrow{AB}|=3$，$|\overrightarrow{AC}|=4$，$|\overrightarrow{BC}|=5$，则 $\overrightarrow{AB}\cdot\overrightarrow{BC}$ ________（答：-9）；（2）已知 $\vec{a}=\left(1,\ \frac{1}{2}\right)$，$\vec{a}=\left(0,\ -\frac{1}{2}\right)$，$\vec{c}=\vec{a}+k\vec{d}$，$\vec{d}=\vec{a}-\vec{b}$，$\vec{c}$ 与 $\vec{d}$ 的夹角为 $\frac{\pi}{4}$，则 k 等于________（答：1）；（3）已知 $|\vec{a}|=2$，$|\vec{b}|=5$，$\vec{a}$□$\vec{b}=-3$，则 $|\vec{a}+\vec{b}|$ 等于________（答：$\sqrt{23}$）；（4）已知 $\vec{a}$，$\vec{b}$ 是两个非零向量，且 $|\vec{a}|=|\vec{b}|=|\vec{a}-\vec{b}|$，则 $\vec{a}$ 与 $\vec{a}+\vec{b}$ 的夹角为________（答：30°）

（3）$\vec{b}$ 在 $\vec{a}$ 上的投影为 $|\vec{b}|\cos\theta$，它是一个实数，但不一定大于0。如已知 $|\vec{a}|=3$，$|\vec{b}|=5$，且 $\vec{a}\cdot\vec{b}=12$，则向量 $\vec{a}$ 在向量 $\vec{b}$ 上的投影为________（答：$\frac{12}{5}$）

（4）$\vec{a}\cdot\vec{b}$ 的几何意义：数量积 $\vec{a}\cdot\vec{b}$ 等于 $\vec{a}$ 的模 $\vec{a}$ 与 $\vec{b}$ 在 $\vec{a}$ 上的投影的积。

（5）向量数量积的性质：设两个非零向量 $\vec{a}$，$\vec{b}$，其夹角为 θ，则：

①$\vec{a}\perp\vec{b}\Leftrightarrow\vec{a}\cdot\vec{b}=0$；

②当 $\vec{a}$，$\vec{b}$ 同向时，$\vec{a}\cdot\vec{b}=|\vec{a}||\vec{b}|$，特别地，$\vec{a}^2=\vec{a}\cdot\vec{a}=|\vec{a}|^2$，$|\vec{a}|=\sqrt{\vec{a}^2}$；当 $\vec{a}$ 与 $\vec{b}$ 反向时，$\vec{a}\cdot\vec{b}=-|\vec{a}||\vec{b}|$；当 θ 为锐角时，$\vec{a}\cdot\vec{b}>0$，且 $\vec{a}$、$\vec{b}$ 不同向，$\vec{a}\cdot\vec{b}>0$ 是 θ 为锐角的必要非充分条件；当 θ 为钝角时，$\vec{a}\cdot\vec{b}<0$，且 $\vec{a}$、$\vec{b}$ 不反向，$\vec{a}\cdot\vec{b}<0$ 是 θ 为钝角的必要非充分条件；

③非零向量 $\vec{a}$，$\vec{b}$ 夹角 θ 的计算公式：$\cos\theta=\frac{\vec{a}\cdot\vec{b}}{|\vec{a}||\vec{b}|}$；④ $|\vec{a}\cdot\vec{b}|\leq|\vec{a}||\vec{b}|$。如（1）已知 $\vec{a}=(\lambda,\ 2,\ \lambda)$，$\vec{b}=(3\lambda,\ 2)$，如果 $\vec{a}$ 与 $\vec{b}$ 的夹角为锐角，则 λ 的取值范围是________（答：$\lambda<-\frac{4}{3}$ 或 $\lambda>0$ 且 $\lambda\neq\frac{1}{3}$）；（2）已知△OFQ 的面积为 S，且 $\overrightarrow{OF}\cdot\overrightarrow{FQ}=1$，若 $\frac{1}{2}<S<\frac{\sqrt{3}}{2}$，则 $\overrightarrow{OF}$，$\overrightarrow{FQ}$ 夹角 θ 的取值范围是________（答：$\left(\frac{\pi}{4},\ \frac{\pi}{3}\right)$）；（3）已知 $\vec{a}=(\cos x,\ \sin x)$，$\vec{b}=(\cos y,\ \sin y)$，$\vec{a}$ 与 $\vec{b}$ 之间有关系式 $|k\vec{a}+\vec{b}|=\sqrt{3}|\vec{a}-k\vec{b}|$，其中 $k>0$，①用 k 表示 $\vec{a}\cdot\vec{b}$；②求 $\vec{a}\cdot\vec{b}$ 的最小值，并求此时 $\vec{a}$ 与 $\vec{b}$ 的夹角 θ

的大小（答：①$\vec{a}\cdot\vec{b}=\frac{k^2+1}{4k}$（k > 0）；②最小值为$\frac{1}{2}$，θ = 60°）

6. 向量的运算：

（1）几何运算：

①向量加法：利用“平行四边形法则”进行，但“平行四边形法则”只适用于不共线的向量，如此之外，向量加法还可利用“三角形法则”：设$\overrightarrow{AB}=\vec{a}$，$\overrightarrow{BC}=\vec{b}$，那么向量$\overrightarrow{AC}$叫做$\vec{a}$与$\vec{b}$的和，即$\vec{a}+\vec{b}=\overrightarrow{AB}+\overrightarrow{BC}=\overrightarrow{AC}$；

②向量的减法：用“三角形法则”：设$\overrightarrow{AB}=\vec{a}$，$\overrightarrow{AC}=\vec{b}$，那么$\vec{a}-\vec{b}=\overrightarrow{AB}-\overrightarrow{AC}=\overrightarrow{CA}$，由减向量的终点指向被减向量的终点。注意：此处减向量与被减向量的起点相同。如（1）化简：①$\overrightarrow{AB}+\overrightarrow{BC}+\overrightarrow{CD}=$________；②$\overrightarrow{AB}-\overrightarrow{AD}-\overrightarrow{DC}=$________；③$(\overrightarrow{AB}-\overrightarrow{CD})-(\overrightarrow{AC}-\overrightarrow{BD})=$________（答：①$\overrightarrow{AD}$；②$\overrightarrow{CD}$；③$\vec{0}$）；（2）若正方形ABCD的边长为1，$\overrightarrow{AB}=\vec{a}$，$\overrightarrow{BC}=\vec{b}$，$\overrightarrow{AC}=\vec{c}$，则$|\vec{a}+\vec{b}+\vec{c}|=$________（答：$2\sqrt{2}$）；（3）若O是□ABC所在平面内一点，且满足$|\overrightarrow{OB}-\overrightarrow{OC}|=|\overrightarrow{OB}+\overrightarrow{OC}-2\overrightarrow{OA}|$，则□ABC的形状为________（答：直角三角形）；（4）若D为△ABC的边BC的中点，△ABC所在平面内有一点P，满足$\overrightarrow{PA}+\overrightarrow{BP}+\overrightarrow{CP}=0$，设$\frac{|\overrightarrow{AP}|}{|\overrightarrow{PD}|}$，则λ的值为________（答：2）；（5）若点O是△ABC的外心，且$\overrightarrow{OA}+\overrightarrow{OB}+\overrightarrow{CO}=\vec{0}$，则△ABC的内角C为________（答：120°）；

（2）坐标运算：设$\vec{a}=(x_1+y_1)$，$\vec{b}=(x_2, y_2)$，则：

①向量的加减法运算：$\vec{a}\pm\vec{b}=(x_1\pm x_2, y_1\pm y_2)$,。如（1）已知点A（2，3），B（5，4），C（7，10），若$\overrightarrow{AP}=\overrightarrow{AB}+\lambda\overrightarrow{AC}$（$\lambda\in R$），则当λ =________时，点P在第一、三象限的角平分线上（答：$\frac{1}{2}$）；（2）已知A（2，3），B（1，4），则$\frac{1}{2}\overrightarrow{AB}=(\sin x, \cos y)$，$x, y\in(-\frac{\pi}{2}, \frac{\pi}{2})$，则$x+y=$________（答：$\frac{\pi}{6}$或$-\frac{\pi}{2}$）；（3）已知作用在点A（1，1）的三个力$\vec{F}_1=(3, 4)$，$\vec{F}_2=(2, -5)$，$\vec{F}_3=(3, 1)$，则合力$\vec{F}=\vec{F}_1+\vec{F}_2+\vec{F}_3$的终点坐标是（答：（9，1））

②实数与向量的积：$\lambda\vec{a}=\lambda(x_1, y_1)=(\lambda x_1, \lambda y_1)$。

③若A(x_1, y_1)，B(x_2, y_2)，则$\overrightarrow{AB}=(x_2-x_1, y_2-y_1)$，即一个向量的坐标等于表示这个向量的有向线段的终点坐标减去起点坐标。如设A（2，3），B（-1，5），且$\overrightarrow{AC}=\frac{1}{3}\overrightarrow{AB}$，$\overrightarrow{AD}=3\overrightarrow{AB}$，则C、D的坐标分别是________（答：$(1, \frac{11}{3})$，$(-7, 9)$）；

④平面向量数量积：$\vec{a}\cdot\vec{b}=x_1x_2+y_1y_2$。如已知向量$\vec{a}=(\sin x, \cos x)$，$\vec{b}=(\sin x,$

sin$x$)，$\vec{c}=(-1,0)$。(1) 若 $x=\frac{\pi}{3}$，求向量 $\vec{a}$、$\vec{c}$ 的夹角；(2) 若 $x\in\left[-\frac{3\pi}{8},\frac{\pi}{4}\right]$，函数 $f(x)=\lambda\vec{a}\cdot\vec{b}$ 的最大值为 $\frac{1}{2}$，求 λ 的值（答：(1) 150°；(2) $\frac{1}{2}$ 或 $\sqrt{2}-1$）；

⑤向量的模：$|\vec{a}|=\sqrt{x^2+y^2}$，$|\vec{a}|^2=x^2+y^2$。如已知 $\vec{a}$，$\vec{b}$ 均为单位向量，它们的夹角为 60°，那么 $|\vec{a}+3\vec{b}|=$________（答：$\sqrt{13}$）；

⑥两点间的距离：若 $A(x_1,y_1)$，$B(x_2,y_2)$，则 $|AB|=\sqrt{(x_2-x_1)^2+(y_2-y_1)^2}$。如如图，在平面斜坐标系 xOy 中，$\angle xOy=60°$，平面上任一点 P 关于斜坐标系的斜坐标是这样定义的：若 $\overrightarrow{OP}=x\vec{e}_1+y\vec{e}_2$，其中 $\vec{e}_1$，$\vec{e}_2$，分别为与 x 轴、y 轴同方向的单位向量，则 P 点斜坐标为 (x,y)。(1) 若点 P 的斜坐标为 $(2,-2)$，求 P 到 O 的距离 $|PO|$；(2) 求以 O 为圆心，1 为半径的圆在斜坐标系 xOy 中的方程。（答：(1) 2；(2) $x^2+y^2+xy-1=0$）；

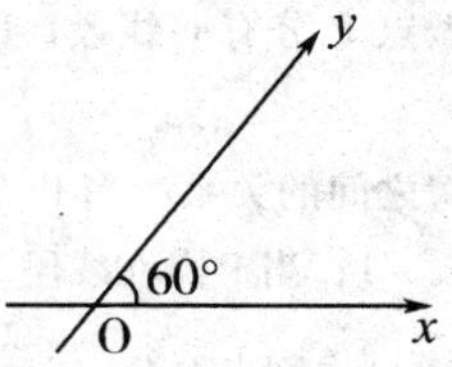

7. 向量的运算律：(1) 交换律：$\vec{a}+\vec{b}=\vec{b}+\vec{a}$，$\lambda(\mu\vec{a})=(\lambda\mu)\vec{a}$，$\vec{a}\cdot\vec{b}=\vec{b}\cdot\vec{a}$；(2) 结合律：$\vec{a}+\vec{b}+\vec{c}=(\vec{a}+\vec{b})+\vec{c}$，$\vec{a}-\vec{b}-\vec{c}=\vec{a}-(\vec{b}+\vec{c})$，$(\lambda\vec{a})\cdot\vec{b}=(\vec{a}\cdot\vec{b})=a\cdot(\lambda\vec{b})$；(3) 分配律：$(\lambda+\mu)\vec{a}=\lambda\vec{a}+\mu\vec{a}$，$\lambda(\vec{a}+\vec{b})=\lambda\vec{a}+\lambda\vec{b}$，$(\vec{a}+\vec{b})\cdot\vec{c}=\vec{a}\cdot\vec{c}+\vec{b}\cdot\vec{c}$。如下列命题中：①$\vec{a}\cdot(\vec{b}-\vec{c})=\vec{a}\cdot\vec{b}-\vec{a}\cdot\vec{c}$；②$\vec{a}\cdot(\vec{b}\cdot\vec{c})=(\vec{a}\cdot\vec{b})\cdot\vec{c}$；③ $(\vec{a}-\vec{b})^2=|\vec{a}|^2-2|\vec{a}|\cdot|\vec{b}|+|b|^2$；④若 $\vec{a}\cdot\vec{b}=0$，则 $\vec{a}=0$ 或 $\vec{b}=0$；⑤若 $\vec{a}\cdot\vec{b}=\vec{c}\cdot\vec{b}$，则 $\vec{a}=\vec{c}$；⑥$|\vec{a}|^2=\vec{a}^2$；⑦$\frac{\vec{a}\cdot\vec{b}}{\vec{a}^2}=\frac{\vec{b}}{\vec{a}}$；⑧ $(\vec{a}\cdot\vec{b})^2=\vec{a}\cdot\vec{b}$；⑨ $(\vec{a}-\vec{b})^2=\vec{a}^2-2\vec{a}\cdot\vec{b}+\vec{b}^2$。其中正确的是________（答：①⑥⑨）

提醒：(1) 向量运算和实数运算有类似的地方也有区别：对于一个向量等式，可以移项，两边平方、两边同乘以一个实数，两边同时取模，两边同乘以一个向量，但不能两边同除以一个向量，即两边不能约去一个向量，切记两向量不能相除（相约）；(2) 向量的“乘法”不满足结合律，即 $\vec{a}(\vec{b}\cdot\vec{c})\neq(\vec{a}\cdot\vec{b})\vec{c}$，为什么？

8. 向量平行（共线）的充要条件：$\vec{a}/\!/\vec{b}\Leftrightarrow\vec{a}=\lambda\vec{b}\Leftrightarrow(\vec{a}\cdot\vec{b})^2=(|\vec{a}||\vec{b}|)^2\Leftrightarrow x_1y_2-y_1x_2=0$。如 (1) 若向量 $\vec{a}=(x,1)$，$\vec{b}=(4,x)$，当 $x=$________时 $\vec{a}$ 与 $\vec{b}$ 共线且方向相同（答：2）；(2) 已知 $\vec{a}=(1,1)$，$\vec{b}=(4,x)$，$\vec{u}=\vec{a}+2\vec{b}$，$\vec{v}=2\vec{a}+\vec{b}$，且 $\vec{u}$

$/\!/\vec{v}$，则 $x=$________（答：4）；（3）设 $\overrightarrow{PA}=(k,\ 12)$，$\overrightarrow{PB}=(4,\ 5)$，$\overrightarrow{PC}=(10,\ k)$，则 $k=$________时，A，B，C 共线（答：-2 或 11）

9. 向量垂直的充要条件：$\vec{a}\perp\vec{b}\Leftrightarrow\vec{a}\cdot\vec{b}=0\Leftrightarrow|\vec{a}+\vec{b}|=|\vec{a}-\vec{b}|\Leftrightarrow x_1x_2+y_1y_2=0$。特别地$\left(\frac{\overrightarrow{AB}}{|\overrightarrow{AB}|}+\frac{\overrightarrow{AC}}{|\overrightarrow{AC}|}\right)\perp\left(\frac{\overrightarrow{AB}}{|\overrightarrow{AB}|}-\frac{\overrightarrow{AC}}{|\overrightarrow{AC}|}\right)$。如（1）已知$\overrightarrow{OA}=(-1,\ 2)$，$\overrightarrow{OB}=(3,\ m)$，若$\overrightarrow{OA}\perp\overrightarrow{OB}$，则 $m=$（答：$\frac{3}{2}$）；（2）以原点 O 和 A（4，2）为两个顶点作等腰直角三角形 OAB，∠B = 90°，则点 B 的坐标是________（答：（1，3）或（3，-1））；（3）已知$\vec{n}=(a,\ b)$，向量$\vec{n}\perp\vec{m}$，且$|\vec{n}|=|\vec{m}|$，则$\vec{m}$的坐标是________（答：$(b,\ -a)$ 或 $(-b,\ a)$）

10. 线段的定比分点：

（1）定比分点的概念：设点 P 是直线 P_1P_2 上异于 P_1、P_2 的任意一点，若存在一个实数 λ，使$\overrightarrow{P_1P}=\lambda\overrightarrow{PP_2}$，则 λ 叫做点 P 分有向线段$\overrightarrow{P_1P_2}$所成的比，P 点叫做有向线段$\overrightarrow{P_1P_2}$的以定比为 λ 的定比分点；

（2）λ 的符号与分点 P 的位置之间的关系：当 P 点在线段 P_1P_2 上时⇔$\lambda>0$；当 P 点在线段 P_1P_2 的延长线上时⇔$\lambda<-1$；当 P 点在线段 P_2P_1 的延长线上时⇔$-1<\lambda<0$；若点 P 分有向线段 $\overrightarrow{P_1P_2}$ 所成的比为 λ，则点 P 分有向线段 $\overrightarrow{P_2P_1}$ 所成的比为$\frac{1}{\lambda}$。如若点 P 分 $\overrightarrow{AB}$ 所成的比为$\frac{3}{4}$，则 A 分 $\overrightarrow{BP}$ 所成的比为________（答：$-\frac{7}{3}$）

（3）线段的定比分点公式：设 $P_1(x_1,\ y_1)$、$P_2(x_2,\ y_2)$，$P(x,\ y)$ 分有向线段$\overrightarrow{P_1P_2}$所成的比为 λ，则$\begin{cases}x=\frac{x_1+\lambda x_2}{+\lambda}\\ y=\frac{y_1+\lambda y_2}{1+\lambda}\end{cases}$，特别地，当 $\lambda=1$ 时，就得到线段 P_1P_2 的中点公式$\begin{cases}x=\frac{x_1+x_2}{2}\\ y=\frac{y_1+y_2}{2}\end{cases}$。在使用定比分点的坐标公式时，应明确 $(x,\ y)$，$(x_1,\ y_1)$、$(x_2,\ y_2)$ 的意义，即分别为分点，起点，终点的坐标。在具体计算时应根据题设条件，灵活地确定起点，分点和终点，并根据这些点确定对应的定比 λ。如（1）若 M（-3，-2），N（6，-1），且$\overrightarrow{MP}=-\frac{1}{3}\overrightarrow{MN}$，则点 P 的坐标为________（答：$\left(-6,\ -\frac{7}{3}\right)$）；（2）已知 A（a，0），B（3，2 + a），直线 $y=\frac{1}{2}ax$ 与线段 AB 交于 M，且$\overrightarrow{AM}=2\overrightarrow{MB}$，则 a 等

于________（答：2 或 -4）

11. 平移公式：如果点 $P(x,y)$ 按向量 $\vec{a}=(h,k)$ 平移至 $P(x',y')$，则 $\begin{cases}x'=x+h\\ y'=y+k\end{cases}$；曲线 $f(x,y)=0$ 按向量 $\vec{a}=(h,k)$ 平移得曲线 $f(x-h,y-k)=0$。注意：(1) 函数按向量平移与平常"左加右减"有何联系？(2) 向量平移具有坐标不变性，可别忘了啊！如(1) 按向量 $\vec{a}$ 把 $(2,-3)$ 平移到 $(1,-2)$，则按向量 $\vec{a}$ 把点 $(-7,2)$ 平移到点________（答：$(-8,3)$）；(2) 函数 $y=\sin 2x$ 的图象按向量 $\vec{a}$ 平移后，所得函数的解析式是 $y=\cos 2x+1$，则 $\vec{a}=$________（答：$-\frac{\pi}{4},1$）

12. 向量中一些常用的结论：

(1) 一个封闭图形首尾连接而成的向量和为零向量，要注意运用；

(2) $||\vec{a}|-|\vec{b}|| \le |\vec{a}\pm\vec{b}| \le |\vec{a}|+|\vec{b}|$，特别地，当 $\vec{a}$、$\vec{b}$ 同向或有 $\vec{0}$ $\Leftrightarrow |\vec{a}+\vec{b}|=|\vec{a}|+|\vec{b}| \ge ||\vec{a}|-|\vec{b}||=|\vec{a}-\vec{b}|$；当 $\vec{a}$、$\vec{b}$ 反向或有 $\vec{0}$ $\Leftrightarrow |\vec{a}-\vec{b}|=|\vec{a}|+|\vec{b}| \ge ||\vec{a}|-|\vec{b}||=|\vec{a}+\vec{b}|$；当 $\vec{a}$、$\vec{b}$ 不共线 $\Leftrightarrow ||\vec{a}|-|\vec{b}|| < |\vec{a}\pm\vec{b}| < |\vec{a}|+|\vec{b}|$（这些和实数比较类似）。

(3) 在 $\triangle ABC$ 中，① 若 $A(x_1,y_1)$，$B(x_2,y_2)$，$C(x_3,y_3)$，则其重心的坐标为 $G\left(\frac{x_1+x_2+x_3}{3},\frac{y_1+y_2+y_3}{3}\right)$。如若 $\triangle ABC$ 的三边的中点分别为 $(2,1)$、$(-3,4)$、$(-1,-1)$，则 $\triangle ABC$ 的重心的坐标为________（答：$-\frac{2}{3},\frac{4}{3}$）；

② $\vec{PG}=\frac{1}{3}(\vec{PA}+\vec{PB}+\vec{PC}) \Leftrightarrow G$ 为 $\triangle ABC$ 的重心，特别地 $\vec{PA}+\vec{PB}+\vec{PC}=\vec{0} \Leftrightarrow P$ 为 $\triangle ABC$ 的重心；

③ $\vec{PA}\cdot\vec{PB}=\vec{PB}\cdot\vec{PC}=\vec{PC}\cdot\vec{PA} \Leftrightarrow P$ 为 $\triangle ABC$ 的垂心；

④ 向量 $\lambda\left(\frac{\overrightarrow{AB}}{|\overrightarrow{AB}|}+\frac{\overrightarrow{AC}}{|\overrightarrow{AC}|}\right)(\lambda\ne 0)$ 所在直线过 $\triangle ABC$ 的内心（是 $\angle BAC$ 的角平分线所在直线）；

⑤ $|\vec{AB}|\vec{PC}+|\vec{BC}|\vec{PA}+|\vec{CA}|\vec{PB}=\vec{0} \Leftrightarrow P$ $\triangle ABC$ 的内心；

(3) 若 P 分有向线段 $\overrightarrow{P_1P_2}$ 所成的比为 λ，点 M 为平面内的任一点，则 $\overrightarrow{MP}=\frac{\overrightarrow{MP_1}+\lambda\overrightarrow{MP_2}}{1+\lambda}$，特别地 P 为 P_1P_2 的中点 $\Leftrightarrow \overrightarrow{MP}=\frac{\overrightarrow{MP_1}+\overrightarrow{MP_2}}{2}$；

(4) 向量 $\overrightarrow{PA}$、$\overrightarrow{PB}$、$\overrightarrow{PC}$ 中三终点 A、B、C 共线 $\Leftrightarrow$ 存在实数 α、β 使得 $\overrightarrow{PA}=\alpha\overrightarrow{PB}+\beta\overrightarrow{PC}$ 且 $\alpha+\beta=2$。如平面直角坐标系中，O 为坐标原点，已知两点 $A(3,1)$，$B(-1,3)$，若点 C 满足 $\overrightarrow{OC}=\lambda_1\overrightarrow{OA}+\lambda_2\overrightarrow{OB}$，其中 $\lambda_1,\lambda_2\in R$ 且 $\lambda_1+\lambda_2=1$，则点 C 的轨迹是________

（答：直线 AB）

平面向量生活好帮手

平面向量是我们生活中的一个好帮手，它可以帮助我们解决很多实际问题，下面就让它秀一下本领。

1. 求力做的功

例 1. 已知一物体在共点力 F_1 = （2，2），F_2 = （5，2）的作用下产生位移 S = （10，1），则共点力对物体所作的功 W = ________。

分析：功是力和位移这两个向量的数量积，因此，求出两个力的合力，即两个力对应向量的和，再乘以位移，即为所求的功。

解：力 F_1，F_2 的合力，即共点力为 F = （2，2） + （5，2） = （7，4），所以共点力对物体所作的功 W = F · S = （7，4） · （10，1） = 74。

评注：解答本题时，要明确力和位移都是向量，功不是向量，它是力和位移的数量积，是一个实数。

2. 求速度

例 2. 在帆船比赛中，帆船的最大动力来源是“伯努利效应”。如果一帆船所受“伯努利效应”产生力的效果可使船向北偏东 30° 以速度 $20km/h$ 行驶，而此时水的流向是正东，流速也为 $20km/h$。若不考虑其它因素，求帆船的速度与方向。

分析：依题意，帆船的行驶速度应是“伯努利效应”产生的速度与流速的合速度，可建立平面直角坐标系，运用向量的坐标运算求解。

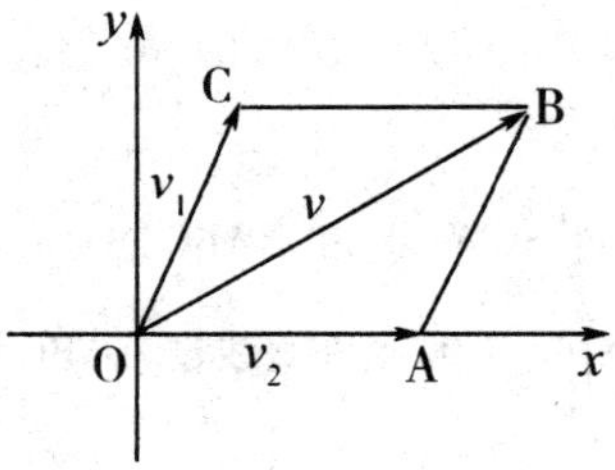

解：建立如图 1 所示平面直角坐标系，设“伯努利效应”产生的速度为 v_1，则 v_1 = （20cos60°，20sin60°），= （10，$10\sqrt{3}$），水的流速为 v_2，则 v_2 = （20，0）。

设帆船行驶的速度为 v，则 $v = v_1 + v_2$ = （30，$10\sqrt{3}$），所以 $|v| = \sqrt{30^2 + (10\sqrt{3})^2} = 20\sqrt{3}km/h$。

以 v_1，v_2 为邻边作平行四边形 OABC，则△OBC 是等腰三角形，∠OCB = 120°，所以∠COB = 30°。

所以，帆船的速度为 $20\sqrt{3}km/h$，方向为北偏东 60°。

评注：解答本题时，要明确速度是向量，我们平常所说的速度是多少，其实说的是它的模。

3. 求力的大小

例 3 如图 2，用两根分别长 $5\sqrt{2}$米和 10 米的绳子，将 100N 的物体吊在水平屋顶 AB 上，平衡后，G 点距屋顶距离恰好为 5 米，求 A 处所受力的大小（绳子的重量忽略不计）。

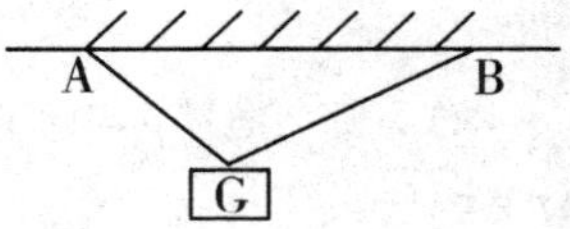

图 2

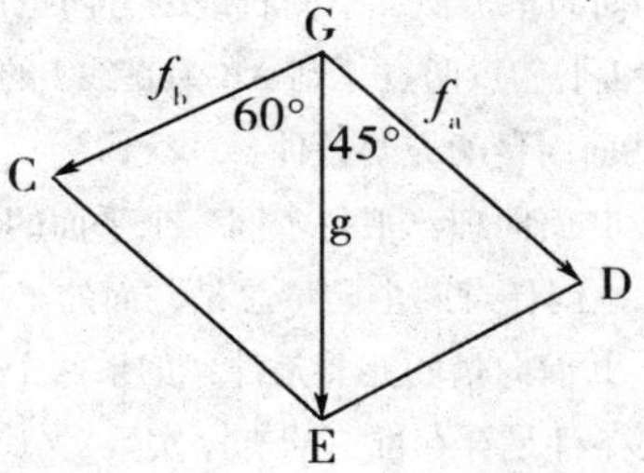

图 3

分析：依题意，在 A、B 两点的受力在竖直方向的合力是 100N，在水平方向的合力为 0N，由此列方程组求 A 处所受力。

解：如图 2，由已知条件可知 AG 与铅直方向成 40°角，BG 与铅直方向成 60°角。

设点 A 处所受力为 f_a，点 B 处所受力为 f_b，物体的重力为 g，

如图 3，$\angle EGC = 60°$，$\angle EGD = 45°$，则有 $\begin{cases} |f_a|\cos45° + |f_b|\cos60° = g = 100 \\ |f_a|\sin45° = |f_b|\sin60° \end{cases}$，解得，$|f_a| = 150\sqrt{2} - 50\sqrt{6}$，

即点 A 处所受力的大小为 $150\sqrt{2} - 50\sqrt{6}$N。

评注：本题最终求解的实质是力的模，而不是力，要是求力，需说明其方向。

第四讲　向量质的三级跳——由平面向量到空间

一、空间向量的基本概念与运算

1. 空间向量及其加减与数乘运算

（1）空间向量：在空间，我们把具有大小和方向的量叫做空间向量，向量的大小叫做向量的长度或模。

注：零向量、单位向量、相反向量、相等向量、共线（平行）向量、方向向量等概念与平面向量的概念基本相同。

（2）空间向量的加减与数乘运算

①空间向量的加法、减法与数乘运算与平面向量的运算法则基本相同；

②首尾相接的若干个向量之和，等于由起始向量的起始点指向末尾向量的终点的向量。

2. 向量与直线

与平面向量类似，空间直线的方向也用空间向量来表示，即 l 是空间一直线，A、B 是是直线 l 上任意两点，则 $\overrightarrow{AB}$ 为直线 l 的方向向量。

3. 共面向量的充要条件

（1）共面向理：平行于同一个平面的向量，叫做共面向量。

注：空间任意两个向量总是共面的。

（2）共面向量的充要条件：如果两个向量 a，b 不共线，那么向量 p 与向量 a，b 共面的充要条件是存在惟一的有序实数对（x，y），使 $p=xa+yb$。

4. 空间向量的数量积运算

（1）空间两个向量的夹角：已知两个非零向量 a，b 在空间任取一点 O，作 $\overrightarrow{OA}=a$，$\overrightarrow{OB}=b$，则∠AOB 叫做向量 a，b 的夹角，记作（a，b）。其中 $0\leqslant(a, b)\leqslant\pi$。

如果 $(a, b)=\frac{\pi}{2}$，那么向量 a，b 互相垂直，记作 $a\perp b$。

（2）向量的数量积：两个非零向量 a，b 的数量积 a，$b=|a||b|\cos(a, b)$。

（3）数量积的性质：

①零向量与任何向量的数量积为 0，即 $0\cdot a=a\cdot 0=0$；②$a\cdot a=a^2=|a|^2$，即 $|a|=\sqrt{a\cdot a}$；③$\cos(a, b)=\frac{a\cdot b}{|a||b|}$；④$a\perp b\Leftrightarrow a\cdot b=0$。

注：空间向量数量积的概念与性质类似于平面向量的规定和运算。

（4）数量积的运算律：

①$(\lambda a)\cdot b=\lambda(a\cdot b)$；②$a\cdot b=b\cdot a$（交换律）；③$a\cdot(b+c)=a\cdot b+a\cdot c$（分配律）。

注：向量的数量积不满足结合律，即对于三个均不为零向量的向量 a，b，c，$(a\cdot b)c\neq a(b\cdot c)$。

二、空间向量的坐标表示

1. 空间向量基本定理

（1）定理：如果三个向量 a，b，c 不共面，那么对空间任一向量 P，存在有序实数

组 $\{x, y, z\}$，使得 $p = xa + yb + zc$，共中 $\{a, b, c\}$ 叫做空间的一个基底，a，b，c 都叫做基向量。

（2）单位正交基底：如果 e_1，e_2，e_3 是有公共起点 O 的三个两两垂直的单位向量，则称 $\{e_1, e_2, e_3\}$ 为空间的单位正交基底。

2. 空间向量运算的坐标表示

设 $a = (a_1, a_2, a_3)$，$b = (b_1, b_2, b_3)$，则

（1）空间向量的直角坐标运算

$a + b = (a_1 + b_1, a_2 + b_2, a_3 + b_3)$，$a - b = (a_1 - b_1, a_2 - b_2, a_3 - b_3)$；

$\lambda a = (\lambda a_1, \lambda a_2, \lambda a_3)$；$a \cdot b = a_1 b_1 + a_2 b_2 + a_3 b_3$。

（2）两个向量平行、垂直的充要条件的坐标表示

①$a /\!/ b \Leftrightarrow a = \lambda b \Leftrightarrow a_1 = \lambda b_1$，$a_2 = \lambda b_2$，$a_3 = \lambda b_3$（$\lambda \in R$）；

②$a \perp b \Leftrightarrow a_1 b_1 + a_2 b_2 + a_3 b_3 = 0$。

（3）夹角和距离公式

①$|a| = \sqrt{a \cdot a} = \sqrt{a_1^2 + a_2^2 + a_3^2}$；

②$\cos(a, b) = \dfrac{a_1 b_1 + a_2 b_2 + a_3 b_3}{\sqrt{a_2^1 + a_2^2 + a_2^3} \cdot \sqrt{b_2^1 + b_2^2 + b_2^3}}$；

③$d_{AB} = |\overrightarrow{AB}| = \sqrt{(a_2 - a_1)^2 + (b_2 - b_1)^2 + (c_2 - c_1)^2}$。

3. 空间向量的应用：

1）向量在研究平面中的作用：

（1）帮助确定平面：给定法向量及空间一定点，唯一确定一个平面。

（2）判定直线和平面的平行或垂直。

2）对向量数量积的理解：

（1）两个向量的数量积，其结果是个数量，而不是向量，它的值为两个向量的模与向量夹角的余弦值的乘积，其符号是由夹角的余弦值决定的。

（2）要注意两个向量数量积是两个向量之间的一种乘法，它与普通乘法是有区别的，其运算不满足消去律。

（3）由空间向量的数量积可以得到以下三个结论的应用：

①应用结论 $|a| = \sqrt{a \cdot a}$ 可以求向量的模或空间图形中线段长度。

②应用结论 $a \perp b \Leftrightarrow a_1 b_1 + a_2 b_2 + a_3 b_3 = 0$，可以证明空间中线段的垂直。

③应用 $\cos(a, b) = \dfrac{a \cdot b}{|a||b|}$ 可求空间中线线角、线面角和面面角。

3）空间坐标系的建立和应用：

（1）空间向量的基底是可以任意选择的，只要三个向量不共面均可，同时空间任

意一个向量都可以用三个不共面的向量表示出来；但空间直角坐标系是对空间向量的标准正交分解。

（2）空间点的坐标与向量的坐标：空间一点的坐标是这个点在 x 轴、y 轴、z 轴上的射影所对应实数组成的有序数组（x，y，z）；而向量的坐标，是向量对应终点坐标与始点坐标之差。

（3）要理解空间向量坐标运算的应用：解题时可取相交直线的方向向量和平面的法向量，并在给定（或建立）的坐标系中求出其坐标，然后利用向量的坐标判定平行或垂直关系，计算夹角，计算投影或模（求距离），最后转化成几何的结论。

第五讲　中奖解密组合与概率

一、乘法原理

如果一个过程可以分成 m 个阶段进行，第 k（$k=1, 2, \cdots, m$）个阶段有 n_k 种不同的做法，那么完成整个过程共有 $n_1 \times n_2 \times \cdots \times n_m$ 种不同的方法。

例 1. 从 1，2，3，4，5，6，7 这七个数中任取 3 个不同的数组成的三位数中有几个是偶数？

解所得的三位数是偶数，即它的个位上应该是 2，4，6 中的一个。因此，放在个位上的数应该有 3 种不同取法；放在个位上的数确定后，放在十位上的数有 6 种不同取法；放在个位，十位上的数确定后，放在百位上的数有 5 种不同取法。

于是，根据乘法原理知，所求的个数为 $3\times6\times5=90$

二、排列

1. 不重复排列

从 n 个不同的元素中，任意取出 m 个不同的元素（$1\leqslant m\leqslant n$），按照某种顺序排成一列，称为一个排列。

所有这样的排列的种数为

$$\mathrm{P}_n^m=n(n-1)(n-2)\cdots(n-m+1)$$

特别地，若 $m=n$，则

$$\mathrm{P}_n^n=n(n-1)(n-2)\cdots2\cdot1=n!$$

称之为 n 个元素的全排列种数。

此外，规定 $0!=1$。

例 2. 计算从 8 个不同的元素中任取 3 个不同的元素进行排列的种数。

解　所求的排列种数为

$P_8^3=8\times7\times6=336$

例3. 将10本不同的书任意放在书架上，要使其中的3本数学书总放在一起，一共有多少种放法?

解　因将书放入书架可以是各种顺序，故这是个排列问题。又因为3本数学书总在一块儿，故可以将它们看作一个整体。这样其余7本书及这3本数学书共8个元素，然后进行排列考虑。

故共有 $P_8^8=8!$ 种排法。

同时，应该注意到这3本数学书之间还有各种排列顺序，共3！种排列方法。

故由乘法原理，所求方法有

$8!\times3!=(8\times7\times\cdots\times3\times2\times1)\times(3\times2\times1)=241920$ 种

2　重复排列

从 n 个不同元素中，可以重复地取 m 个元素排成一排，由乘法原理可得，共有 $\underbrace{n\times n\times\cdots\times n}_{m}=n^m$ 种排法。

例4. 用1~9这9个数可组成多少个不同的8位电话号码?

又问这9个数字可组成多少个尾数为8的8位电话号码?

解（1）因电话号码中的数字可以重复，故此问题属于“重复排列”问题，因此，共可组成 $9^8=43046721$ 个8位的电话号码。

（2）尾数为8，也就是说对于尾数我们只有1种取法，而前面的7位数都可重复地从9个数字中取出，共有 9^7 种取法。故9个数字共可组成 $1\times9^7=9^7=4782969$ 个尾数是8的8位电话号码。

三、组合

从 n 个不同的元素中任取 m 个不同的元素构成一组，称为一个组合。

组合问题与排列问题不同之处在于，排列要考虑次序，而组合则不考虑次序。注意到每个包含 m 个元素的组合，可以产生 $m!$ 个不同的排列，因此排列数应为组合数的 $m!$ 倍。故有：从 n 个不同的元素中任取 m 个元素所构成的所有组合的个数为：

$$C_n^m=\frac{P_n^m}{m!}=\frac{n!}{m!(n-m)!}$$

例5. 盒子内有红球与白球各5个，从中任取5个球，要取到2个红球，3个白球，共有多少种取法?

解　2个红球可取自于5个红球中的某2个，有 C_5^2 种取法；3个白球可取自于5个白球中的某3个，有 C_5^3 种取法。根据乘法原理，共有 $C_5^2\cdot C_5^3=\frac{5!}{2!\cdot3!}\cdot\frac{5!}{3!\cdot2!}=10$

$\times 10 = 100$ 种取法。

例 6. 有 4 本不同的数学书和 6 本不同的英语书。现从中任取 2 本数学书和 4 本英语书。问共有多少种不同取法？

解　从 4 本不同的数学书中任取 2 本不同的，有 C_4^2 种取法；从 6 本不同的英语书中任取 4 本不同的，有 C_6^4 种取法。因此，按乘法原理，所求的取法种数为

$$C_4^2 \cdot C_6^4 = \frac{4!}{2! \cdot 2!} \cdot \frac{6!}{4! \cdot 2!} = 6 \times 15 = 90$$

第六讲　解析几何知识大盘点——直线

直线的倾斜角和斜率

一、倾斜角的定义

在直角坐标系下，以 x 轴为基准，当直线 l 与 x 轴相交时，x 轴正向与直线 l 向上方向之间所成的角 α，叫做直线 l 的倾斜角。

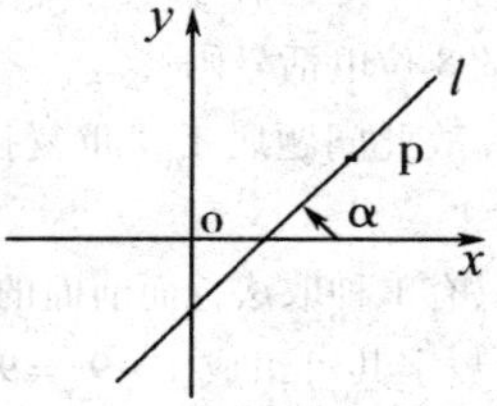

（1）

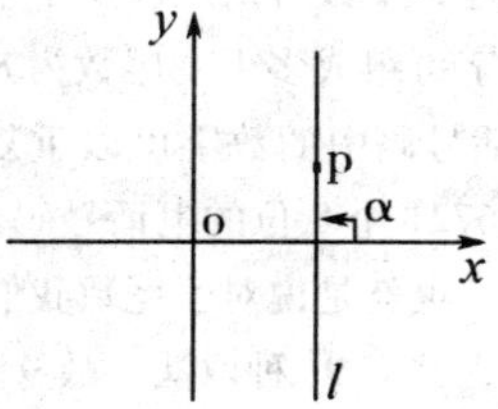

（2）

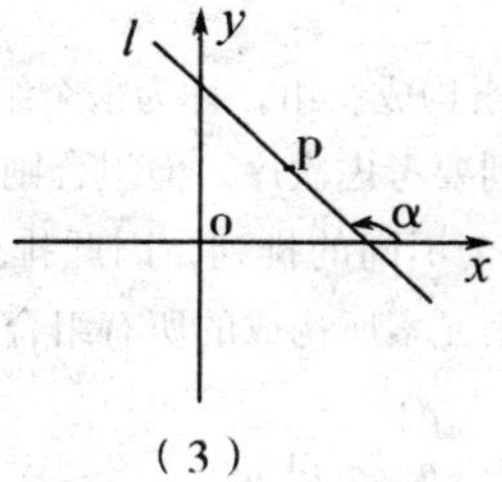

（3）

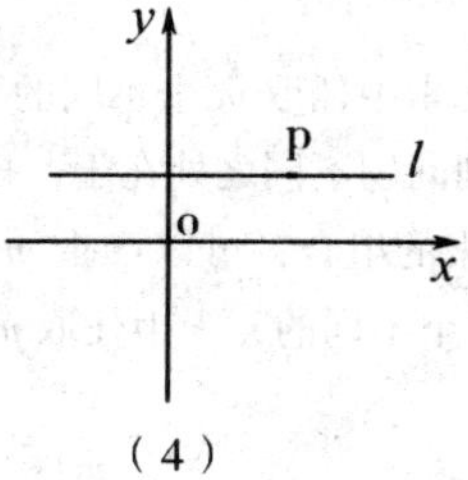

（4）

注意事项：1）当直线 l 与 x 轴平行或重合时，它的倾斜角为 0°。

倾斜角的范围是［0°，180°）

2）从"形"的角度用倾斜角刻画平面直角坐标系内一条直线的倾斜程度。

2. 斜率：倾斜角不是 90 的直线，其倾斜角的正切值叫做这条直线的斜率。即 K =

$\tan\alpha$（$\alpha \neq 90°$）

注意事项：$k \in R$

二、倾斜角与斜率的区别与联系

当 α 为钝角时，直线的斜率如何求？（转化到其补角 θ 上）

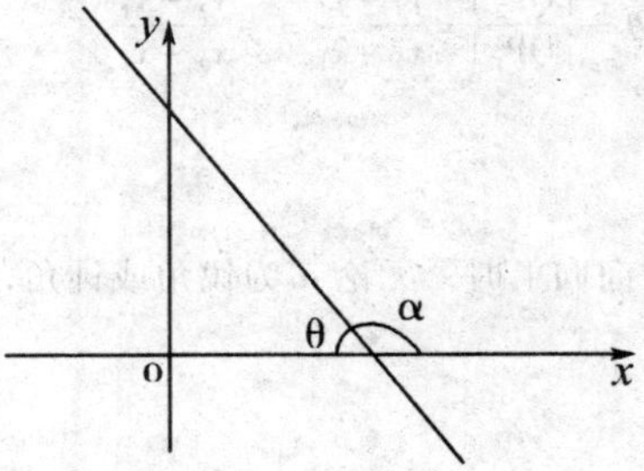

$\alpha = 180° - \theta$（θ 是锐角）

$\therefore k = \tan\alpha = \tan(180° - \theta) = -\tan\theta$

如：倾斜角 $\alpha = 120°$，则斜率 $k = -\sqrt{3}$

当 α 在 $[0, 180)$ 内变化时，斜率 k 如何变化？

1. 倾斜角能从形的角度刻画倾斜程度，而斜率是比值，实质是数值，它能从数的角度反映倾斜的程度，显然用斜率更细致入微些

2. 图形反映：

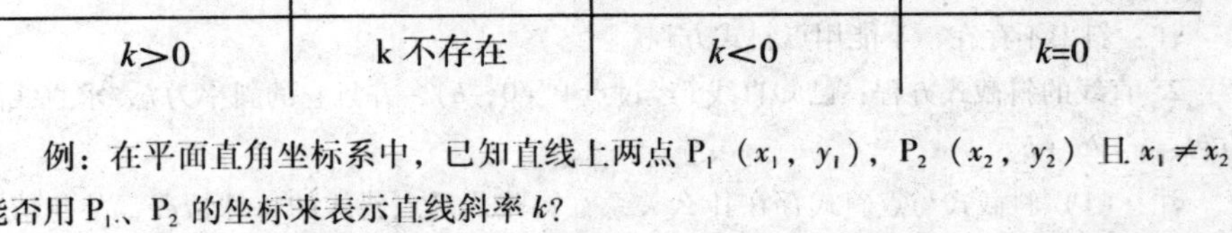

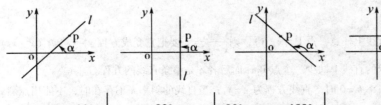

$0° < \alpha < 90°$	$\alpha = 90°$	$90° < \alpha < 180°$	$\alpha = 0°$
$k > 0$	k 不存在	$k < 0$	$k = 0$

例：在平面直角坐标系中，已知直线上两点 $P_1(x_1, y_1)$，$P_2(x_2, y_2)$ 且 $x_1 \neq x_2$，能否用 P_1、P_2 的坐标来表示直线斜率 k？

解：设直线 P_1P_2 倾斜角为 α（$\alpha \neq 90°$）当直线 P_1P_2 方向向上时，过点 P_1 作 x 轴的平行线，过点 P_2 作 y 轴的平行线，两线交于点 Q，则点 Q 为 (x_2, y_1)

（1）当 α 为锐角时，$\alpha = \angle QP_1P_2$，$x_1 < x_2$，$y_1 < y_2$

在 $Rt\triangle P_1P_2Q$ 中，$\tan\alpha=\tan\angle QP_1P_2=\frac{|QP_2|}{|P_1Q|}=\frac{y_2-y_1}{x_2-x_1}$

（2）当 α 为钝角时，$\alpha=180°-\theta$（设 $\angle QP_1P_2=\theta$），$x_1<x_2$，$y_1<y_2$

$\tan\alpha=\tan(180°-\theta)=-\tan\theta$

在 $Rt\triangle P_1P_2Q$ 中，$\tan\theta=\frac{|QP_2|}{|QP_1|}=\frac{y_2-y_1}{x_2-x_1}=-\frac{y_2-y_1}{x_2-x_1}$

$\therefore \tan\alpha=\frac{y_2-y_1}{x_2-x_1}$

同理，当直线 P_2P_1 方向向上时，无论 α 为锐角或钝角，也有 $\tan\alpha=\frac{y_2-y_1}{x_2-x_1}$，即 $k=\frac{y_2-y_1}{x_2-x_1}$

直线的各种表示和特点

直线方程的五种形式

直线，解析几何中第一个要研究的几何图形，也是最简单的图形。引进“直线的方程”，为用代数方法研究直线问题提供了工具手段。

“曲线与方程”是解析几何的基本观点与思路，而“直线与方程”则是“曲线与方程”观点的初步展示。

1. 直线的点斜式方程：已知直线的斜率及直线经过一已知点，求直线的方程

问题一：已知直线 l 经过点 $P_1(x_1, y_1)$，且斜率为 k 则直线方程：$y-y_1=k(x-x_1)$

解：设直线上任意一点 $P(x, y)$，则 $\frac{y-y_1}{x-x_1}=k$ 要把它变成方程 $y-y_1=k(x-x_1)$。因为前者表示的直线上缺少一个点 P_1，而后者才是整条直线的方程。

直线的斜率 $k=0$ 时，直线方程为 $y=y_1$；当直线的斜率 k 不存在时，不能用点斜式求它的方程，这时的直线方程为 $x=x_1$。

注：斜率不存在，不能用点斜式方程。

2. 直线的斜截式方程：已知直线 l 经过点 $P(0, b)$，并且它的斜率为 k，求直线的方程：$y=kx+b$

注：（1）斜截式与点斜式存在什么关系？斜截式是点斜式的特殊情况，某些情况下用斜截式比用点斜式更方便。

（2）斜截式 $y=kx+b$ 在形式上与一次函数的表达式一样，它们之间有什么差别？只有当时 $k\neq0$，斜截式方程才是一次函数的表达式。

（3）斜截式 $y=kx+b$ 中，k，b 的几 k，b 的几何意义是什么？

3. 直线方程的两点式：已知直线上两点 A（x_1，y_1），B（x_2，y_2）（$x_1 \neq x_2$），求直线方程。

$$y-y_1=\frac{y_2-y_1}{x_2-x_1}(x-x_1)$$

由 $y-y_1=\frac{y_2-y_1}{x_2-x_1}(x-x_1)$ 可以导出 $\frac{y-y_1}{y_2-y_1}=\frac{x-x_1}{x_2-x_1}$，这两者表示了直线的范围是不同的。后者表示范围缩小了。但后者这个方程的形式比较对称和美观，体现了数学美，同时也便于记忆及应用。所以采用后者作为公式，由于这个方程是由直线上两点确定的，所以叫做直线方程的两点式。

所以，当 $x_1 \neq x_2$，$y_1 \neq y_2$ 时，经过 A（x_1，y_1）B（x_2，y_2）的直线的两点式方程可以写成：$\frac{y-y_1}{y_2-y_1}=\frac{x-x_1}{x_2-x_1}$

探究 1：哪些直线不能用两点式表示？

答：倾斜角是 0°或 90°的直线不能用两点式公式表示。

探究 2：若要包含倾斜角为 0°或 90°的直线，应把两点式变成什么形式？

答：应变为 $(y-y_1)(x_2-x_1)=(x-x_1)(y_2-y_1)$ 的形式。

探究 3：我们推导两点式是通过点 A（a，0）B（0，b）（a，b 均不为 0）的直线方程为 $y=-\frac{b}{a}x+b$，

将其变形为：$\frac{x}{a}+\frac{y}{b}=1$。

以上直线方程是由直线在 x 轴和 y 轴上的截距确定的，所以叫做直线方程的截距式。

探究 4：a，b 表示截距，是不是表示直线与坐标轴的两个交点到原点的距离？

答：不是，它们可以是正，也可以是负，也可以为 0。

探究 5：有没有截距式不能表示的直线？

答：有，当截距为零时。故使用截距式表示直线时，应注意单独考虑这几种情形，分类讨论，防止遗漏

例：若直线 l 过点 P（1，1），且在两坐标轴上的截距相等，求直线 l 的方程。

$\frac{x}{2}+\frac{y}{2}=1$ 和 $y=x$

5. 直线方程的一般形式：

点斜式、斜截式、两点式、截距式四种直线方程均可化成

$Ax+By+C=0$（其中 A、B、C 是常数，A、B 不全为 0）的形式，叫做直线方程的

一般式。

探究 1：方程 $Ax+By+C=0$ 总表示直线吗？

根据斜率存在不存在的分类标准，即 B 等于不等于 0 来进行分类讨论：

若 $B\neq0$ 方程可化为 $y=-\frac{A}{B}x-\frac{C}{B}$，它是直线方程的斜截式，表示斜率为 $-\frac{A}{B}$，截距为 $-\frac{C}{B}$ 的直线；

若 $B=0$，方程 $Ax+By+C=0$ 变成 $Ax+C=0$。由于 A、B 不全为 0，所以 $A\neq0$，则方程变为 $x=-\frac{C}{A}$，表示垂直于 X 轴的直线，即斜率不存在的直线。

结论：当 A、B 不全为 0 即：$A^2+B^2\neq0$ 时，方程 $Ax+By+C=0$ 表示直线，并且它可以表示平面内的任何一条直线。

探究 2：在平面直角坐标系中，任何直线的方程都可以表示成 $Ax+By+C=0$（A、B 不全为 0）的形式吗？

三、

例 1. 说出下列直线的方程，并画出图形。

（1）在 x 轴上的截距为 -5，在 y 轴上的截距为 6；

（2）在 x 轴上截距是 -3，与 y 轴平行；

（3）在 y 轴上的截距是 4，与 x 轴平行。

例 2. 设直线 l_1，l_2 关于 y 轴对称，已知 l_1 的方程为 $y=-3x+1$，求直线 l_2 的方程。

线只与 y 轴相交。

（4）当 $A=0$，$B\neq0$，$C=0$，直线是 x 轴所在直线。

（5）当 $A\neq0$，$B=0$，$C=0$ 时求过点 P（2，3），并且在两轴上的截距相等的直线方程。

解：在两轴上的截距都是 0 时符合题意，此时直线方程为 $3x-2y=0$

若截距不为 0，则设直线方程为 $\frac{x}{a}+\frac{y}{a}=1$

将点 P（2，3）代入得 $\frac{2}{a}+\frac{3}{a}=1$，解得 $a=5$

$\therefore$ 直线方程为 $\frac{x}{5}+\frac{y}{5}=1$，即 $x+y=5$

例 3. 直线方程 $Ax+By+C=0$ 的系数 A、B、C 满足什么关系时，这条直线有以下性质？

（1）与两条坐标轴都相交；（2）只与 x 轴相交。

(3) 只与 y 轴相交；(4) 是 x 轴所在直线；(5) 是 y 轴所在直线。

答：(1) 当 $A\neq0$，$B\neq0$，直线与两条坐标轴都相交。

(2) 当 $A\neq0$，$B=0$ 时，直线只与 x 轴相交。

(3) 当 $A=0$，$B\neq0$ 时，直，直线是 y 轴所在直线

第七讲　直线与圆的方程

一、基础知识

1. 解析几何的研究对象是曲线与方程。解析法的实质是用代数的方法研究几何。首先是通过映射建立曲线与方程的关系，即如果一条曲线上的点构成的集合与一个方程的解集之间存在一一映射，则方程叫做这条曲线的方程，这条曲线叫做方程的曲线。如 $x^2+y^2=1$ 是以原点为圆心的单位圆的方程。

2. 求曲线方程的一般步骤：(1) 建立适当的直角坐标系；(2) 写出满足条件的点的集合；(3) 用坐标表示条件，列出方程；(4) 化简方程并确定未知数的取值范围；(5) 证明适合方程的解的对应点都在曲线上，且曲线上对应点都满足方程（实际应用常省略这一步）。

3. 直线的倾斜角和斜率：直线向上的方向与 x 轴正方向所成的小于 180°的正角，叫做它的倾斜角。规定平行于 x 轴的直线的倾斜角为 0°，倾斜角的正切值（如果存在的话）叫做该直线的斜率。根据直线上一点及斜率可求直线方程。

4. 直线方程的几种形式：(1) 一般式：$Ax+By+C=0$；(2) 点斜式：$y-y0=k(x-x_0)$；(3) 斜截式：$y=kx+b$；(4) 截距式：；(5) 两点式：；(6) 法线式方程：$x\cos^{\theta}+y\sin^{\theta}=p$（其中 θ 为法线倾斜角，$|p|$ 为原点到直线的距离）；(7) 参数式：（其中 θ 为该直线倾斜角），t 的几何意义是定点 $P_0(x_0, y_0)$ 到动点 $P(x, y)$ 的有向线段的数量（线段的长度前添加正负号，若 P_0P 方向向上则取正，否则取负）。

5. 到角与夹角：若直线 l_1，l_2 的斜率分别为 k_1，k_2，将 l_1 绕它们的交点逆时针旋转到与 $l2$ 重合所转过的最小正角叫 l_1 到 l_2 的角；l_1 与 l_2 所成的角中不超过 90°的正角叫两者的夹角。若记到角为 θ，夹角为 α，则 $\tan\theta=$　，$\tan\alpha=$　。

6. 平行与垂直：若直线 l_1 与 l_2 的斜率分别为 k_1，k_2。且两者不重合，则 11//12 的充要条件是 $k_1=k_2$；l_1　l_2 的充要条件是 $k_1k_2=-1$。

7. 两点 $P_1(x_1, y1)$ 与 $P_2(x_2, y_2)$ 间的距离公式：$|P_1P_2|=\sqrt{(x_2-x_1)^2+(y_2-y_1)^2}$。

8. 点 P（x_0，y_0）到直线 l：$Ax+By+C=0$ 的距离公式：。

9. 直线系的方程：若已知两直线的方程是 l_1：$A_1x+B_1y+C_1=0$ 与 l_2：$A_2x+B_2y+C_2=0$，则过 l_1，l_2 交点的直线方程为 $A_1x+B_1y+C_1+\lambda$（$A_2x+B_2y+C_2=0$；由 l_1 与 l_2 组成的二次曲线方程为（$A_1x+B_1y+C_1$）（$A_2x+B_2y+C_2$）$=0$；与 l_2 平行的直线方程为 $A_1x+B_1y+C=0$（　　）。

10. 二元一次不等式表示的平面区域，若直线 l 方程为 $Ax+By+C=0$。若 $B>0$，则 $Ax+By+C>0$ 表示的区域为 l 上方的部分，$Ax+By+C<0$ 表示的区域为 l 下方的部分。

11. 解决简单的线性规划问题的一般步骤：（1）确定各变量，并以 x 和 y 表示；（2）写出线性约束条件和线性目标函数；（3）画出满足约束条件的可行域；（4）求出最优解。

12. 圆的标准方程：圆心是点（a，b），半径为 r 的圆的标准方程为 $(x-a)^2+(y-b)^2=r^2$，其参数方程为（θ 为参数）。

13. 圆的一般方程：$x^2+y^2+Dx+Ey+F=0$（$D^2+E^2-4F>0$）。其圆心为，半径为。

14. 根轴：到两圆的切线长相等的点的轨迹为一条直线（或它的一部分），这条直线叫两圆的根轴。给定如下三个不同的圆：$x^2+y^2+D_ix+E_iy+F_i=0$，$i=1$，2，3. 则它们两两的根轴方程分别为（D_1-D_2）x+（E_1-E_2）y+（F_1-F_2）$=0$；（D_2-D_3）x+（E_2-E_3）y+（F_2-F_3）$=0$；（D_3-D_1）x+（E_3-E_1）y+（F_3-F_1）$=0$。不难证明这三条直线交于一点或者互相平行，这就是著名的蒙日定理。

第八讲　椭圆的形式及性质

1. 椭圆的定义；平面上到两定点的距离等于定长（大于两定点间的距离）这样的点的轨迹叫椭圆

（1）对于椭圆的定义的理解，要抓住椭圆上的点所要满足的条件，即椭圆上点的几何性质，可以对比圆的定义来理解。

另外要注意到定义中对“常数”的限定即常数要大于。

这样规定是为了避免出现两种特殊情况，即：“当常数等于定长时轨迹是一条线段；当常数小于两定点的距离时无轨迹”这样有利于集中精力进一步研究椭圆的标准方程和几何性质。但讲解椭圆的定义时注意不要忽略这两种特殊情况，以保证对椭圆定义的准确性。

（2）根据椭圆的定义求标准方程，应注意下面几点：

曲线的方程依赖于坐标系，建立适当的坐标系，是求曲线方程首先应该注意的地方。应让学生观察椭圆的图形或根据椭圆的定义进行推理，发现椭圆有两条互相垂直的对称轴，以这两条对称轴作为坐标系的两轴，不但可以使方程的推导过程变得简单，而且也可以使最终得出的方程形式整齐和简洁。

（3）两种标准方程的椭圆异同点

中心在原点、焦点分别在轴上，轴上的椭圆标准方程分别为：,

它们的相同点是：形状相同、大小相同，都有，

不同点是：两种椭圆相对于坐标系的位置不同，它们的焦点坐标也不同。

椭圆的焦点在轴上标准方程中项的分母较大。

2. 椭圆的标准方程；

$\frac{x^2}{a^2}+\frac{y^2}{b^2}=1$（$a>b>0$），$\frac{y^2}{a^2}+\frac{x^2}{b^2}=1$（$a>b>0$）

3. 椭圆的几何性质：解析几何要解决的两类问题是：（1）由已知条件，求出表示曲线的方程；（2）通过曲线的方程，研究曲线的性质。第一个问题我们已经解决，下面我们用椭圆的标准方程来研究椭圆的简单几何性质。从数的角度（也就是方程）来验证我们刚才从直观（也就是形）得来的结论。

1）范围：$-a\leqslant x\leqslant a$，$-b\leqslant y\leqslant b$。

2）对称性：以 $-x$ 代 x，方程不变，则曲线关于 y 轴对称；以 $-y$ 代 y，方程不变，则曲线关于 x 轴对称；同时以 $-x$ 代 x、以 $-y$ 代 y，方程不变，则曲线关于原点对称

3，顶点：A_1（$-\alpha$，0）、A_2（α，0）、B_1（0，$-b$）、B_2（0，b）。

4. 轴：长轴长、短轴长、长半轴长、短半轴长，点明方程中 a、b 的几何意义。

5. 离心率：展示几何画板，取椭圆的长轴长不变，拖动两焦点改变它们之间的距离，再画椭圆，由学生观察出椭圆形状的变化。

4. 求椭圆方程的几种方法：

待定系数法、定义法、相关点法

例：求椭圆 $4x^2+9y^2=36$ 的长轴长和短轴长、焦点坐标、顶点坐标和离心率，并用描点法画出它的图形。

分析：把椭圆方程写成标准形式，求出基本元素 a、b、c 即可求出所需答案。

解：把椭圆的方程化为标准方程 $\frac{x^2}{9}+\frac{y^2}{4}=1$。

可知此椭圆的焦点在 x 轴上，且长半轴长 $a=3$，短半轴长 $b=2$；又得半焦距 $c=\sqrt{a^2-b^2}=\sqrt{9-4}=\sqrt{5}$。

因此，椭圆的长轴长 $2a=6$，短轴长 $2b=4$，两个焦点的坐标分别是 $(-\sqrt{5},0)$，$(\sqrt{5},0)$；四个顶点的坐标分别是 $(-3,0)$、$(3,0)$ $(0,-2)$、$(0,2)$。

为画此椭圆的图形，将椭圆方程变形为

$y=\pm\frac{2}{3}\sqrt{9-x^2}$ $(-3\leqslant x\leqslant 3)$。

由 $y=\frac{2}{3}\sqrt{9-x^2}$ $(0\leqslant x\leqslant 3)$，可求出椭圆在第一象限内一些点的坐标 (x,y)，列表如下：

x	…	0	0.5	1	1.5	2	2.5	3	…
y	…	2	1.97	1.89	1.73	1.49	1.11	0	…

描点再用光滑曲线顺次连接这些点，得到椭圆在第一象限的图形；然后利用椭圆的对称性画出整个椭圆。

[方法点拨]：已知椭圆的方程讨论其性质时，应先将方程画为标准形式，找准 a 与 b，才能正确的写出焦点坐标和顶点坐标等。

第九讲　双曲线所都独有的性质——渐近线

1. 定义：平面内与两定点 F_1、F_2 距离之差的绝对值等于常数（小于 $|F_1F_2|$）的点的轨迹叫做双曲线，这两个定点叫做双曲线的焦点，两焦点的距离叫双曲线的焦距。

2. 标准形式：$\frac{x^2}{a^2}-\frac{y^2}{b^2}=1$ $(a>0,\ b>0)$

3. 性质：

（1）范围：观察双曲线的草图，可以直观看出曲线在坐标系中的范围：双曲线在两条直线 $x=\pm a$ 的外侧。从标准方程 $\frac{x^2}{a^2}-\frac{y^2}{b^2}=1$ 可知 $\frac{x^2}{a^2}-1\geqslant\frac{y^2}{b^2}$，由此双曲线上点的坐标都适合不等式 $\frac{x^2}{a^2}\geqslant 1$ 即 $x^2\geqslant a^2$，$|x|\geqslant a$ 即双曲线在两条直线 $x=\pm a$ 的外侧。

（2）对称性：

双曲线 $\frac{x^2}{a^2}-\frac{y^2}{b^2}=1$ 关于每个坐标轴和原点都是对称的，这时，坐标轴是双曲线的对称轴，原点是双曲线 $\frac{x^2}{a^2}-\frac{y^2}{b^2}=1$ 的对称中心，双曲线的对称中心叫做双曲线的中心。

（3）顶点：双曲线和对称轴的交点叫做双曲线的顶点。

在双曲线$\frac{x^2}{a^2}-\frac{y^2}{b^2}=1$的方程里，对称轴是$x$，$y$轴，所以令$y=0$得$x=\pm a$，因此双曲线和$x$轴有两个交点A（$-a$，0）$A_2$（$a$，0），他们是双曲线$\frac{x^2}{a^2}-\frac{y^2}{b^2}=1$的顶点。

令$x=0$，没有实根，因此双曲线和y轴没有交点。

a. 注意：双曲线的顶点只有两个，这是与椭圆不同的（椭圆有四个顶点），双曲线的顶点分别是实轴的两个端点。

b. 实轴：线段A　A_2叫做双曲线的实轴，它的长等于$2a$，a叫做双曲线的实半轴长。

虚轴：线段B　B_2叫做双曲线的虚轴，它的长等于$2b$，b叫做双曲线的虚半轴长。在作图时，我们常常把虚轴的两个端点画上（为要确定渐进线），但要注意他们并非是双曲线的顶点。

4. 渐近线：

矩形确定了两条对角线，这两条直线即称为双曲线的渐近线。从图上看，双曲线$\frac{x^2}{a^2}-\frac{y^2}{b^2}=1$的各支向外延伸时，与这两条直线逐渐接近。在初中学习反比例函数$y=\frac{k}{x}$时提到x轴y轴都是它的渐进线。高中三角函数$y=tgx$，$x=k\pi+\frac{\pi}{2}$（$\kappa\in Z$）是渐近线。所谓渐进，既是无限接近但永不相交。

等轴双曲线：

（1）定义：实轴和虚轴等长的双曲线叫做等轴双曲线。

定义式：$a=b$

（2）等轴双曲线的性质：①渐近线方程为：$y=\pm x$②渐近线互相垂直。③离心率$e=\sqrt{2}$

注意以上几个性质与定义式彼此等价。亦即若题目中出现上述其一，即可推知双曲线为等轴双曲线，同时其他几个亦成立。

（3）注意到等轴双曲线的特征$a=b$，则等轴双曲线可以设为：$x^2-y^2=\lambda$（$\lambda\neq0$）当$\lambda>0$时交点在x轴，当$\lambda<0$时焦点在y轴上。

6. 注意$\frac{x^2}{16}-\frac{y^2}{9}=1$与$\frac{x^2}{9}-\frac{y^2}{16}=1$的区别：三量$a$，$b$，$c$中$a$，$b$不同（互换）$c$相同。

共轭双曲线：以已知双曲线的实轴为虚轴，虚轴为实轴，这样得到的双曲线称为原双曲线的共轭双曲线。

通过分析曲线发现二者其具有相同的渐近线。此即为共轭之意。

（1）性质：共用一对渐近线。双曲线和它的共轭双曲线的焦点在同一圆上。

（2）如何确定双曲线的共轭双曲线？将1变为-1

（3）共用同一对渐近线 $y=\pm kx$ 的双曲线的方程具有什么样的特征？可设为 $\frac{x^2}{1}-\frac{y^2}{k^2}=\lambda$（$\lambda\neq0$），当 $\lambda>0$ 时交点在 x 轴，当 $\lambda<0$ 时焦点在 y 轴上。

7. 离心率：

（1）概念：双曲线焦距与实轴长之比。（2）定义式：$e=\frac{c}{a}$。（3）范围：$e>1$。

（4）考察双曲线形状与e的关系：

$$\Theta k=\frac{b}{a}=\frac{\sqrt{c^2-a^2}}{a}=\sqrt{e^2-1},$$

因此 e 越大，即渐近线的斜率的绝对值就大，这是双曲线的形状就从扁狭逐渐变得开阔。

由此可知，双曲线的离心率越大，它的开口就越阔。

第十讲　直线与圆锥曲线的位置关系

直线与圆锥曲线公共点问题、相交弦问题以及它们的综合应用。解决这些问题经常转化为它们所对应的方程构成的方程组是否有解或解的个数问题。对相交弦长问题及中点弦问题要正确运用“设而不求”。涉及焦点弦的问题还可以利用圆锥曲线的焦半径公式。

1. 直线与圆锥曲线有无公共点或有几个公共点的问题，可以转化为它们所对应的方程构成的方程组是否有解或解的个数问题，往往通过消元最终归结为讨论一元二次方程根的情况。需要注意的是当直线平行于抛物线的对称轴或双曲线的渐近线时，直线与抛物线或双曲线有且只有一个交点。

2. 涉及直线与圆锥曲线相交弦的问题，主要有这样几个方面：相交弦的长，有弦长公式 $|AB|=\sqrt{1+k^2}\,|x_2-x_1|$；弦所在直线的方程（如中点弦、相交弦等）、弦的中点的轨迹等，这可以利用“设点代点、设而不求”的方法（设交点坐标，将交点坐标代入曲线方程，并不具体求出坐标，而是利用坐标应满足的关系直接导致问题的解决）。

3. 涉及到圆锥曲线焦点弦的问题，还可以利用圆锥曲线的焦半径公式（即圆锥曲线的第二定义），应掌握求焦半径以及利用焦半径解题的方法

【例1】在抛物线 $y^2=4x$ 上恒有两点关于直线 $y=kx+3$ 对称，求 k 的取值范围。

剖析：设B、C两点关于直线 $y=kx+3$ 对称，易得直线BC：$x=-ky+m$，由B、C两点关于直线 $y=kx+3$ 对称可得 m 与 k 的关系式，

而直线BC与抛物线有两交点，

$\therefore \Delta>0$，即可求得 k 的范围。

解：设B、C关于直线 $y=kx+3$ 对称，直线BC方程为 $x=-ky+m$，代入 $y^2=4x$，得 $y^2+4ky-4m=0$，

设B (x_1, y_1)、C (x_2, y_2)，BC中点M (x_0, y_0)，则 $y_0=\frac{y_1+y_2}{2}=-2k$，$x_0=2k^2+m$。

$\because$ 点M (x_0, y_0) 在直线 l 上，$\therefore -2k=k(2k^2+m)+3$。$\therefore m=-\frac{2k^3+2k+3}{k}$。

又 $\because$ BC与抛物线交于不同两点，$\therefore \Delta=16k^2+16m>0$。

把 m 代入化简得 $\frac{k^3+2k+3}{k}<0$，即 $\frac{(k+1)(k^2-k+3)}{k}<0$，解得 $-1<k<0$。

小结：对称问题是高考的热点之一，由对称易得两个关系式。本题运用了“设而不求”，解抛物线上得“$\Delta>0$

【例2】已知直线 l 过抛物线 $y^2=2px\ (p>0)$ 的焦点F，并且与抛物线交于A (x_1, y_1)，B (x_2, y_2) 两点，证明：(1) 焦点弦公式 $|AB|=x_1+x_2+p$；(2) 若 l 的倾斜角为 α，则 $|AB|=\frac{2p}{\sin^2\alpha}$；(3) $\frac{1}{|FA|}+\frac{1}{|FB|}$ 为常量；(4) 若CD为抛物线的任何一条弦，则直线 l 不可能是线段CD的垂直平分线。

分析：已知直线 l 过抛物线的焦点，分斜率存在、不存在将直线方程设出，将直线方程和抛物线方程联立，运用韦达定理，设而不求即可简捷求解。

证明：(1) 作 $AH_1\perp$ 准线 l_1 于 H_1，作 $BH_2\perp l_1$ 于 H_2，

由定义 $|AF|=|AH_1|$，$|BF|=|BH_2|$，准线 l_1：$x=-\frac{p}{2}$，

$\therefore$ 弦长 $|AB|=|AF|+|BF|=|AH_1|+|BH_2|=x_1+\frac{p}{2}+x_2+\frac{p}{2}=x_1+x_2+p$；

(2) 当 $\alpha=90°$ 时，弦长 $|AB|$ 为通径长。$\therefore |AB|=2p=\frac{2p}{\sin^2 90°}$。

当 $\alpha\neq 90°$ 时，$F\left(\frac{p}{2}, 0\right)$，设 l 的斜率为 k。

则 $k=\tan\alpha$，作 $AC/\!/y$ 轴，$BC/\!/x$ 轴，$BC/\!/x$ 轴，AC、BC 交于 C，则 $C\ (x_1, y_1)$，$\angle ABC=\alpha$，

$$\begin{cases} y = k\left(x - \frac{p}{2}\right) & ① \\ y^2 = 2px & ② \end{cases}$$

将①代入②，得 $k^2x^2 - (k^2+2)px + \frac{k^2p^2}{4} = 0 \quad \therefore x_1 + x_2 = \frac{k^2+2}{k^2}p$

$\therefore |AB| = x_1 + x_2 + p = 2p$。$\frac{k^2+1}{k^2} = 2p$。$\frac{\tan^2\alpha + 1}{\tan^2\alpha} = \frac{2p}{\sin^2\alpha} \quad \therefore |AB| = \frac{|AC|}{\sin^2\alpha}$

(3) 利用抛物线的焦半径公式，得 $|FA| \cdot |FB| = \left(x_1 + \frac{p}{2}\right) \cdot \left(x_2 + \frac{p}{2}\right) = x_1x_2$

$+ \frac{p}{2}(x_1 + x_2) + \frac{p^2}{4} = \frac{p^2}{4} + \frac{p}{2} \cdot P\left(1 + \frac{2}{k^2}\right) + \frac{p^2}{4} = p^2\left(1 + \frac{1}{k^2}\right)p^2(1 + \cot^2\alpha) = \frac{p^2}{\sin^2\alpha}$

$\therefore \frac{1}{|FA|} + \frac{1}{FB} = \frac{|FA| + |FB|}{|FA| \cdot |FB|} = \frac{|AB|}{|FA| \cdot |FB|} = \frac{\frac{2p}{\sin^2\alpha}}{\frac{p^2}{\sin^2\alpha}} = \frac{2}{p}$ 为定值；

(4) 显然当 $l \perp ox$ 时，弦 CD 不存在。

当 l 不与 x 轴垂直时，设 $C\left(\frac{c^2}{2p}, c\right)$，$D\left(\frac{d^2}{2p}, d\right)$ 且 $c \neq d$，则 $k_{CD} = \frac{2p}{c+d}$。

若 $l \perp CD$，则 $k_l = \frac{c+d}{2p} \qquad \because k \neq 0, \quad \therefore c + d \neq 0$

设线段 CD 的中点为 $M(x_0, y_0)$ 则 $x_0 = \frac{1}{2}\left(\frac{c^2}{2p} + \frac{d^2}{2p}\right) = \frac{c^2+d^2}{4p}$，

$y_0 = \frac{c+d}{2}$，将 x_0 代入方程 $y = k_1\left(x - \frac{p}{2}\right)$ 求得：$y_0' = \frac{c+d}{2p}\left(x_0 - \frac{p}{2}\right) =$
$\frac{c+d}{2}\left(\frac{1}{2} - \frac{x_0}{p}\right)$

$\because \frac{1}{2} - \frac{x_0}{P} = \frac{1}{2} - \frac{c^2+d^2}{4p^2} \neq 1 \therefore y_0' \frac{1}{2}(c+d) = y_0 \therefore$ 线段 CD 的中点 M 不在直线 l 上。

第十一讲　空间想象——立体几何

立体几何中的平行问题

立体几何中的平行问题是高考中必考的内容，一定要掌握好这部分内容。在空间立体几何的位置关系中，平行关系是一种较为重要的位置关系，主要有线线平行、线面平

行与面面平行三种。

1. 直线与直线平行问题

证明两直线平行的常用的方法有（1）定义法，即证两线共面且无公共点（几乎不用）（2）证明两直线都与第三条直线平行（3）先过一直线上的一点作另一条直线的平行线，然后证明所作直线与第一条直线重合；（4）应用两平面平行的性质定理，设法使两直线成为两平行平面与第三个平面的交线（5）中位线定理（立体几何证明平行很重要的方法，主要是出现中点）。

2. 直线与平面平行问题

证明直线与平面平行的常用方法有：（1）根据定义，用反证法证明（2）证明直线在平面外且与平面内的某一条直线平行（3）证明直线在与已知平面平行的平面内（4）向量法，证明直线的一个方向向量，能用已知平面内的一个基底表示，或与平面的法向量垂直（理科）

3. 平面与平面平行问题

证明两平面平行的常用方法有：（1）根据定义用反证法证明（2）证明一平面内的两相交直线与另一平面平行（或与另一平面内的两条相交直线平行）（3）证明两平面都垂直于同一条直线

4. 线线平行、面面平行的传递性，传递性指的是两层含义

（1）平行的自传递性：$a /\!/ b$，$b /\!/ c \Rightarrow c /\!/ a$ 及 $\alpha /\!/ \beta$，$\beta /\!/ \gamma \Rightarrow \alpha /\!/ \gamma$

（2）传递垂直信息及角的信息：

①$a /\!/ b$，$a \perp \alpha \Rightarrow b \perp \alpha$

②$\alpha /\!/ \beta$，$a \perp \alpha \Rightarrow a \perp \beta$

③$a /\!/ b$，$a \perp c \Rightarrow b \perp c$

④$\alpha /\!/ \beta$，$\alpha \perp \gamma \Rightarrow \beta \perp \gamma$

⑤$a /\!/ b \Rightarrow$ a 和 c 所成的角 $=$ b 和 c 所成的角

⑥$a /\!/ b \Rightarrow a$ 和平面 α 所成的角 $=$ b 和平面 α 所成的角

⑦$\alpha /\!/ \beta$，γ 和 α 斜交 $\Rightarrow \lambda$ 和 α 所成的锐二面角 $= \gamma$ 和 β 所成的锐二面角

⑧$\alpha /\!/ \beta \Rightarrow b$ 和 α 所成的角 $=$ b 和 β 所成的角

线线平行、线面平行、面面平行中的任何两种在一定条件下都可以相互转化

5. 转化出平行信息的常用方法

方法 1：要重视由平面图形中的信息转化出线线平行。如利用三角形的中位线转化出线线平行等。

方法 2：用好线线平行、线面平行、面面平行之间的转化。将线面平行、面面平行转化成线线平行

例 1. 如图 1，在底面是菱形的四棱锥 P—ABCD 中，$\angle ABC=600$，$PA=AC=a$，$PB=PD=\sqrt{2}a$，点 E 在 PD 上，且 PE：ED = 2：1，在棱 PC 上是否存在一点 F，使 BF// 平面 AEC？证明你的结论。

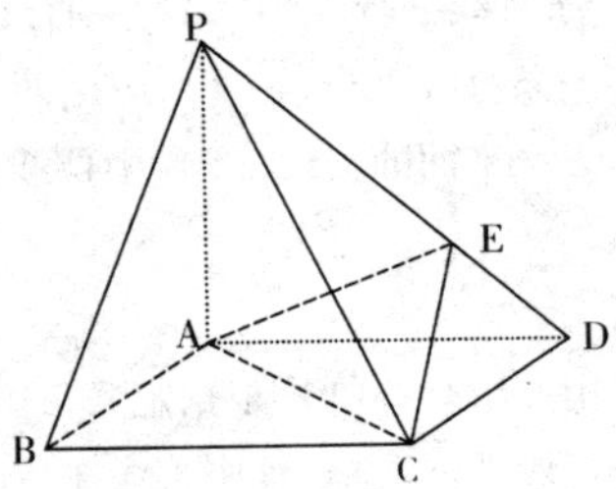

图 1

分析：此题作为题目的第三问，为了有效考查学生的思维，出题者将第三问设计成了探索的问题，此题若采用向量的方法或坐标的方法虽然也能做的出来，但是较费时，若能合理地分析平行信息，则可

方法 1：可以先来思考能否过 B 作平面∥平面 EAC，再研究作出的平面与棱 PC 的关系，当然要先考虑能不能过 B 作一条直线和平面 EAC 内的一条直线平行，在图 2 中设 O 为 AC、BD 的交点，不难发现平面 EAC 内的 EO 的这条线和 BD 相交，过 B 作 EO 的平行线比较合理。考虑到 O 为 BD 的中点，点 E 在 PD 上，且 PE：ED = 2：1，故只须取 PD 的另一个三等分点 Q，即可得 BQ∥EO，此时再取 F 为 PC 的中点，则有 QF 与平面 EAC 内的 EC 平行，从而平面 EAC 平面 BQF，当然有 F 为棱 PC 的中点时，BF∥平面 EAC。

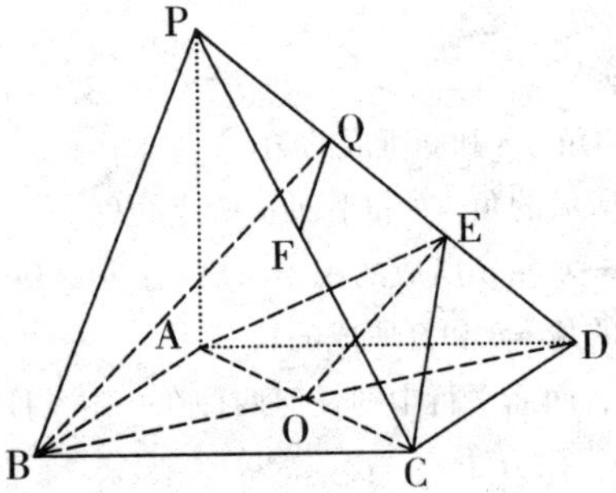

图 2

方法 2：若能注意到所研究的问题与平面 BPC 与平面 EAC 的交线有关，则也可顺利得到思路。由于 C 为平面 BPC 与平面 EAC 的一个公共点，故还须再找一个公共点，在图 3 中，注意到平面 BPC 内的直线 BP 与平面 EAC 的直线 EO 一定相交，设交点为

G，则平面 BPC∩平面 EAC = CG，取 R 为 BD 的靠近 D 的三等分点，OR：OB = 1：3，从而 ER = $\frac{1}{3}$BG，又 ER = $\frac{1}{3}$BP，故 BG = BP，在△PGC 中取 F 为棱 PC 的中点时有 BF//GC，从而 BF//平面 EAC。

例2. 如图7，在五棱锥 S - ABCDE 中，SA⊥底面 ABCDE，SA = AB = AE = 2，BC = DE = $\sqrt{3}$，∠BAE = ∠BCD = ∠CDE = 120°。

（Ⅰ）求异面直线 CD 与 SB 所成的角（用反三角函数值表示）；（Ⅱ）证明 BC⊥平面 SAB；（Ⅲ）用反三角函数值表示二面角 B - SC - D 的大小（本小问不必写出解答过程）

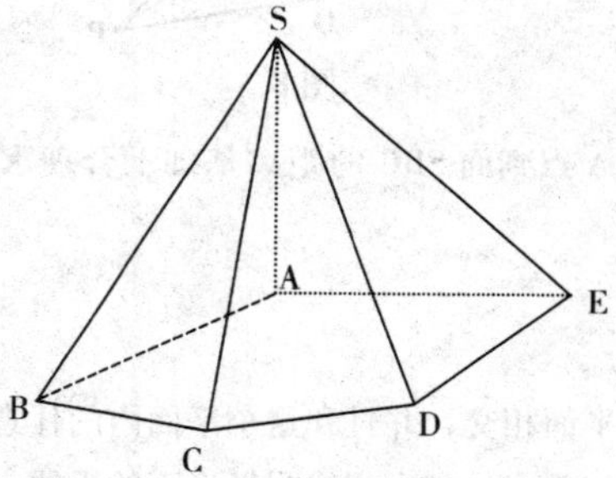

图7

对第三问的分析：此题在第一问的解题过程中可证得底面 ABCDE 满足 BE∥CD，从而在等腰梯形 BC 对第三问的分析：此题在第一问的解题过程中可证得底面 ABCDE 满足 BE∥CD，从而在等腰梯形 BCDE 中不难有 CD = $\sqrt{3}$，对于第三问，虽然不要解题过程，但如果方法不当将会计算量很大，甚至不能够完成。合理的解题思路可如下建立：如图8，由于已证得 BC⊥平面 SAB，故面 SAB⊥面 SBC，且交线为 SB，在面 ABC 内作 AF⊥SB 交 CB 于 F，则 AF⊥面 SBC，不难有 AF = $\sqrt{2}$，此时可考虑过 D 作 AF 的平行线。连结 AD，设直线 AD 交直线 BC 于 P 点，则 AD 交平面 SBC 于 P，下面先来求 DP：AP，在 Rt△ABP 中，过 D 作 DQ⊥BP，垂足为 Q，则 AB∥DQ 且 DQ = CDsin60° = $\frac{3}{2}$，故 DP：AP = DQ：AB = 3：4，连结 PF，过 D 作 DH∥AF 交 PF 于 H，则 DH⊥平面 SBC，且不难有 DH = $\frac{3\sqrt{2}}{4}$，H 在面 SBC 的反向延长面内（画 Rt△BFP 的真实图形可知）。在等腰三角形 SCD 中，SC = SD = $\sqrt{7}$，由面积法不难得腰 SC 上的高 DK 为$\frac{\sqrt{3}\times\sqrt{41}}{2\sqrt{11}}$，故二面角 B - SC - D 的平面角的正弦值为$\frac{DH}{DK}=\frac{\sqrt{33}}{\sqrt{82}}=\frac{\sqrt{3706}}{82}$，从而二面角的大小为 π - arc-

$\sin\frac{\sqrt{3706}}{82}$。

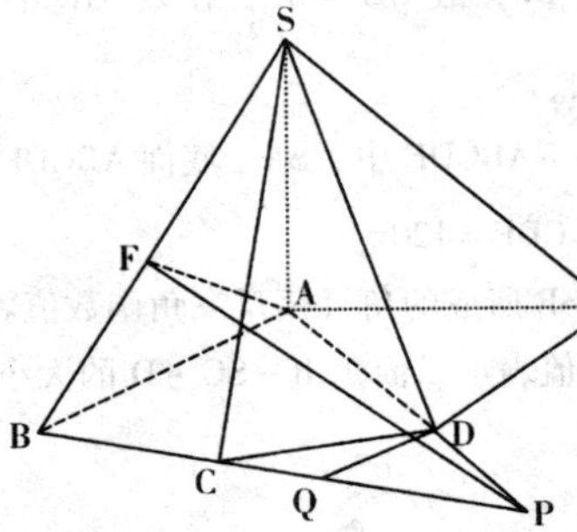

图 8

评析：此方法在求出 A 点到面 SBC 的距离基础上合理求出 D 点到面 SBC 的距离，从而有了较佳的计算

空间中的垂直问题

1. 线面垂直定义：

如果一条直线和一个平面相交，并且和这个平面内的任意一条直线都垂直，我们就说这条直线和这个平面互相垂直。其中直线叫做平面的垂线，平面叫做直线的垂面交点叫做垂足。

直线与平面垂直简称线面垂直，记作：$a\perp\alpha$。

2. 直线与平面垂直的判定定理：

如果一条直线和一个平面内的两条相交直线都垂直，那么这条直线垂直于这个平面。

3. 直线和平面垂直的性质定理：

如果两条直线同垂直于一个平面，那么这两条直线平行。

4. 三垂线定理　在平面内的一条直线，如果它和这个平面的一条斜线的射影垂直，那么它也和这条斜线垂直。

说明：(1) 定理的实质是判定平面内的一条直线和平面的一条斜线的垂直关系；

$$\left.\begin{array}{l}PO\perp\alpha,\ O\in\alpha\\ PAI\alpha=A\\ a\subset\alpha,\ a\perp OA\end{array}\right\}\Rightarrow a\perp PA$$

(2) 推理模式：。

5. 三垂线定理的逆定理：在平面内的一条直线，如果和这个平面的一条斜线垂直，那么它也和这条斜线的射影垂直。

$$\left.\begin{array}{l} PO \perp \alpha,\ O \in \alpha \\ PAI\alpha = A \\ a \subset \alpha \perp AP \end{array}\right\} \Rightarrow a \perp AO$$

推理模式：（见上式）

注意：（1）三垂线指 PA，PO，AO 都垂直 α 内的直线 a。其实质是：斜线和平面内一条直线垂直的判定和性质定理。（2）要考虑 a 的位置，并注意两定理交替使用。

6. 两个平面垂直的定义：

两个相交成直二面角的两个平面互相垂直；相交成直二面角的两个平面叫做互相垂直的平面。

7. 两平面垂直的判定定理：

如果一个平面经过另一个平面的一条垂线，那么这两个平面互相垂直。

推理模式：$a Ø \alpha$，$a \perp \beta \Rightarrow a \perp \beta$。

8. 两平面垂直的性质定理：

若两个平面互相垂直，那么在一个平面内垂直于它们的交线的直线垂直于另一个平面。

推理模式：$\alpha \perp \beta$，$\alpha I \beta = l$，$a Ø \alpha$，$a \perp l \Rightarrow a \perp \beta$。

9. 向量法证明直线与平面、平面与平面垂直的方法：

10. 垂直和平行涉及题目的解决方法须熟练掌握两类相互转化关系：

（1）平行转化：线线平行⇒线面平行⇒面面平行。

（2）垂直转化：线线垂直⇒线面垂直⇒面面垂直。

每一垂直或平行的判定就是从某一垂直或平行开始转向另一垂直或平行，最终达到目的。

例 1. 如图，道路两旁有一条河，河对岸有电塔 AB，高 $15m$，只有量角器和皮尺作测量工具，能否测出电塔顶与道路的距离？

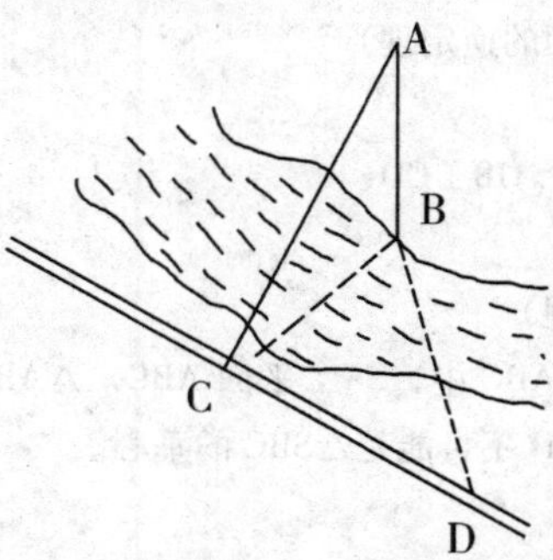

解：在道路边取点 C，使 BC 与道路边所成的水平角等于 90°，

再在道路边取一点 D，使水平角 $\angle CDB = 45°$，

测得 C，D 的距离等于 $20m$，

$\because$ BC 是 AC 在平面上的射影，且 $CD \perp BC$

$\therefore CD \perp AC$（三垂线定理）

因此斜线段 AC 的长度就是塔顶与道路的距离，

$\because \angle CDB = 45°$，$CD \perp BC$，$CD = 20m$，

$\therefore BC = 20m$，

在 Rt△ABC 中得 $|AC| = \sqrt{AB^2 + BC^2} = \sqrt{15^2 + 20^2} = 25$（$m$），

答：电塔顶与道路距离是 $25m$。

例 2. 点 A 为△BCD 所在平面外的一点，点 O 为点 A 在平面 BCD 内的射影，若 $AC \perp BD$，$AD \perp BC$，求证：$AB \perp CD$。

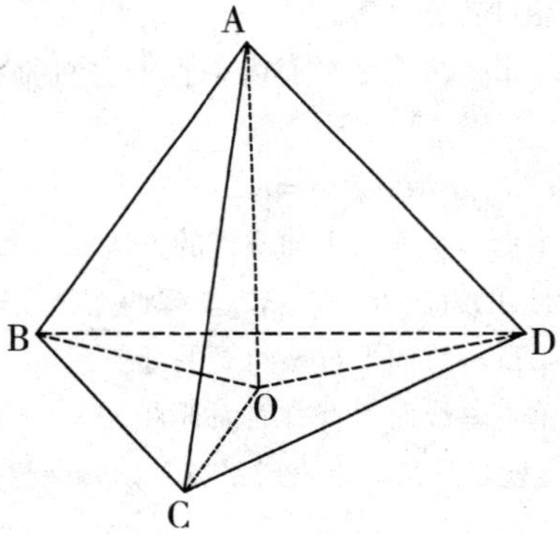

证明：连结 OB，OC，OD，

$\because AO \perp$ 平面 BCD，且 $AC \perp BD$

$\therefore BD \perp OC$（三垂线定理的逆定理）

同理 $OD \perp BC$，

$\therefore$ O 为△ABC 的垂心，$\therefore OB \perp CD$，

又 $\because AO \perp$ 平面 BCD，

$\therefore AB \perp CD$（三垂线定理）

例 3. 已知：四面体 S－ABC 中，$SA \perp$ 平面 ABC，△ABC 是锐角三角形，H 是点 A 在面 SBC 上的射影，求证：H 不可能是△SBC 的垂心。

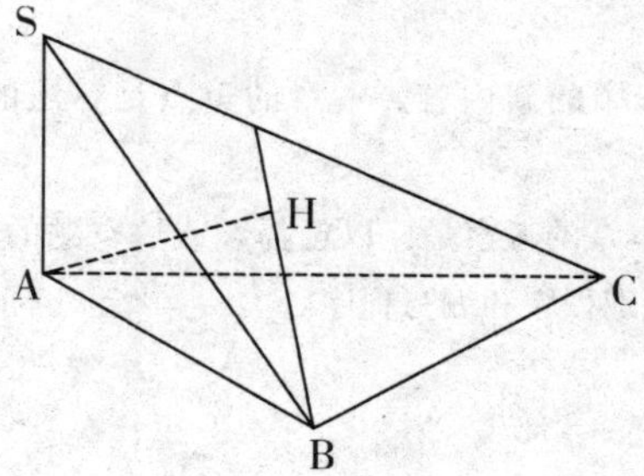

证明：假设 H 是△SBC 的垂心，连结 BH，则 BH⊥SC，

∵ BH⊥平面 SBC

∴ BH 是 AB 在平面 SBC 内的射影，

∴ SC⊥AB（三垂线定理）

又∵ SA⊥平面 ABC，AC 是 SC 在平面 ABC 内的射影

∴ AB⊥AC（三垂线定理的逆定理）

∴ △ABC 是直角三角形，此与“△ABC 是锐角三角形”矛盾

∴ 假设不成立，

所以，H 不可能是△SBC 的垂心。

第三节　高三数学大讲堂

第一讲　基本算法语句

一、课标要求

1. 经历将具体问题的程序框图转化为程序语句的过程，理解几种基本算法语句——输入语句、输出语句、赋值语句、条件语句、循环语句，进一步体会算法的基本思想；

2. 通过阅读中国古代数学中的算法案例，体会中国古代数学对世界数学发展的贡献。

二、命题走向

算法是高中数学课程中的新内容，本章的重点是算法的概念和算法的三种逻辑结构

预测2010年高考对本章的考察是：以选择题或填空题的形式出现，分值在5分左右，本讲考察的热点是识别程序和编写程序。

三、要点精讲

1. 输入语句

输入语句的格式：INPUT“提示内容”；变量

例如：INPUT“$x=$”；x 功能：实现算法的输入变量信息（数值或字符）的功能。

要求：

（1）输入语句要求输入的值是具体的常量；

（2）提示内容提示用户输入的是什么信息，必须加双引号，提示内容“原原本本”的在计算机屏幕上显示，提示内容与变量之间要用分号隔开；

（3）一个输入语句可以给多个变量赋值，中间用“，”分隔；输入语句还可以是““提示内容1”；变量1，“提示内容2”；变量2，“提示内容3”；变量3，……”的形式。例如：INPUT“$a=$，$b=$，$c=$，”；a，b，c。

2. 输出语句

输出语句的一般格式：PRINT“提示内容”；表达式

例如：PRINT“S =”；S

功能：实现算法输出信息（表达式）

要求：

（1）表达式是指算法和程序要求输出的信息；

（2）提示内容提示用户要输出的是什么信息，提示内容必须加双引号，提示内容要用分号和表达式分开。

（3）如同输入语句一样，输出语句可以一次完成输出多个表达式的功能，不同的表达式之间可用“，”分隔；输出语句还可以是“提示内容1”；表达式1，“提示内容2”；表达式2，“提示内容3”；表达式3，……”的形式；例如：PRINT“a，b，c:”；a，b，c。

3. 赋值语句

赋值语句的一般格式：变量 = 表达式

赋值语句中的“ = ”称作赋值号

作用：赋值语句的作用是将表达式所代表的值赋给变量；

要求：

（1）赋值语句左边只能是变量名字，而不是表达式，右边表达式可以是一个常量、变量或含变量的运算式。如：$2=x$ 是错误的；

（2）赋值号的左右两边不能对换。赋值语句是将赋值号右边的表达式的值赋给赋值号左边的变量。如“A = B”“B = A”的含义运行结果是不同的，如 $x=5$ 是对的，$5=x$ 是错的，A + B = C 是错的，C = A + B 是对的。

（3）不能利用赋值语句进行代数式的演算。（如化简、因式分解、解方程等），如：$y=x^2-1=(x-1)(x+1)$

这是实现不了的。在赋值号右边表达式中每一个变量的值必须事先赋给确定的值。在一个赋值语句中只能给一个变量赋值。不能出现两个或以上的“=”。但对于同一个变量可以多次赋值。

4. 条件语句

（1）“IF—THEN—ELSE”语句

格式：

IF 条件 THEN

语句 1

ELSE

语句 2

END IF

说明：在“IF—THEN—ELSE”语句中，“条件”表示判断的条件，“语句 1”表示满足条件时执行的操作内容；“语句 2”表示不满足条件时执行的操作内容；END IF 表示条件语句的结束。计算机在执行“IF—THEN—ELSE”语句时，首先对 IF 后的条件进行判断，如果符合条件，则执行 THEN 后面的“语句 1”；若不符合条件，则执行 ELSE 后面的“语句 2”。

（2）“IF—THEN”语句

格式：

IF 条件 THEN

语句

END IF

说明：“条件”表示判断的条件；“语句”表示满足条件时执行的操作内容，条件不满足时，直接结束判断过程；END IF 表示条件语句的结束。计算机在执行“IF—THEN”语句时，首先对 IF 后的条件进行判断，如果符合条件就执行 THEN 后边的语句，若不符合条件则直接结束该条件语句，转而执行其它后面的语句

5. 循环语句

(1) 当型循环语句

当型(WHILE 型)语句的一般格式为:

```
WHILE 条件
循环体
WEND
```

说明:计算机执行此程序时,遇到 WHILE 语句,先判断条件是否成立,如果成立,则执行 WHILE 和 WEND 之间的循环体,然后返回到 WHILE 语句再判断上述条件是否成立,如果成立,再执行循环体,这个过程反复执行,直到一次返回到 WHILE 语句判断上述条件不成立为止,这时不再执行循环体,而是跳到 WEND 语句后,执行 WEND 后面的语句。因此当型循环又称"前测试型"循环,也就是我们经常讲的"先测试后执行"、"先判断后循环"。

(2) 直到型循环语句

直到型(UNTIL 型)语句的一般格式为:

```
DO
循环体
LOOP UNTIL 条件
```


说明:计算机执行 UNTIL 语句时,先执行 DO 和 LOOP UNTIL 之间的循环体,然后判断"LOOP UNTIL"后面的条件是否成立,如果条件成立,返回 DO 语句处重新执行循环体。这个过程反复执行,直到一次判断"LOOP UNTIL"后面的条件条件不成立为止,这时不再返回执行循环体,而是跳出循环体执行"LOOP UNTIL 条件"下面的语句。

四、典例解析

题型 1:输入、输出和赋值语句

例 1. 判断下列给出的输入语句、输出语句和赋值语句是否正确?为什么?

(1) 输入语句 INPUT a; b; c

(2) 输出语句 A = 4

(3) 赋值语句 3 = B

(4) 赋值语句 A = B = -2

解析:(1) 错,变量之间应用","号隔开;

(2) 错,PRINT 语句不能用赋值号" = ";

(3) 错,赋值语句中" = "号左右不能互换;

(4) 错,一个赋值语句只能给一个变量赋值点评：输入语句、输出语句和赋值语句基本上对应于算法中的顺序结构。输入语句、输出语句和赋值语句都不包括“控制转移”，由它们组成的程序段必然是顺序结构

（5）4.（2009 年广东卷文）某篮球队 6 名主力队员在最近三场比赛中投进的三分球个数如下表所示：

队员 i	1	2	3	4	5	6
三分球个数	a_1	a_2	a_3	a_4	a_5	a_6

下图（右）是统计该 6 名队员在最近三场比赛中投进的三分球总数的程序框图，则图中判断框应填________，输出的 $s =$________

（注：框图中的赋值符号“＝”也可以写成“←”或“：＝”）

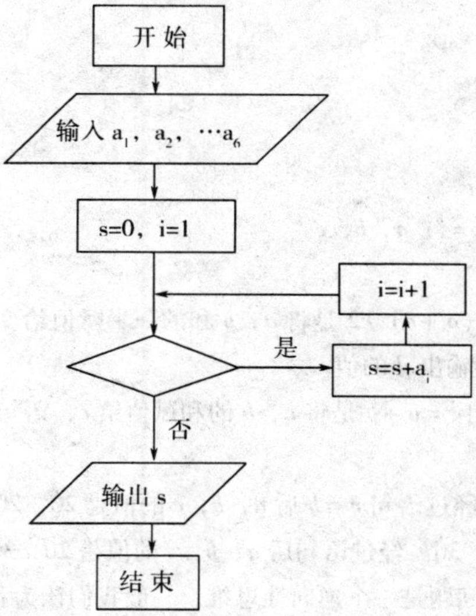

【解析】顺为是统计该 6 名队员在最近三场比赛中投进的三分球总数的程序框图，所图中判断框应填 $i \leqslant 6$，输出的 $s = a_1 + a_2 + \cdots + a_6$。

答案 $i \leqslant 6$，$a_1 + a_2 + \cdots + a_6$

例 2. 请写出下面运算输出的结果。

（1）

$a = 5$

$b = 3$

$c =（a + b）/2$

$d = c * c$

PRINT"d ="; d

(2)

$a=1$

$b=2$

$c=a+b$

$b=a+c-b$

PRINT"a = , b = , c ="; a, b, c

(3)

$a=10$

$b=20$

$c=30$

$a=b$

$b=c$

$c=a$

PRINT"a = , b = , c ="; a, b, c

解析：

(1) 16；语句 $c=(a+b)/2$ 是将 a，b 和的一半赋值给变量 c，语句 $d=c*c$ 是将 c 的平方赋值给 d，最后输出 d 的值。

(2) 1，2，3；语句 $c=a+b$ 是将 a，b 的和赋值给 c，语句 $b=a+c-b$ 是将的值赋值给了 b。

(3) 20，30，20；经过语句 $a=b$ 后 a，b，c 的值是 20，20，30。经过语句 $b=c$ 后 a，b，c 的值是 20，30，30。经过语句后 a，b，c 的值是 20，30，20。

点评：语句的识别问题是一个逆向性思维，一般我们认为我们的学习是从算法步骤（自然语言）至程序框图，再到算法语言（程序）。如果将程序摆在我们的面前时，我们要从识别逐个语句，整体把握，概括程序的功能

题型 2：赋值语句的应用

第二讲　透视导数知识在生活中的应用

导数知识是学习高等数学的基础，它在自然科学、工程技术及日常生活等方面都有着广泛的应用。导数是从生产技术和自然科学的需要中产生的，同时，又促进了生产技术和自然科学的发展，它不仅在天文、物理、工程领域有着广泛的应用，而且在日常生

活及经济领域也是逐渐显示出重要的作用。

导数在实际生活中的应用主要是解决有关函数最大值、最小值的实际问题，主要有以下几个方面：1. 与几何有关的最值问题；2. 与物理学有关的最值问题；3. 与利润及其成本有关的最值问题；4. 效率最值问题。

而要求最值，首先是需要分析问题中各个变量之间的关系，建立适当的函数关系，并确定函数的定义域，通过创造在闭区间内求函数取值的情境，即核心问题是建立适当的函数关系。

1. 与几何有关的最值问题：

【例1】学校举行活动，通常需要张贴海报进行宣传。现让你设计一张如图1-1所示的竖向的海报，要求版心面积为$128dm^2$，上、下两边各空$2dm$，左右两边各空$1dm$，如何设计海报的尺寸，才能使四周空白的面积最小？

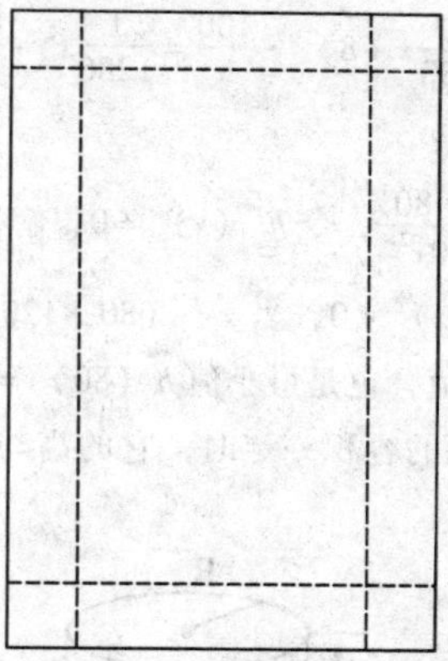

解：设版心的高为xdm，则版心的宽为$\frac{128}{x}dm$，此时四周空白的面积为

$S(x)=(x+4)(\frac{128}{x}+2)-128=2x+\frac{512}{x}+8\ (x>0)$

则求函数S（x）的导数得：$S'(x)=2-\frac{512}{x^2}$；

令$S'(x)=2-\frac{512}{x^2}=0$，解得：$x=16$（$x=-16$，舍去），

于是宽为$\frac{128}{x}=\frac{128}{16}=8$。

当$x\in(0,16)$时，$S'(x)<0$，当$x\in(16,+\infty)$时，$S'(x)>0$，

因此，$x=16$是函数S（x）的极小值点，也是最小值点，所以，当版心高为$16dm$，

宽为 $8dm$ 时，能使四周空白面积最小。

点评：利用导数求极（最）值的方法，结合具体几何问题即可求出几何问题的最值。

2. 与利润及其成本有关和最值问题：

【例2】统计表明，某种型号的汽车在匀速行驶中每小时耗油量 y（升）关于行驶速度 x（千米/小时）的函数解析式可以表示为：$y=\frac{1}{128000}x^3-\frac{3}{80}x+8$（$0<x\leqslant120$），已知甲乙两地相距100千米，当汽车以多大速度行驶时，从甲地到乙地耗油最少？最少为多少升？

解：当速度为 x 千米/小时，汽车从甲地到乙地行驶了 $\frac{100}{x}$ 小时，设耗油量为 $h(x)$ 升。

$\therefore h(x)=\left(\frac{1}{128000}x^3-\frac{3}{80}x+8\right)\cdot\frac{100}{x}=\frac{1}{1280}x^2+\frac{800}{x}-\frac{15}{4}$，（$0<x\leqslant120$）

则求函数 $h(x)$ 的导数得：

$h'(x)=\frac{1}{640}x-\frac{800}{x^2}=\frac{x^3-80^3}{640x^2}$，令 $h'(x)=0$，解得：$x=80$，

当 $x\in(0,80)$ 时，$h'(x)<0$，当 $x\in(80,120)$ 时，$h'(x)>0$；

$\therefore$ 在 $x=80$ 时，取得极小值，也是最小值 $h(80)=11.25$。

【例3】圆柱形金属饮料罐的容积一定时，它的高与底与半径应怎样选取，才能使所用的材料最省？

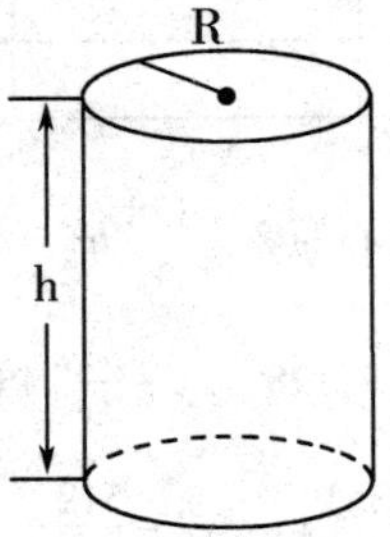

解：设圆柱的高为 h，底半径为R，则表面积

$S=2\pi Rh+2\pi R^2$

由 $V=\pi R^2h$，得 $h=\frac{V}{\pi R^2}$，则

$S(R)=2\pi R\frac{V}{\pi R^2}+2\pi R^2=\frac{2V}{R}+2\pi R^2$

令 $s'(R)=-\frac{2V}{R^2}+4\pi R=0$

解得，$R=\sqrt[3]{\frac{V}{2\pi}}$，从而 $h=\frac{V}{\pi R^2}=\frac{V}{\pi\left(\sqrt[3]{\frac{V}{2\pi}}\right)^2}=\sqrt[3]{\frac{4V}{\pi}}=2\sqrt[3]{\frac{V}{\pi}}$

即 $h=2R$

因为 S（R）只有一个极值，所以它是最小值。

答：当罐的高与底直径相等时，所用材料最省。

点评：此两例涉及到生活中的利润和成本问题，首先是列式（建模），再利用导数进行计算。

第三讲　不规则图形面积求解的万能钥匙

新的数学课程标准增加了定积分的内容。利用定积分可以求一些非直线型、非圆型的平面区域的面积，它拓宽了学生的面积"视野"，为解决涉及面积的数学问题提供了全新的方法。今举例说明定积分在解题中的应用，供参考。

一、面积问题

由几何意义得

$S=\int_a^b f(x)\,dx-\int_a^b g(x)\,dx=\int_a^b[f(x)-g(x)]\,dx$，

该式当 $f(x)$ 和 $g(x)$ 可判断大小的情况下适合，但 $f(x)$ 和 $g(x)$ 无法判断大小时，要修改为 $S=\int_a^b|f(x)-g(x)|dx$。如果 $f(x)$ 和 $g(x)$ 有在积分区域 $[a,b]$ 内交点，设为 x_1，x_2，且 $x_1<x_2$，则 $S=\int_a^b|f(x)-g(x)|dx=\int_{x_1}^{x_2}|f(x)-g(x)|dx$。所以此时求 $f(x)$ 和 $g(x)$ 在 $[a,b]$ 上的面积，即为 $f(x)$ 和 $g(x)$ 所围成的面积，要先求出交点，作为它们的积分区域。

例 1. 求由抛物线 $y^2=4x$ 与直线 $x+y=3$ 所围成的图形的面积

分析：运用定积分求面积，需确定出被积函数和积分的上、下限，因此需要先求出两条曲线的交点的横坐标。

解析：$y^2=4x$ 与 $x+y=3$ 的交点为（9，-6）和（1，2）在 $-6\leqslant y\leqslant 2$ 时，图形的左边界为 $x=\frac{y^2}{4}$，右边界为 $x=3-y$

$\therefore A=\int_{-6}^{2}\left[3-y-\frac{y^2}{4}\right]dy=\left[3y-\frac{y^2}{2}-\frac{y^3}{12}\right]_{-6}^{2}=\frac{64}{3}$

点评：求由曲线围成的平面图形的面积，一般是应先画出它的草图，借助图形的直

观性确定出被积函数以及积分的上、下限，进而由定积分求出其面积。

二，求体积：

在［a，b］内任取一点 x，在［x，$x+dx$］上对应的体积近似地可以看成以 f（x）为底半径，dx 为高的圆柱体。故对应的体积元 $dV=\pi f^2(x)dx$。

$\therefore V_x=\int_a^b \pi f^2(x)dx$

例 2. 求由 $y=x$ 和 $y=x^2$ 所围图形分别绕 x 轴、y 轴的旋转体体积

解析：此为一空心立体，其体积是由三角形 OAB 绕 x 轴旋转所成的立体与曲边梯形 OEABO 绕 x 轴旋转所成的立体的体积之差。

先联立两方程，求得交点（0，0）、（1，1）。$x\in[0,1]$ 时，下边界、上边界是 $y=x$ 和 $y=x^2$

$$\therefore V_x=\pi\int_0^1\left[x^2-(x^2)^2\right]dx=\frac{2\pi}{15}$$

$y\in[0,1]$ 时，左边界、右边界分别是 $x=y$ 和 $x=\sqrt{y}$。$\therefore V_y=\pi\int_0^1[(\sqrt{y})^2-y^2]dy=\frac{\pi}{6}$

二、求解变速直线运动问题

例 3. 汽车以每小时 36km 速度行驶，到某处需要减速停车。设汽车以等加速度 $a=-5m/s^2$ 刹车。问从开始刹车到停车，汽车走了多少距离？

解从开始刹车到停车所需的时间？

当 $t=0$ 时，汽车速度

$$v_0=36km/h=\frac{36\times1000}{3600}m/s=10m/s。$$

刹车后 t 时刻汽车的速度为：

$v(t)=v_0+at=10-5t$。

当汽车停止时，速度 $v(t)=0$，从

$v(t)=10-5t=0$

得，$t=2(s)$。

于是从开始刹车到停车汽车所走过的距离为

$$s=\int_0^2 v(t)dt=\int_0^2(10-5t)dt=\left[10t-5\cdot\frac{1}{2}t^2\right]_0^2=10$$

数学思想大考验

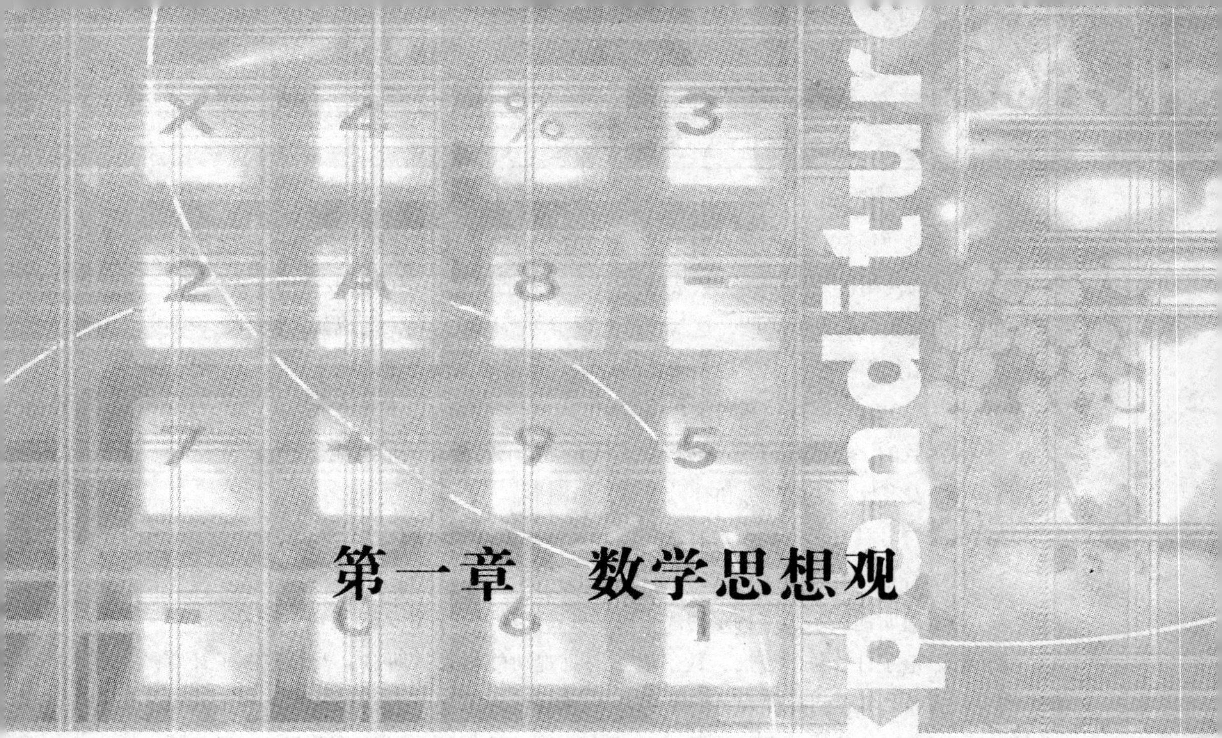

第一章　数学思想观

第一节　中级数学思想大汇集

数学思想是数学教学的重要内容之一。重视与加强中学数学思想的教学，这对于抓好双基、培养能力以及提高学生的数学素质都具有十分重要的作用。为此，下面择要探讨有关中学数学思想的问题。

用字母、符号、图象表示数学内容的思想

数学学科与其它学科的一个显著区别，在于数学中充满了字母、符号、图形和图象，它们按照一定的规则表达数学的内容。这些字母、符号、图象、图形就是数学语言。数学发展史表明，数学的发展与数学语言的创造和运用密切相关。前苏联 A. A. 斯托利亚尔在《数学教育学》里指出：数学中“符号和公式等人工语言的制订是最伟大的科学成就，它在很大程度上决定了数学的进一步发展。今天越来越明显，数学不仅是事实和方法的总和，而且是（也许甚至首先是）用来描述各门科学和实际活动领域的事实和方法的语言。”数学语言可分为两种：一种是抽象的符号语言；另一种是较直观的图象（图形）语言，通过它们表达概念、判断、推理、证明等思维活动。用数学符号（数字、字母、运算符号或关系符号）表示数学内容，比用自然语言表示要简短得多。数学符号的使用极大地推动了数学的发展。有人把十七世纪叫做数学的天才时期，把十八世纪叫做数学的发展时期，这两个世纪数学之所以取得较大的成就，原因之一是大量创造并使用数学符号。数学符号简化的记法，常常是深奥理论的源泉。

数学语言的功能可按符号和图象在数学中的作用，归纳为以下几方面：

（1）表示数的字母或几何图形的符号，具有确定的符号意义的功能。

①用字母表示数。②用字母和符号表示几何图形。

（2）数学符号具有形成数与数、数与式、式与式之间关系的功能。

（3）数学符号具有按照某种规定进行运算的功能。

（4）为了简明地表示某个特定的式子或某种特定的涵义而引入某些数学符号。

（5）随着电子计算机的发展，数学语言的直观功能越来越明显。人们在电子计算机的终端显示屏上可看到各种数字、数学图表、图像，它们作为信息传递的一种形式具有同符号语言相同的功能，而且比符号语言更直观。这里所讲的“图形”，不仅包括“几何图形”，而且还包括“一般图形”，如集合论中的文氏图、示意图、表格、模型图和思路分析框架图等。

转化的思想

数学中充满矛盾，对立面无不在一定条件下互相转化。已知与未知，异与同，多与少，一般与特殊等等在一定条件下都可以互相转化。这是唯物辩证法在数学思想方法上的体现，转化的方向一般是把未知的问题朝向已知方向转化，把难的问题朝较易的方向转化，把繁杂的问题朝简单的方向转化，把生疏的问题朝熟悉的方向转化。

化归，即转化与归结的意思，把有待解决的未解决的问题，通过转化过程，归结为已熟悉的规范性问题或已解决过的问题，从而求得问题解决的思想。

人们在研究运用数学的过程中，获得了大量的成果，积累了丰富的经验，许多问题的解决已形成了固定的模式、方法和步骤，人们把这种已有相对确定的解决方法和程序的问题，叫做规范问题，而把一个未知的或复杂的问题转化为规范问题的方法，称为问题的化归。

转化或化归、变换的思想方法不仅用之于数学，而且是一般分析问题和解决问题的十分重要的基本思想方法。但是这种转化变换的思想往往是渗透在数学的教学过程中，渗透在运用知识分析解决问题里。这就要靠教师在整个教学过程中，使学生能够领悟并逐步学会运用这些思想方法去解决问题。

数形结合的思想

从广义上来看，数学研究的主要对象是：现实世界的空间形式与数量关系，形与数以及它们之间的关系始终是数学的基本内容。与此同时，数形结合又是学习与研究数学的重要思想方法。形与数是互相联系，也是可以相互转化的。把问题的数量关系转化为图形性质问题，或者将图形的性质问题转化为数量关系问题，是数学活动中一种十分重要的思想方法，统称为数形结合的思想方法。

数学发展的历史表明，形与数的结合不仅使几何问题获得了有力的现代工具，而且也使许多代数问题获得了明显的直观的几何解释，从而开拓出新的研究方向。例如，笛卡尔创立的解析几何就是运用形数结合这一思想方法的典范，通过建立适当的坐标系，形成了点与有序实数组以及曲线与方程之间的对应关系，从而把几何问题转化为代数问题，把代数与几何结合起来，开创了数学发展的新纪元。又如，在现代数学人们把函数看成一个个"点"，把一类函数的全体看作一个"空间"，由此引出无穷维空间的概念，这也是成功地运用数形结合的思想方法的结果。

从表面上看，中学数学的内容可分为形与数两大部分，代数是研究数与数量关系的主要学科。然而事实上，在中学数学各分科教学中都渗透了数形结合的内容与思想。例如，研究实数与数轴相结合，研究复数与复平面上点的坐标结合，研究函数与其图象相结合，研究平面上的直线与二元一次方程结合，研究圆锥曲线与二元二次方程相结合，研究集合与韦恩图相结合等等。

数形结合的思想方法在数学教学中具有十分重要的意义，运用这种思想方法去解决数学问题，常常可以使复杂问题简单化，抽象问题具体化。作为数形结合的具体方法，主要有解析法、复数法、三角法、图解法等等。一般说来，把几何问题转化为代数问题，常用解析法、复数法、三角法等；而把数量关系问题转化为图形性质问题，则常用图解法、解析法、几何法等。

分解组合思想

有些数学问题较复杂，不能一下子以统一的形式解决，这时可考虑先把整个研究范围分解为若干个局部问题，分别加以研究，然后再通过组合各个局部的解答而得到整个问题的解答，这种思想就是分解组合思想，其方法称为分类讨论法。

在中数里，研究含字母的绝对值问题，一元二次方程根的讨论，解不等式，函数单调性的研究，圆周角与对同弧的圆心角关系定理，弦切角定理，正弦定理，三角函数诱导公式的推导，二次曲线的讨论，排列组合问题以及各种含参数的问题的研究等等，无不体现了分解组合的思想。对于复杂的数学题，特别是一些综合题，运用分解组合的思想方法去处理，可以帮助人们进行全面严谨的思考和分析，从而获得合理有效的解题途径。

集合对应思想

集合与对应是现代数学最基本最原始的概念之一，我们不能用其它更基本的概念给它们下定义，所以也把它们叫做不定义概念或原始概念。对于这些不定义概念，我们只能作描述性的说明。中数教材从学生已有的知识出发，分别用数、点、图式、整式以及物体等实例引入集合的概念，这样既便于学生接受，也让学生体会到集合的概念如同其它数学概念一样，都是从现实世界中抽象出来的。

整个数学的许多分支如近世代数、实变函数、泛函分析、拓扑学、概率统计等等几乎都是建立在满足各种不同条件的集合之上，都可以在集合论的范围内形式地加以定义。集合论的许多基本思想方法、符号、定理已广泛地渗透到数学的各个领域，许多涉及数学基础的根本性问题都可归结为关于集合论的问题，因此法国的布尔巴基学派把集合论称为“数学的基础结构”。此外，集合思想还广泛地渗透到自然科学的许多领域，集合术语在科技文章和科普读物中比比皆是，让中学生掌握集合的初步知识，可以使学生对初等数学中的一些基本概念理解得更深刻，表达得更明确，同时也可为以后学习一般科技知识和近代数学准备必要的条件。

方程函数思想

方程与函数是中学数学的重点内容，占了相当多的份量，其中某些内容既是重点又是难点，例如，列方程（组）解应用题，函数的定义和性质，反函数的概念，平面解几何曲线的方程，方程的曲线的概念等等。方程的思想和函数的思想是处理常量数学与变量数学的重要思想，在解决一般数学问题中具有重大的方法论意义。在中学数学里，对各类代数方程和初等超越方程都作了较为系统的研究。对一个较为复杂的问题，常常先通过分析等量关系，列出一个或几个方程或函数关系式，再解方程（组）或研究这函数的性质，就能很好地解决问题。例如算术中较为复杂的四则应用题，利用方程（组）去解就变得非常容易；在几何中求异面直线之间的距离问题，利用函数极值的方法也往往显得简便。

第二节　中级数学解题方法早知道

中级数学的具体方法丰富多彩，例如类比法、归纳法、演绎法、观察法、实验法、分析法、综合法、比较法、分类法、抽象和概括、联想法、具体化、特殊化、系统化、变换法、构造法、RMI方法、交集法、递推法、特征法、待定系数法、解析法、参数法、图解法、三角法、代数法、几何法、复数法、面积法、数学归纳法、数形结合法、反证法、同一法、配方法、非标准化法等等。深入地分析这些方法，我们可以发现：

①方法本身具有层次性。②方法在应用上具有综合性。③方法往往具有各自不同的适用性。④方法本身也在不断完善之中，具有发展性。

（一）观察法

观察就是以人们的感知为基础，有目的有选择的认识事物的本质和规律的一种方法。数学观察则是人们对数学问题在客观情境下考察其数量关系及图形性质的方法。

观察是思维的窗口，观察与思考是紧密结合在一起的。在中学数学教学里，应引导学生掌握正确的观察方法，揭示数学的本质、特点和规律。

（二）实验法

实验，是人们根据一定的研究目的，运用一定的手段（或工具、设备等），在人为控制或模拟的条件下，排除干扰，突出主要因素，从而有利于进行观察、研究、探索客观事物的本质及其规律的一种科学研究方法。

（三）比较

比较，就是把研究对象的个别部分或个别特征分出来，以确定它们的相同点和不同点的思维方法。比较可在同类对象中进行，也可在不同类对象中进行，或在同一对象的不同方面、不同部分之间进行。

“有比较才有鉴别”；“在比较中认识一切”。比较是分类、类比等方法的基础，也是数学教学和研究的一种重要方法，加强比较的教学，有利于学生掌握概念、法则，启迪思维，发现规律，突破教学中的难点。

（四）抽象和概括

1. 抽象，是人们在感性认识的基础上，透过现象，深入里层，抽取出事物的本质特征、内部联系和规律，从而达到理性认识的思维方法。抽象的过程离不开比较、归纳、分析、综合，要经过“去粗取精、去伪存真、由此及彼、由表及里”的加工制作过程，排除那些无关的或非本质的次要因素，抽取出研究对象的重要特征、本质因素、普遍规律与因果关系加以认识，从而为解答问题提供某种科学依据或一般原理。

2. 概括，即把抽象出来的若干事物的共同属性归结出来进行考察的思维方法。概括是人们追求普遍性的认识方式，是一种由个别到一般的思维方法。概括是以抽象为基础，抽象度愈高，则概括性愈强，高度的概括对事物的理解更具有一般性，则获得的理论或方法就有更普遍的指导性。

抽象和概括是密不可分的。抽象可以仅涉及一个对象，而概括则涉及一类对象。从不同角度考察同一事物会得到不同性质的抽象，即不同的属性。而概括则必须从多个对象的考察中寻找共同相通的性质。数学思维侧重于分析、提练、概括思维则侧重于归纳、综合。

（五）具体化、特殊化、系统化

1. 具体化，是与抽象化相反的一种思维方法，它是将抽象的数学事实（概念、定理等）同相应的具体材料联系起来，从而更好地理解数学事实的一种思维方法。

2. 特殊化，是与概括相反的思维方法。它是将所论的数学事实“退”到属于它的特殊状态（数量或位置关系）下进行研究，从而达到研究一般状态目的一种思维方法。

3. 系统化，就是将各种有关材料编成顺序，纳入一定体系之中进行研究的一种思维方法。它是与比较、分类、抽象、概括、具体化等思维方法紧密联系在一起的。

在中数教学里，常常通过编写提纲、绘制图表的方法将知识系统化。例如，在学习了两角和与差的三角函数的公式，倍角、半角的三角函数公式，万能公式以及三角函数的积化和差与和差化积公式之后，应及时指导学生把这许多公式的内在联系和推导的线索用绘制图表的方法进行系统的整理，这将大大有助于学生理解、记忆和掌握这些公式，这是学好此章三角函数公式的关键。这样的例子在中学数学现行教材里是很多的，特别在各章小结部分，比较注意对整章的内容在归纳概括的基础上进行系统化，在教学上，应予以充分重视。

（六）想象和直觉

1. 想象，有人称之为科学的猜想，或科学的联想。它是推测事物现象的原因与规律性的创造性思维。

2. 直觉，又称为顿悟（灵感），这也是一种创造性的思维活动。在科学史上，很多卓越的发现往往与之有关。

直觉的表现，往往是不通过分析步骤而达到真实的结论，有人认为它是非逻辑的思维活动；有人认为它是逻辑过程的压缩、简化，而采取了“跳跃”的形式，只不过在瞬间猜测到了问题的答案，显然为突然闯入脑际的“闪念”。

由于直觉具有创造性，又具有随意性，因此，直觉活动难以具有严格、精确的模式，否定直觉的作用或将直觉神秘化，显然都是不对的。关于直觉的详细研究，已在第四章作了阐述，在此就不重复了。

（七）RMI 方法

所谓 RMI 方法，即关系（Relationship）——映射（Mapping）——反演（Inversion）方法。在一个数学问题里，常有一些已知元素与未知元素 X（都称为原象），它们之间有一定关系 R，如果在原象集及关系 R 里直接去求未知元素 X 比较难，则可考虑寻找一个映射 M，把原象及关系 R 映射成映象及关系 R^*，而在映象及关系 R^* 里去求未知元素 X 的映象 X^* 较为容易，最后从未知元素的映象 X^* 通过反演 I 求得求知元素原象 X。这种方法就叫做“关系——映射——反演”方法，简称 RMI 方法，可用框图表示如下：

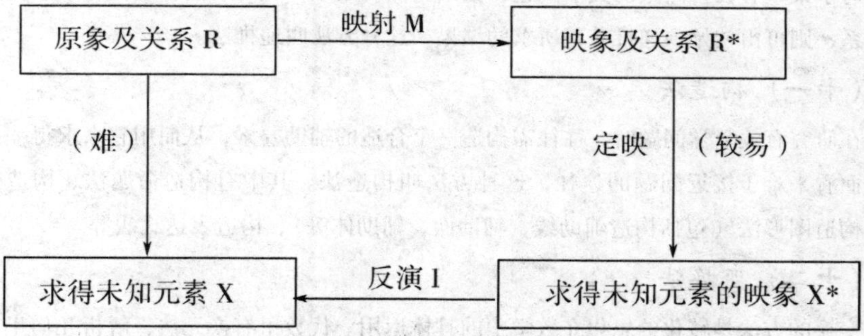

应该注意的是，这里所讲的“反演”，一般指的是广义下的“反演”，即“逆着返回”的意思。在特殊情况，如映射 M 为一一映射，则反演 I 就是 M 的逆映射 M^{-1}。

从“RMI 方法”的基本内容可以看出，其解决数学问题的思想由三个步骤来完成：

①建立映射：选择一个映射 M，通过它的作用将原象及关系 R 映射成映象及关系 R'；

②定映：在映象及关系 R' 中把待求元素 X 的映象 X' 确定出来；

③反演：由 X' 通过反演确定出要求的元素 X。

（八）交集法

有许多数学问题，它的解是由几个条件决定的，每一个条件都可以定出某种元素的一个集合，它们的交集的元素就是我们所要求的解，利用求交集的方法来解决数学问题称为交集法。

要找几个集合的交集，常用如下办法：一是先找出其中一个集合的元素，然后从中逐次剔除不在其它有关集合中的元素，剩下的就组成它们的交集。第二种办法是把各个集合都找出来后，再找它们的公共部分。几何作图中的交轨法就是用这方法。有时，要求出 n 个集合的交集，还可先求出其中 n－1 个集合的交集，再求这个交集与剩下的一个集合的交集。

（九）笛卡尔模式方法

这是一种将实际问题转化为数学问题，又将数学问题转化为代数问题，再将代数问题转化为解方程问题的方法。即"实际问题→数学问题→代数问题→解方程问题"的模式。

（十）递推法

对于某些有关自然数的数学问题，如果已知初始项，且对后面各项，可以寻找到递推关系，则可由初始项递推获得所求的结果，这种方法叫递推法。

（十一）构造法

在研究有关数学问题时，往往需构造一个合适的辅助要素，从而用它来求得一条通向表面看来难于接近问题的途径，这种方法叫构造法。其中有构造命题法、构造引理法、构造图形法（包括构造辅助线、辅助面、辅助体等）、构造表达式法等。

（十二）变换法

变换的方法是转化的思想在数学中的具体运用。代数里有换元法，解析几何里有坐标变换、几何里有平移、旋转、对称等合同变换、相似变换、射影变换、拓扑变换……。变换是数学里一种重要方法。

中学数学的方法还有很多，如参数法、待定系数法、图解法、复数法、解析几何法、三角法、代数法、配方法、数理统计与处理数据的方法等等，

第三节　常见数学思想方法应用举例

所谓数学思想，就是对数学知识和方法的本质认识，是对数学规律的理性认识。所谓数学方法，就是解决数学问题的根本程序，是数学思想的具体反映。数学思想是数学的灵魂，数学方法是数学的行为。运用数学方法解决问题的过程就是感性认识不断积累的过程，当这种量的积累达到一定程序时就产生了质的飞跃，从而上升为数学

思想。

1. 整体思想

整体思想是一种常见的数学方法，它把研究对象的某一部分（或全部）看成一个整体，通过观察与分析，找出整体与局部的有机联系，从而在客观上寻求解决问题的新途径。往往能起到化繁为简，化难为易的效果。它在解方程的过程中往往以换元法的形式出现。

例 1. 整体通分法计算 $x-\frac{x^2}{x-1}+1$

解：原式 $=x+1-\frac{x^2}{x-1}=\frac{(x+1)\ (x-1)}{x-1}-\frac{x^2}{x-1}=-\frac{1}{x-1}$ 评注：本题若把单独通分 x，$+1$ 则运算较为复杂；一般情况下，把分母为 1 的整式看作一个整体进行通分，运算较为简便。

例 2. 整体代入法：（绵阳市 05）已知实数 a 满足 $a^2+2a-2=0$，求 $\frac{1}{a+1}-\frac{a+3}{a^2-1}\times\frac{a^2-2a+1}{a^2+4a+3}$ 的值。

解：化简得原式 $=\frac{2}{(a+1)^2}$，由 $a^2+2a-8=0$ 得 $(a+1)^2=9$，$\therefore$ 原式 $=\frac{2}{9}$。

评注：本题通过整体变形代入，起到降次化简的显著效果。

例 3. 换元法（温州市 05）用换元法解方程 $(x^2+x)^2+(x^2+x)=6$ 时设 $x^2+x=y$，则原方程可变形为（　　）

A. $y^2+y-6=0$　　B. $y^2-y-6=0$　　C. $y^2-y+6=0$　　D. $y^2+y+6=0$

解：选 A

例 4. 平移法（泸州 05 改编）如图，在宽为 20m，长为 30m 的矩形地面上修建两条同样宽的道路，余下的耕地面积为 551m²，试求道路的宽 x = ________ m

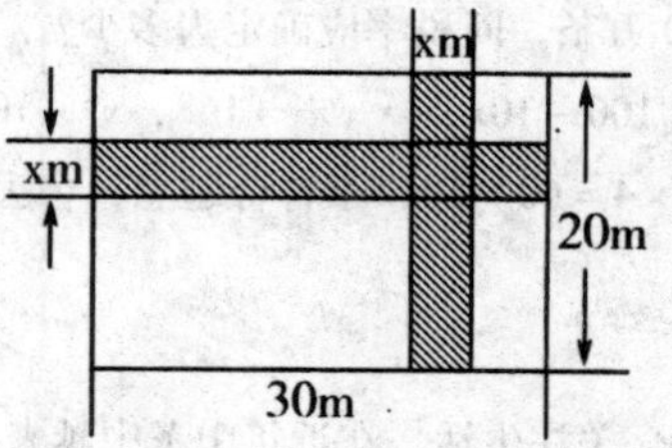

解析：我们只要用平移法把两条道路分别移到矩形的两侧，就可以把四块耕地合并为一个整体，而面积却没有改变，得方程得 $(20-x)\ (30-x)=551$ 得 $x=1$。

2. 分类思想

分类思考的方法是一种重要的数学思想，同时也是一种解题策略。在数学中，我们常常需要根据研究对象性质的差异，按照一定的标准，把有关问题转化为几个部分或几种情况，从而使问题明朗化，然后逐个加以解决，最后予以总结得出结论的思想方法。

例 5. 定义分类（潍坊市 05）已知圆 A 和圆 B 相切，两圆的圆心距为 8cm，圆的半径为 3cm，则圆 B 的半径是（　　）。

A. 5cm　　B. 11cm　　C. 3cm　　D. 5cm 或 11cm

解：选 D（按定义分内切与外切两种）。

例 6. 位置分类（资阳市 05）若⊙O 所在平面内一点 P 到⊙O 上的点的最大距离为 a，最小距离为 b（$a>b$），则此圆的半径为 A. $\frac{a+b}{2}$　B. $\frac{a-b}{2}$　C. $\frac{a+b}{2}$或$\frac{a-b}{2}$　D. $a+b$ 或 $a-b$（　　）

解析：需考虑点 P 在圆内与圆外两中情况，选 C。

3. 方程思想

方程是刻画现实世界的一个有效的数学模型，是研究数量关系的重要工具。我们把所要研究的问题中的已知与未知量之间的相等关系，通过建立方程或方程组，并求出未知量的值，从而使问题得解的思想方法称为方程思想。方程思想在实际问题、代数和几何中都有着广泛的应用。

（1）用方程思想解实际问题

例 7. 国家为了加强对香烟产销的宏观管理，对销售香烟实行征收附加税政策。现在知道某种品牌的香烟每条的市场价格为 70 元，不加收附加税时，每年产销 100 万条，若国家征收附加税，每销售 100 元征税 x 元（叫做税率 $x\%$），则每年的产销量将减少 $10x$ 万条。要使每年对此项经营所收取附加税金为 168 万元，并使香烟的产销量得到宏观控制，年产销量不超过 50 万条，问税率应确定为多少？

解析：根据题意得 $70(100-10x)\cdot x\%=168$，$x^2-10x+24=0$，解得 $x_1=6$，$x_2=4$，当 $x_2=4$ 时，$100-10\times4=60>50$，不符合题意，舍去，$x_1=6$ 时，$100-10\times6=40<50$，

∴ 税率应确定为 6%。

评注：数学应贴近生活，关注生活，在近年中考中越来越得到重视，应用题不失为一个很好的载体。

（2）用方程思想解有关函数题

基本类型有：通过列方程或方程组求待定系数，进而求出函数解析式；研究函数图象的交点，解决函数图象与坐标轴交点等有关问题。

4. 化归思想

所谓化归思想就是在研究和解决有关数学问题时采用某种手段将陌生的或不易解决的问题，转化为我们熟悉的，或已经解决的、容易解决的问题，从而最终把数学问题解决的思想方法。

例8. 未知向已知转化方程组$\begin{cases} y^2 - x = 3 \\ y = -mx + 2 \end{cases}$只有一个实数解，则实数 m 的值是________。

解：$-\frac{1}{6}$，$-\frac{1}{2}$，0（转化为一元一次方程或一元二次方程考虑有解）

5. 数形结合思想

所谓数形结合思想就是在研究问题时把数和形结合考虑或者把问题的数量关系转化为图形的性质，或者把图形的性质转化为数量关系，从而使复杂问题简单化，抽象问题具体化。

例9. 近年来市政府不断加大对城市绿化的经济投入，使全市绿地面积不断增加。从2002年底到2004年底城市绿地面积变化如图所示，那么绿地面积的年平均增长率是________。

解析：设绿地面积的年平均增长率是为 x，则可得 $300(1+x)^2 = 363$，解得 $x_1 = 0.1$，$x_2 = -2.1$（不合题意，舍去），故绿地面积的年平均增长率是10%。

评注：数形结合是近年中考的热点，正确的读（识）图是本题的关键。

7. 抽样统计思想

用样本的平均数、方差来估计总体的平均数、方差是一种抽样统计思想，这种思想是可靠的、科学的，在节约人力、物力、财力的同时，也提高了工作效率。但要注意，抽样调查选取的样本是否合适：一要保证抽取的样本有代表性；二要抽取的样本容量要尽量大些，这样的估计才比较准确，偏差也比较小。

我们可以用理论来预测概率，同时可用概率来预测实验中一件事情发生的频率；但倒过来用实验所得频率估计概率时，要注意在相同的条件下，重复的次数越多，估计的概率才越精确。

例10. 某校学生会在“暑假社会实践”活动中组织学生进行社会调查，并组织评委会对学生写出的调查报告进行了评比。学生会随机抽取了部分评比后的调查报告进行统计，绘制了统计图如下，请根据该图回答下列问题：

(1) 学生会共抽取了________份调查报告；

(2) 若等第 A 为优秀，则优秀率为________；

(3) 学生会共收到调查报告 1000 份，请估计该校有多少份调查报告的等第为 E?

解：(1) 50；(2) 16%；(3) $\frac{2}{50}\times1000=40$（份）。

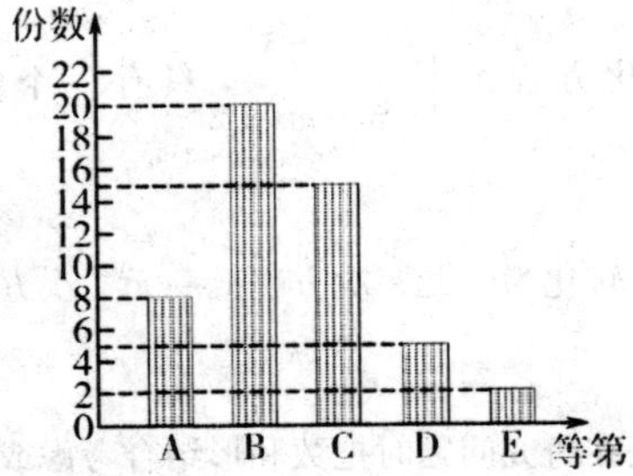

第 17 题图

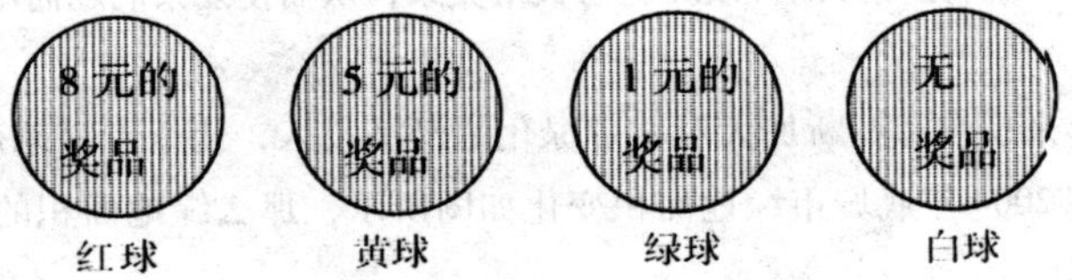

第 18 题图

第二章　学习方法论

第一节　尖子生数学学习方法集锦

1. 养成良好的学习数学习惯。

建立良好的学习数学习惯，会使自己学习感到有序而轻松。高中数学的良好习惯应是：多质疑、勤思考、好动手、重归纳、注意应用。学生在学习数学的过程中，要把教师所传授的知识翻译成为自己的特殊语言，并永久记忆在自己的脑海中。良好的学习数学习惯包括课前自学、专心上课、及时复习、独立作业、解决疑难、系统小结和课外学习几个方面。

2. 要养成写数学学习心得的习惯：提高探究能力。写数学学习心得，就是记载参与数学活动的思考、认识和经验教训，领悟数学的思维结果。把所见、所思、所悟表达出来，能促使自己数学经验、数学意识的形成，以及对数学概念、知识结构、方法原理进行系统分类、概括、推广和延伸，从而使自己对数学的理解从低水平上升到高水平，提高自己的探究能力。

3. 加强培样数学学习能力：数学学习能力包括观察力、记忆力、思维力、想象力、注意力以及自学、交往、表达等能力。学习活动过程是一个需要深入探究的过程。积极思维，不断发现问题或提出假设，检验解决问题，从而形成勇于钻研、不断探究的习惯，在学习中要坚持以下几个原则：

（1）系统化原则：要求将所学的知识在头脑中形成一定的体系，成为他们知识总体中的有机组成部分。要把概念的形成与知识系统化有机联系起来，加强各部分学习基础知识内部和相互之间，以及数学与物理、化学、生物之间的逻辑联系；注意从宏观到微观揭示其变化的内在本质。并在平时就要十分重视和做好从已知到未知，新旧联系的系统化工作，使所学知识先成为小系统、大结构，达到系统化的要求。

（2）针对性原则：就是针对数学学科的特征进行指导，这是学法指导的最根本原则。

（3）实践性原则：学习方法实际上是一种实践性很强的技能，要真正掌握学习方法，就必须进行方法训练（即实践），使之达到自动化、技巧化的程度。

（4）实用性原则：学法指导的最终目的是用较少的时间学有所得、学有所成，改正不良方法，养成良好的学习习惯。所以应以常规方法为重点，穿插某些重要的单项学习法。

（5）自主性原则：要不断优化学习方法，发挥自己在学习中的主作用，勤总结，多研究，多比较，不断完善自己的学习方法

4. 加强45分钟课堂效益。重点是听课要有效率。

学生听课的效率如何，决定着学生学习的基本状况。而且上课效率提高，意味着可以节省课后补习的时间。提高听课效率应注意以下几个方面：

（1）课前准备：知识准备：预习。

预习即是对旧知识的复习，特别是预习中遇到的自己没有掌握好的旧知识，可先进行复习补上；预习过的同学上课更能专心听课，他们知道什么地方该详，什么地方可略，因为预习中发现的新知识难点，也就是听课时的重点。；预习后把自己对新知识的理解与老师的讲解进行比较、分析，可提高自己思维水平；同时预习可以培养学生的自学能力。

物质准备：要准备好上课所需的书本、练习本、笔记本等相关资料

精神准备：课前应放松身体和精神，不做过于激烈的体育运动或看小说、下棋等费脑力的活动，以免上课后还气喘嘘嘘，或思绪难以平静。

（2）听课：上课是理解和掌握基本知识、基本技能和基本方法的关键环节。

注意老师讲课的开头和结尾。老师讲课开头，一般是概括前节课知识要点，指出本

节课要讲的内容，是把旧知识和新知识联系起来的环节。结尾通常是对本节课所讲知识的归纳总结，具有高度的概括性，是复习时的纲要

要认真把握好讲例题的求解过程，理解老师分析例题的思路和解决此类问题的方法，并能结合课堂练习，提高分析问题、解决问题的能力。

通过课堂听讲掌握知识的重点，解决知识的疑点，提高数学能力。在听讲的同时把本节课的重点、难点、疑点、典型的例题与习题、扩充的知识记录下来，以备课后复习时用。在课堂教学中培养听课习惯。听是主要的，听能使注意力集中，把老师讲的关键性部分听懂、听会，听的时候注意思考、分析问题，但是光听不记，或光记不听必然顾此失彼，课堂效益低下，因此应适当地笔记，领会课上老师的主要精神与意图，五官能协调活动是最好的习惯。在课堂、课外练习中培养作业习惯，在作业中不但做得整齐、清洁，培养一种美感，还要有条理，这是培养逻辑能力，必须独立完成。可以培养一种独立思考和解题正确的责任感。在作业时要提倡效率，应该十分钟完成的作业，不拖到半小时完成，疲疲惫惫的作业习惯使思维松散、精力不集中，这对培养数学能力是有害而无益的，抓数学学习习惯必须从高一年级抓起，无论从年龄增长的心理特征上讲，还是从学习的不同阶段都应该进行学习习惯的指导。

（3）课后复习和总结?

a. 及时复习。

及时复习是高效率学习的重要一环，复习的有效方法不是一遍遍地看书或笔记，而是采取回忆式的复习：

可以先回忆上课老师讲过的内容，例题：分析问题的思路、方法等，尽量想得完整些。然后打开笔记与书本，对照一下还有哪些没记清的，把它补起来，最后问自己：我今天学习了什么数学内容？它的思想方法是怎么样的？相关的例题习题的解题方法步骤怎样?

这使得当天上课内容巩固下来，所学的新知识由“懂”到“会”。

b. 做好单元小结。

小结要在系统复习的基础上以教材为依据，参照笔记与有关资料，通过分析、综合、类比、概括，揭示知识间的内在联系。以达到对所学知识融会贯通的目的。经常进行的知识小结，能对所学知识由“活”到“悟”

第二节 数学学习方法大采撷

数学是高考科目之一，故从初一开始就要认真地学习数学。进入高中以后，往往有不少同学不能适应数学学习，进而影响到学习的积极性，甚至成绩一落千丈。出现这样的情况，原因很多。但主要是由于同学们不了解高中数学教学内容特点与自身学习方法有问题等因素所造成的。在此结合高中数学教学内容的特点和我的高中教学经研，谈一谈高中数学学习方法，供同学参考。

一、先注意以下三点

（一）课内重视听讲，课后及时复习

新知识的接受，数学能力的培养主要在课堂上进行，所以要特点重视课内的学习效率，寻求正确的学习方法。上课时要紧跟老师的思路，积极展开思维预测下面的步骤，比较自己的解题思路与教师所讲有哪些不同。特别要抓住基础知识和基本技能的学习，课后要及时复习不留疑点。首先要在做各种习题之前将老师所讲的知识点回忆一遍，正确掌握各类公式的推理过程，应尽量回忆而不采用不清楚立即翻书之举。认真独立完成作业，勤于思考，从某种意义上讲，应不造成不懂即问的学习作风，对于有些题目由于自己的思路不清，一时难以解出，应让自己冷静下来认真分析题目，尽量自己解决。在每个阶段的学习中要进行整理和归纳总结，把知识的点、线、面结合起来交织成知识网络，纳入自己的知识体系。

（二）适当多做题，养成良好的解题习惯

要想学好数学，多做题是难免的，熟悉掌握各种题型的解题思路。刚开始要从基础题入手，以课本上的习题为准，反复练习打好基础，再找一些课外的习题，以帮助开拓思路，提高自己的分析、解决能力，掌握一般的解题规律。对于一些易错题，可备有错题集，写出自己的解题思路和正确的解题过程两者一起比较找出自己的错误所在，以便及时更正。在平时要养成良好的解题习惯。让自己的精力高度集中，使大脑兴奋，思维敏捷，能够进入最佳状态，在考试中能运用自如。实践证明：越到关键时候，你所表现的解题习惯与平时练习无异。如果平时解题时随便、粗心、大意等，往往在大考中充分暴露，故在平时养成良好的解题习惯是非常重要的。

（三）调整心态，正确对待考试

首先，应把主要精力放在基础知识、基本技能、基本方法这三个方面上，因为每次考试占绝大部分的也是基础性的题目，而对于那些难题及综合性较强的题目作为调剂，认真思考，尽量让自己理出头绪，做完题后要总结归纳。调整好自己的心态，使自己在任何时候镇静，思路有条不紊，克服浮躁的情绪。特别是对自己要有信心，永远鼓励自己，除了自己，谁也不能把我打倒，要有自己不垮，谁也不能打垮我的自豪感。

在考试前要做好准备，练练常规题，把自己的思路展开，切忌考前去在保证正确率的前提下提高解题速度。对于一些容易的基础题要有十二分把握拿全分；对于一些难题，也要尽量拿分，考试中要学会尝试得分，使自己的水平正常甚至超常发挥。

由此可见，要把数学学好就得找到适合自己的学习方法，了解数学学科的特点，使自己进入数学的广阔天地中去。

二、初中数学与高中数学的比较。

（一）初中数学与高中数学的差异

1. 知识差异。

初中数学知识少、浅、难度容易、知识面窄。高中数学知识广泛，将对初中的数学知识推广和引伸，也是对初中数学知识的完善。如：初中学习的角的概念只是“0^0—180^0”范围内的，但实际当中也有 720^0 和“—300^0”等角，为此，高中将把角的概念推广到任意角，可表示包括正、负在内的所有大小角。又如：高中要学习《立体几何》，将在三维空间中求一些几何实体的体积和表面积；还将学习“排列组合”知识，以便解决排队方法种数等问题。如：①三个人排成一行，有几种排队方法，（答：6种）；②四人进行乒乓球双打比赛，有几种比赛场次？（答：3 种）高中将学习统计这些排列的数学方法。初中中对一个负数开平方无意义，但在高中规定了 $i^2=-1$，就使 -1 的平方根为 $\pm i$。即可把数的概念进行推广，使数的概念扩大到复数范围等。这些知识同学们在以后的学习中将逐渐学习到。

2. 学习方法的差异。

（1）初中课堂教学量小、知识简单，通过教师课堂教慢的速度，争取让全面同学理解知识点和解题方法，课后老师布置作业，然后通过大量的课堂内、外练习、课外指导达到对知识的反反复复理解，直到学生掌握。而高中数学的学习随着课程开设多（如：高一有八门课同时学习），每天至少上八节课，自习时间四节课，这样各科学习时间将大大减少，而教师布置课外题量相对初中减少，这样集中数学学习的时间相对比初中少，高中数学教师将不能向初中那样监督每个学生的作业和课外练习，就不能向初中那样把知识让每个学生掌握后再进行新课。

（2）模仿与创新的区别。

初中学生模仿做题，他们模仿老师思维推理较多，而高中模仿做题、思维学生有，但随着知识的难度大和知识面广泛，学生不能全部模仿，即使就是学生全部模仿训练做题，也不能开拓学生自我思维能力，学生的数学成绩也只能是一般程度。现在高考数学考察，旨在考察学生能力，避免学生高分低能，避免定势思维，提倡创新思维和培养学生的创造能力培养。初中学生大量地模仿使学生带来了不利的思维定势，对高中学生带来了保守的、僵化的思想，封闭了学生的丰富反对创造精神。如学生在解决：比较 a 与 2a 的大小时要不就错、要不就答不全面。大多数学生不会分类讨论。

3. 学生自学能力的差异

初中学生自学能力低，大凡考试中所用的解题方法和数学思想，在初中教师基本上已反复训练，老师把要学生自己高度深刻理解的问题，都集中表现在他的耐心的讲解和大量的训练中，而且学生的听课只需要熟记结论就可以做题（不全是），学生不需自学。但高中的知识面广，知识全部要教师训练完高考中的习题类型是不可能的，只有通过较少的、较典型的一两道例题讲解去融会贯通这一类型习题，如果不自学、不靠大量的阅读理解，将会使学生失去一类型习题的解法。另外，科学在不断的发展，考试在不断的改革，高考也随着全面的改革不断的深入，数学题型的开发在不断的多样化，近年来提出了应用型题、探索型题和开放型题，只有靠学生的自学去深刻理解和创新才能适应现代科学的发展。

其实，自学能力的提高也是一个人生活的需要，他从一个方面也代表了一个人的素养，人的一生只有 18—24 年时间是有导师的学习，其后半生，最精彩的人生是人在一生学习，靠的自学最终达到了自强。

4. 思维习惯上的差异

初中学生由于学习数学知识的范围小，知识层次低，知识面窄，对实际问题的思维受到了局限，就几何来说，我们都接触的是现实生活中三维空间，但初中只学了平面几何，那么就不能对三维空间进行严格的逻辑思维和判断。代数中数的范围只限定在实数中思维，就不能深刻的解决方程根的类型等。高中数学知识的多元化和广泛性，将会使学生全面、细致、深刻、严密的分析和解决问题。也将培养学生高素质思维。提高学生的思维递进性。

5. 定量与变量的差异

初中数学中，题目、已知和结论用常数给出的较多，一般地，答案是常数和定量。学生在分析问题时，大多是按定量来分析问题，这样的思维和问题的解决过程，只能片面地、局限地解决问题，在高中数学学习中我们将会大量地、广泛地应用代数的可变性去探索问题的普遍性和特殊性。如：求解一元二次方程时我们采用对方程 $ax^2+bx+c=0$（$a\neq0$）的求解，讨论它是否有根和有根时的所有根的情形，使学生很快的掌握了对所有一元二次方程的解法。另外，在高中学习中我们还会通过对变量的分析，探索出分析、解决问题的思路和解题所用的数学思想。

（二）高中数学与初中数学特点的变化

1. 数学语言在抽象程度上突变

初、高中的数学语言有着显著的区别。初中的数学主要是以形象、通俗的语言方式进行表达。而高一数学一下子就触及非常抽象的集合语言、逻辑运算语言、函数语言、图象语言等。

2. 思维方法向理性层次跃迁

高一学生产生数学学习障碍的另一个原因是高中数学思维方法与初中阶段大不相同。初中阶段，很多老师为学生将各种题建立了统一的思维模式，如解分式方程分几步，因式分解先看什么，再看什么等。因此，初中学习中习惯于这种机械的，便于操作的定势方式，而高中数学在思维形式上产生了很大的变化，数学语言的抽象化对思维能力提出了高要求。这种能力要求的突变使很多高一新生感到不适应，故而导致成绩下降。

3. 知识内容的整体数量剧增

高中数学与初中数学又一个明显的不同是知识内容的“量”上急剧增加了，单位时间内接受知识信息的量与初中相比增加了许多，辅助练习、消化的课时相应地减少了。

4. 知识的独立性大

初中知识的系统性是较严谨的，给我们学习带来了很大的方便。因为它便于记忆，又适合于知识的提取和使用。但高中的数学却不同了，它是由几块相对独立的知识拼合而成（如高一有集合，命题、不等式、函数的性质、指数和对数函数、指数和对数方程、三角比、三角函数、数列等），经常是一个知识点刚学得有点入门，马上又有新的知识出现。因此，注意它们内部的小系统和各系统之间的联系成了学习时必须花力气的着力点。

第三节　数学学习方法大攻略

1. 培养良好的学习兴趣。

两千多年前孔子说过："知之者不如好之者，好之者不如乐之者。"意思说，干一件事，知道它，了解它不如爱好它，爱好它不如乐在其中。"好"和"乐"就是愿意学，喜欢学，这就是兴趣。兴趣是最好的老师，有兴趣才能产生爱好，爱好它就要去实践它，达到乐在其中，有兴趣才会形成学习的主动性和积极性。在数学学习中，我们把这种从自发的感性的乐趣出发上升为自觉的理性的"认识"过程，这自然会变为立志学好数学，成为数学学习的成功者。那么如何才能建立好的学习数学兴趣呢？

（1）课前预习，对所学知识产生疑问，产生好奇心。

（2）听课中要配合老师讲课，满足感官的兴奋性。听课中重点解决预习中疑问，把老师课堂的提问、停顿、教具和模型的演示都视为欣赏音乐，及时回答老师课堂提问，培养思考与老师同步性，提高精神，把老师对你的提问的评价，变为鞭策学习的动力。

（3）思考问题注意归纳，挖掘你学习的潜力。

（4）听课中注意老师讲解时的数学思想，多问为什么要这样思考，这样的方法怎样是产生的？

（5）把概念回归自然。所有学科都是从实际问题中产生归纳的，数学概念也回归于现实生活，如角的概念、直角坐标系的产生、极坐标系的产生都是从实际生活中抽象出来的。只有回归现实才能对概念的理解切实可靠，在应用概念判断、推理时会准确。

2. 建立良好的学习数学习惯。

习惯是经过重复练习而巩固下来的稳重持久的条件反射和自然需要。建立良好的学习数学习惯，会使自己学习感到有序而轻松。高中数学的良好习惯应是：多质疑、勤思考、好动手、重归纳、注意应用。良好的学习数学习惯还包括课前自学、专心上课、及时复习、独立作业、解决疑难、系统小结和课外学习几个方面。学生在学习数学的过程中，要把教师所传授的知识翻译成为自己的特殊语言，并永久记忆在自己的脑海中。另外还要保证每天有一定的自学时间，以便加宽知识面和培养自己再学习能力。

3. 有意识培养自己的各方面能力。

数学能力包括：逻辑推理能力、抽象思维能力、计算能力、空间想象能力和分析解决问题能力共五大能力。这些能力是在不同的数学学习环境中得到培养的。在平时学习中要注意开发不同的学习场所，参与一切有益的学习实践活动，如数学第二课堂、数学竞赛、智力竞赛等活动。平时注意观察，比如，空间想象能力是通过实例净化思维，把空间中的实体高度抽象在大脑中，并在大脑中进行分析推理。其它能力的培养都必须学习、理解、训练、应用中得到发展。特别是，教师为了培养这些能力，会精心设计“智力课”和“智力问题”比如对习题的解答时的一题多解、举一反三的训练归类，应用模型、电脑等多媒体教学等，都是为数学能力的培养开设的好课型，在这些课型中，学生务必要用全身心投入、全方位智力参与，最终达到自己各方面能力的全面发展。

4. 及时了解、掌握常用的数学思想和方法。

学好高中数学，需要我们从数学思想与方法高度来掌握它。中学数学学习要重点掌握的的数学思想有以上几个：集合与对应思想，分类讨论思想，数形结合思想，运动思想，转化思想，变换思想。有了数学思想以后，还要掌握具体的方法，比如：换元、待定系数、数学归纳法、分析法、综合法、反证法等等。在具体的方法中，常用的有：观察与实验，联想与类比，比较与分类，分析与综合，归纳与演绎，一般与特殊，有限与无限，抽象与概括等。

解数学题时，也要注意解题思维策略问题，经常要思考：选择什么角度来进入，应遵循什么原则性的东西。高中数学中经常用到的数学思维策略有：以简驭繁、数形结合、进退互用、化生为熟、正难则反、倒顺相还、动静转换、分合相辅等。

5. 逐步形成“以我为主”的学习模式。

数学不是靠老师教会的，而是在老师的引导下，靠自己主动的思维活动去获取的。学习数学就要积极主动地参与学习过程，养成实事求是的科学态度，独立思考、勇于探索的创新精神；正确对待学习中的困难和挫折，败不馁，胜不骄，养成积极进取，不屈不挠，耐挫折的优良心理品质；在学习过程中，要遵循认识规律，善于开动脑筋，积极主动去发现问题，注重新旧知识间的内在联系，不满足于现成的思路和结论，经常进行一题多解，一题多变，从多侧面、多角度思考问题，挖掘问题的实质。学习数学一定要讲究“活”，只看书不做题不行，只埋头做题不总结积累也不行。对课本知识既要能钻进去，又要能跳出来，结合自身特点，寻找最佳学习方法。

6. 针对自己的学习情况，采取一些具体的措施。

记数学笔记，特别是对概念理解的不同侧面和数学规律，教师在课堂中扩展的课外知识。记录下来本章你觉得最有价值的思想方法或例题，以及你还存在的未解决的问题，以便今后将其补上。

建立数学纠错本。把平时容易出现错误的知识或推理记载下来，以防再犯。争取做到：找错、析错、改错、防错。达到：能从反面入手深入理解正确东西；能由果朔因把错误原因弄个水落石出、以便对症下药；解答问题完整、推理严密。

熟记一些数学规律和数学小结论，使自己平时的运算技能达到了自动化或半自动化的熟练程度。

经常对知识结构进行梳理，形成板块结构，实行"整体集装"，如表格化，使知识结构一目了然；经常对习题进行类化，由一例到一类，由一类到多类，由多类到统一；使几类问题归纳于同一知识方法。

阅读数学课外书籍与报刊，参加数学学科课外活动与讲座，多做数学课外题，加大自学力度，拓展自己的知识面。

及时复习，强化对基本概念知识体系的理解与记忆，进行适当的反复巩固，消灭前学后忘。

学会从多角度、多层次地进行总结归类。如：①从数学思想分类②从解题方法归类③从知识应用上分类等，使所学的知识系统化、条理化、专题化、网络化。

无论是作业还是测验，都应把准确性放在第一位，通法放在第一位，而不是一味地去追求速度或技巧，这是学好数学的重要问题。

7. 认真听好每一节棵。

在新学期要上好每一节课，数学课有知识的发生和形成的概念课，有解题思路探索和规律总结的习题课，有数学思想方法提炼和联系实际的复习课。要上好这些课来学会数学知识，掌握学习数学的方法。

概念课

要重视教学过程，要积极体验知识产生、发展的过程，要把知识的来龙去脉搞清楚，认识知识发生的过程，理解公式、定理、法则的推导过程，改变死记硬背的方法，这样我们就能从知识形成、发展过程当中，理解到学会它的乐趣；在解决问题的过程中，体会到成功的喜悦。

习题课

要掌握"听一遍不如看一遍，看一遍不如做一遍，做一遍不如讲一遍，讲一遍不如辩一辩"的诀窍。除了听老师讲，看老师做以外，要自己多做习题，而且要把自己的体会主动、大胆地讲给大家听，遇到问题要和同学、老师辩一辩，坚持真理，改正错误。

在听课时要注意老师展示的解题思维过程，要多思考、多探究、多尝试，发现创造性的证法及解法，学会“小题大做”和“大题小做”的解题方法，即对选择题、填空题一类的客观题要认真对待绝不粗心大意，就像对待大题目一样，做到下笔如有神；对综合题这样的大题目不妨把“大”拆“小”，以“退”为“进”，也就是把一个比较复杂的问题，拆成或退为最简单、最原始的问题，把这些小题、简单问题想通、想透，找出规律，然后再来一个飞跃，进一步升华，就能凑成一个大题，即退中求进了。如果有了这种分解、综合的能力，加上有扎实的基本功还有什么题目难得倒我们。

复习课

在数学学习过程中，要有一个清醒的复习意识，逐渐养成良好的复习习惯，从而逐步学会学习。数学复习应是一个反思性学习过程。要反思对所学习的知识、技能有没有达到课程所要求的程度；要反思学习中涉及到了哪些数学思想方法，这些数学思想方法是如何运用的，运用过程中有什么特点；要反思基本问题（包括基本图形、图像等），典型问题有没有真正弄懂弄通了，平时碰到的问题中有哪些问题可归结为这些基本问题；要反思自己的错误，找出产生错误的原因，订出改正的措施。在新学期大家准备一本数学学习“病例卡”，把平时犯的错误记下来，找出“病因”开出“处方”，并且经常拿出来看看、想想错在哪里，为什么会错，怎么改正，通过你的努力，到高考时你的数学就没有什么“病例”了。并且数学复习应在数学知识的运用过程中进行，通过运用，达到深化理解、发展能力的目的，因此在新的一年要在教师的指导下做一定数量的数学习题，做到举一反三、熟练应用，避免以“练”代“复”的题海战术。

祝你能学好数学！